人工智能技术丛书

深度学习案例精粹

基于TensorFlow与Keras

王晓华 著

清華大學出版社
北京

内 容 简 介

本书以实战为主，通过丰富的实战案例向读者介绍深度学习可应用和落地的项目，书中所有案例都基于Python+TensorFlow 2.5+Keras技术，可用于深度学习课程的实战训练。本书配套示例源码、PPT课件、思维导图、数据集、开发环境与答疑服务。

全书共分11章。第1章讲解深度学习的概念、流程、应用场景、模型分类和框架选择，第2~11章列举深度学习的项目实战案例，包括手写体识别、数据集分类、情感分类、文本情感分类、编码器、汉字拼音转换、中文文本分类、多标签文本分类、人脸检测、人脸识别、语音汉字转换。

本书内容详尽、案例丰富，是深度学习初学者必备的参考书，适合有基础、亟待提升自己技术水平的人工智能从业人员，也可作为高等院校和培训机构人工智能及相关专业的教材使用。

图书在版编目（CIP）数据

深度学习案例精粹：基于TensorFlow与Keras / 王晓华著. —北京：清华大学出版社，2021.12
（人工智能技术丛书）
ISBN 978-7-302-59651-6

Ⅰ. ①深… Ⅱ. ①王… Ⅲ. ①机器学习—案例 Ⅳ. ①TP181

中国版本图书馆CIP数据核字（2021）第249680号

责任编辑： 夏毓彦
封面设计： 王 翔
责任校对： 闫秀华
责任印制： 刘海龙

出版发行： 清华大学出版社
网 址： http://www.tup.com.cn，http://www.wqbook.com
地 址： 北京清华大学学研大厦A座 **邮 编：** 100084
社 总 机： 010-62770175 **邮 购：** 010-62786544
投稿与读者服务： 010-62776969，c-service@tup.tsinghua.edu.cn
质 量 反 馈： 010-62772015，zhiliang@tup.tsinghua.edu.cn

印 装 者： 天津安泰印刷有限公司
经 销： 全国新华书店
开 本： 190mm×260mm **印 张：** 13.5 **字 数：** 364千字
版 次： 2022年1月第1版 **印 次：** 2022年1月第1次印刷
定 价： 59.00元

产品编号：094742-01

前　言

TensorFlow 从诞生之初即为全球人工智能领域最受用户欢迎的人工智能开源框架，其见证了人工智能在全球的兴起，同时引领了全行业的研究方向，改变了人类处理问题、解决问题的方法和认知，带动了深度学习和人工智能领域的全面发展和成长壮大。TensorFlow 的出现使得深度学习的学习门槛大大降低，不仅仅是数据专家，就连普通的程序设计人员，甚至于相关专业的学生，都可以用其来开发新的 AI 程序，而不需要深厚的算法理论和编程功底。

随着深度学习在各个领域获得巨大的成功，科研人员和从业者尝试使用深度学习去解决各种任务。但是由于种种原因，可能在某个应用领域有较高能力的人员，在使用 TensorFlow 解决其他项目问题时，需要一个示范性的解决方案；或者一个初学深度学习的学生，需要一个能够具有引导性的、可直接运行的深度学习代码去引导其入门。

本书就是基于上述想法，选用 TensorFlow 2.5 作为深度学习的框架，提供了多个 Python 深度学习项目代码供读者上机练习，通过分析实例代码、实现模型改进等形式，全面向读者介绍使用 TensorFlow 2 进行深度学习实战的核心技术和各方面涉及的相关知识，内容全面而翔实。

本书并不是一个简单的实战“例题”性书籍，本书在讲解和演示实例代码的过程中，对 TensorFlow 2 核心技术进行深入分析，重要内容均结合代码进行实战讲解，围绕深度学习基本原理也做了介绍。读者通过这些实例可以深入掌握深度学习和 TensorFlow 2 的相关内容，并能进一步提高使用深度学习技术解决问题的能力。

本书面向深度学习的初级和中级读者。通过本书的学习，读者能够掌握使用深度学习的基本体系和在 TensorFlow 2 框架下进行神经网络设计的技术要点，以及从模型的构建到应用程序的编写一整套的应用技巧。

本书特色

（1）重实践，讲原理。本书基于深度学习案例，先讲解理论基础，再逐步给出案例代码，从而帮助读者在学会理论的基础上实践代码。

（2）作者经验丰富，代码编写细腻。作者是长期奋战在科研和工业界的一线算法设计和程序编写人员，实战经验丰富，对代码中可能会出现的各种问题和“坑”有丰富的处理经验，使得读者能够少走弯路。

（3）对比多种应用方案，实战案例丰富。本书采用大量的实例，同时也提供了一些实现同类功能的其他解决方案，覆盖了使用 TensorFlow 2 进行深度学习开发中常用的知识。

示例源码、PPT 课件、思维导图、数据集、开发环境下载与答疑服务

本书配套示例源码、PPT 课件、思维导图、数据集、开发环境，需要使用微信扫描下面二维码下载，可按页面提示，把链接转发到自己的邮箱中下载。答疑邮箱参见下载资源。如果发现问题，请直接发送邮件至 booksaga@163.com，邮件主题务必写上“深度学习案例精粹”。

本书内容及知识体系

本书的所有案例都基于 Python+TensorFlow 2.5+Keras 来实现，主要内容如下：

第 1 章详细介绍深度学习的基本内容以及主流框架的选择，并通过一个文本情感分类的示例介绍深度学习的基本过程和步骤，从而引导读者进入深度学习的大门。

第 2 章是深度学习的基础性实例。使用卷积神经网络去识别物体是深度学习一个经典内容，本章案例借助卷积神经网络算法，构建一个简单的 CNN 模型以进行 MNIST 数字识别。

第 3 章介绍 ResNet 的基本思想和内容，ResNet 是一个具有里程碑性质的框架，它的出现标志着粗犷的卷积神经网络设计向着精确化和模块化的方向转化。ResNet 本身的程序编写非常简单，但是其中蕴含的设计思想却是跨越性的。本章使用 ResNet 实现了 CIFAR-100 数据集的分类。

第 4~7 章是自然语言处理方面的案例，其中包括循环神经网络、图卷积模型以及预训练模型的使用。自然语言处理是深度学习在认知领域的一系列突破，通过不同示例代码的讲解，可以很好地引导读者在自然语言处理领域中应用深度学习技术。

第 8 章向读者介绍一个多标签文本分类的实例，目的是将前期所学的深度学习和自然语言处理的内容进行一个归纳和复习，加强读者对此部分的理解。

第 9~10 章是人脸识别案例。人脸识别是现代深度学习一个应用重点和趋势，通过分别介绍人脸检测和人脸识别的案例，抛砖引玉地介绍人脸识别的模型和理论。

第 11 章的语音识别是下一个深度学习应用的风口和方向。本章着重介绍语音识别的应用理论和实现方法，并带领读者完整实现一个语音文字转换的实战案例。此案例程可以作为学习示例使用，也可以作为实际应用的程序进行移植。

适合阅读本书的读者

- Python 编程人员
- AI 初学者
- 知识图谱初学者
- 深度学习初学者
- 自然语言处理初学者
- 高等院校人工智能及相关专业的师生
- 培训机构人工智能算法的学员
- 其他对智能化、自动化感兴趣的开发者

勘误和鸣谢

由于笔者的水平有限，加上 TensorFlow 版本的演进较快、编写时间跨度较长，在编写此书的过程中难免会出现疏漏的地方，恳请读者来信批评指正。

感谢出版社的所有编辑在本书编写和出版过程中提供的无私帮助和宝贵建议，正是由于他们的耐心和支持才让本书得以出版。感谢家人对笔者的支持和理解，这些给予笔者莫大的动力，让自己的努力更加有意义。

王晓华

2021 年 10 月

目　　录

第1章

深度学习与应用框架

深度学习（Deep Learning，DL）是机器学习（Machine Learning，ML）领域中一个新的研究方向，深度学习被引入机器学习，目的是使机器学习更接近于最初的目标——人工智能（Artificial Intelligence，AI）。

深度学习是学习样本数据的内在规律和表现层次，这些在学习过程中获得的信息对文字、图像和声音等数据的解释有很大的帮助。

深度学习的最终目标是让机器能够像人一样具有分析、学习能力，能够识别文字、图像和声音等数据。深度学习是一系列复杂的机器学习算法，它在语音和图像识别方面取得的效果远远超过先前的相关技术。

深度学习在搜索技术、数据挖掘、机器学习、机器翻译、自然语言处理、多媒体学习、语音、推荐和个性化技术，以及其他相关领域都取得了很多成果。深度学习使机器模仿视听和思考等人类的活动，解决了很多复杂的模式识别难题，使得人工智能相关技术取得了很大进步。

1.1 深度学习的概念

深度学习是机器学习的一种，而机器学习是实现人工智能的必经之路。

深度学习的概念源于人工神经网络的研究，含多个隐藏层的多层感知器就是一种深度学习结构。深度学习通过组合低层特征，形成更加抽象的高层来表示属性类别或特征，以发现数据的分布式特征表示。研究深度学习的动机在于建立模拟人脑进行分析学习的神经网络，它模仿人脑的机制来解释数据，例如图像、声音和文本等。

1.1.1 何为深度学习

深度学习从字面理解包含两个意思，分别是“深度”和“学习”。

1. 学习

首先说“学习”这个词。我们从小就听着“好好学习，天天向上”的教诲，然后按时到校上课，在课堂上认真听讲，努力完成作业，在考试中取得一个好的名次。抽象地说，我们的学习就是一个认知的过程，从学习未知开始，到对已知的总结、归纳、思考与探索。比如伸出一根手指就是 1，伸出两根手指加在一起就是 1 + 1 = 2。这是一个简单的探索和归纳过程，也是人类学习的最初形态。

所以总结来说，这种从已经有的信息通过计算、判定和推理，而后得到一个认知结果的过程就是“学习”。

那么，读者看到这里也许会问，这个所谓的“学习”和“深度学习”又有什么关系？这里不妨更进一步地提出一个问题：对于同样的学习内容，为什么有的学生学习好而有的学生学习差？

这就涉及一个“学习策略”和“学习方法”的问题。对同样的题目，不同的学生由于具有不同的认知和思考过程，而根据其不同的认知得到的答案往往千差万别，归根结底，也就是由于不同的学生具有不同的“学习策略”和“学习方法”而导致不同的结果。

为了模拟人脑中的“学习策略”和“学习方法”，学术界研究出使用计算机去模拟这一学习过程的方法，被称为“神经网络”。

这个词从字面上看和人脑有着一点关系。在人脑中负责活动的基本单元是“神经元”，它以细胞体为主体，由许多向周围延伸的不规则树枝状纤维构成的神经细胞。人脑中含有上百亿个神经元，而这些神经元互相连接成一个更庞大的结构，称为“神经网络”，如图 1.1 所示。

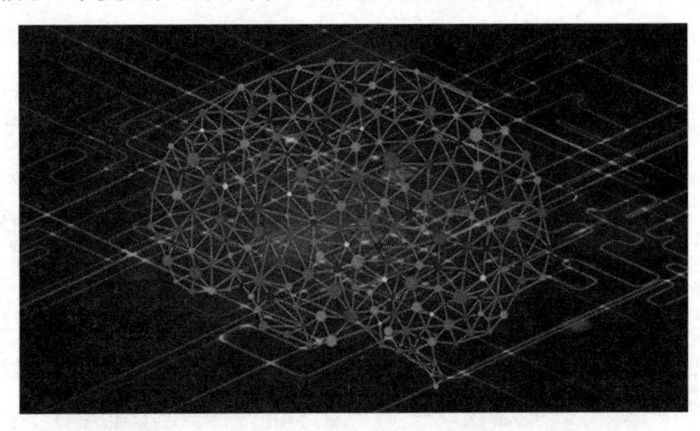

图 1.1　神经网络

但是到目前为止，科学界还是没有弄清楚人脑工作的具体过程和思考传递的方式，所以这个“神经网络”也只是模拟而已。

2. 深度

这里再定义两个概念：“输入”和“输出”，输入就是已知的信息，输出就是最终获得的认知的结果。例如在计算 1 + 1 = 2 的这个过程中，这里的 1 和“+”号，就是输入，而得到的计算结果 2 就是输出。

但是，随着输入的复杂性增强，例如当你伸出三根手指，那么正常的计算过程就是先计算 1 + 1 = 2，之后在得到 2 这个值的基础上再计算 2 + 1 = 3，这才是一个正常的计算过程。

这里举这个例子是向读者说明，数据的输入和计算过程随着输入数据的复杂性增加，需要一个层次化的计算过程，也就是将整体的计算过程分布到各个不同的“层次”上去计算。

图 1.2 展示了一个具有“层次”的深度学习模型，hidden_layer_1 到 hidden_layer_n 是隐藏层，而左边的 input_layer 和右边的 output_layer 是输出层。如果这是一个计算题的话，那么在每个隐藏层中，都是对此题过程的一个步骤和细节进行处理。可以设想，随着隐藏层的增加以及隐藏层内部处理单元的增多，能够在一个步骤中处理的内容就更多，所使用的数据更为复杂，而能够给出的结果就越多，因此可以在最大限度上对结果进行拟合，从而得到一个近似于“正确”的最终输出。

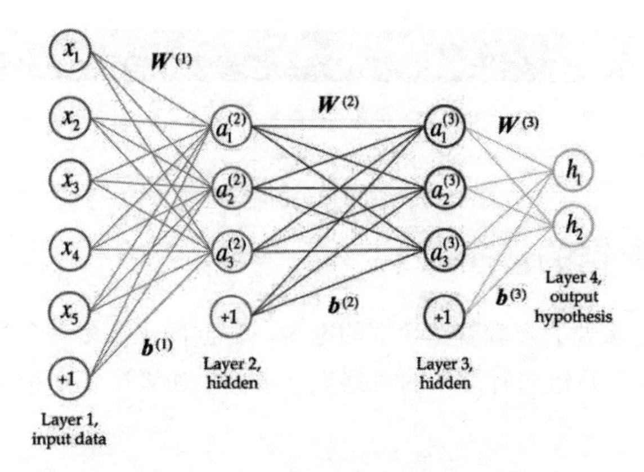

图 1.2　神经网络中的“深度”

归根结底，所谓“深度”就是人为地使用不同层次不同任务目标的“分层”神经元，去模拟整个输入、输出过程的一种手段。

1.1.2　与传统的“浅层学习”的区别

首先介绍深度学习与浅层学习的区别。从前面对深度学习的解释和介绍来看，深度学习区别于传统的浅层学习，深度学习的不同在于：

（1）强调了模型结构的深度，通常有 5 层、6 层，甚至上百层的隐层节点。

（2）明确了特征学习的重要性。也就是说，通过逐层特征变换，将样本在原空间的特征表示变换到一个新特征空间，从而使分类或预测更容易。与人工规则构造特征的方法相比，利用大数据来学习特征，更能够刻画数据丰富的内在信息。

（3）通过设计建立适量的神经元计算节点和多层运算层次结构，选择合适的输入层和输出层，通过网络的学习和调优，建立起从输入到输出的函数关系，即使不能 100%找到输入与输出的函数关系，但是可以尽可能地逼近现实的关联关系。使用训练成功的网络模型，就可以实现我们对复杂事务处理的自动化要求。

1.2　案例实战：文本的情感分类

如果你想制造汽车，恐怕要有多少年的理论功底，以及工程制造方面雄厚的技术实践。

但如果你只是想开汽车，却很快就能学会。

当个司机，需要去了解汽油发动机原理吗？

答案是：不需要。

因为你开的车，甚至有可能根本就用不上汽油发动机（电动车），或者说自然有汽车工程师去替你解决这样问题，而你要做的无非就是注意交通安全，驾驶汽车平安迅捷地到达你的目的地。

本书的目的是教会大家使用深度学习去解决在现实中遇到的各种问题。本节将使用一个最简单的例子——文本的情感分类来介绍使用深度学习解决实际问题的步骤。

说 明

本案例的目的是为了演示一个 demo，如果读者已经有这方面的基础，并且已经安装好基于 Keras 的开发环境，可以直接运行本案例。

1.2.1 第一步：数据的准备

深度学习第一步也是重要的步骤就是数据的准备。数据的来源多种多样，既有不同类型的数据集，也有根据项目需求由项目组自行准备的数据集，本例中作者准备一份酒店评论的数据集，形式如图 1.3 所示。

```
1,绝对是超三星标准，地处商业区，购物还是很方便的，对门有家羊杂店，绝对正宗。
1,"1.设施一般,在北京不算好.2.服务还可以.3.出入还是比较方便的."
1,总的来说可以，总是再这里住，公司客人还算满意。就是离公司超近，上楼上班下楼
1,房间设施难以够得上五星级，服务还不错，有送水果。
0,标准间太差房间还不如3星的而且设施非常陈旧.建议酒店把老的标准间从新改善.
0,服务态度极其差，前台接待好象没有受过培训，连基本的礼貌都不懂，竟然同时接待
0,地理位置还不错，到哪里都比较方便，但是服务不象是豪生集团管理的，比较差。下
0,我住的是靠马路的标准间。房间内设施简陋，并且的房间玻璃窗户外还有一层幕墙玻
```

图 1.3 一份酒店评论的数据集

图 1.3 中使用英文逗号将一个文本分成两部分，分别是情感分类和评价主体。其中标记为数字“1”的是正面评论，而标注为数字“0”的是负面评论。

1.2.2 第二步：数据的处理

我们遇到的第一个问题就是数据的处理。对于计算机来说，直接的文本文字是计算机所不能理解的，因此一个简单的办法就是将文字转化成数字符号进行替代，之后对每个数字生成一个独一无二的“指纹”，也就是“词嵌入（embedding）”。在这里只需要将其理解成使用一个“指纹”来替代汉字字符。代码处理如下：

（1）创建 3 个“容器”，对切分出的字符进行存储。

```
labels = []                         #用于存储情感分类，如：[1,1,1,0,0,0,1]
vocab = set()                       #set 类型，用以存放不重复的字符
context = []                        #存放文本列表
```

（2）读取字符和文本。

```
with open("ChnSentiCorp.txt",mode="r",encoding="UTF-8") as emotion_file:
    for line in emotion_file.readlines():   #读取 txt 文件
        line = line.strip().split(",")      #将每行数据以“，”进行分隔
        labels.append(int(line[0]))         #读取分类 label

        text = line[1]                      #获取每行的文本
        context.append(text)                #存储文本内容
        for char in text:vocab.add(char)    #将字符依次读取到字库中，确保不重复
```

（3）读取字符并获得字符的长度。

```
voacb_list = list(sorted(vocab))            #将 set 类型的字库排序并转化成 list 格式
print(len(voacb_list))                      #打印字符的个数：3508
```

（4）将文本内容转换成数字符号，并对长度进行填充。

```
token_list = []                             #创建一个存储句子数字的列表
for text in context:                        #依次读取存储的每个句子
    #将句子中每个字依次读取并查询字符中的序号
    token = [voacb_list.index(char) for char in text]
    #以 80 个字符为长度对句子进行截取或者填充
   token = token[:80] + [0]*(80 - len(token))
    token_list.append(token)                #存储在 token_list 中
token_list = np.array(token_list)           #对存储的数据集进行格式化处理
labels = np.array(labels)                   #对存储的数据集进行格式化处理
```

1.2.3 第三步：模型的设计

对于深度学习而言，模型的设计是一个非常重要的内容，本案例由于只是演示，采用的是极其简单的一个判别模型，代码如下（仅供演示，详细的内容将在后续章节中介绍）：

```
import tensorflow as tf                     #导入 TensorFlow 框架

input_token = tf.keras.Input(shape=(80,))  #创建一个占位符，固定输入的格式
#创建 embedding 层
embedding = tf.keras.layers.Embedding(input_dim=3508,output_dim=128)
(input_token)
#使用双向 GRU 对数据特征进行提取
embedding = tf.keras.layers.Bidirectional(tf.keras.layers.GRU(128))
(embedding)
#使用全连接层做分类器对数据进行分类
output = tf.keras.layers.Dense(2,activation=tf.nn.softmax)(embedding)

model = tf.keras.Model(input_token,output) #组合模型
```

1.2.4 第四步：模型的训练

下面是对模型的训练，我们需要定义模型的一些训练参数，如优化器、损失函数、准确率的衡量，以及训练的循环次数等。代码如下（这里不要求读者理解，能够运行即可）：

```
model.compile(optimizer='adam', loss=tf.keras.losses.sparse_categorical_
crossentropy, metrics=['accuracy'])         #定义优化器，损失函数以及准确率

model.fit(token_list, labels,epochs=10,verbose=2)  #输入训练数据和 label
```

完整的程序代码如程序 1-1 所示。

【程序 1-1】

```
import numpy as np

labels = []
context = []
vocab = set()
with open("ChnSentiCorp.txt",mode="r",encoding="UTF-8") as emotion_file:
```

```
        for line in emotion_file.readlines():
            line = line.strip().split(",")
            labels.append(int(line[0]))

            text = line[1]
            context.append(text)
            for char in text:vocab.add(char)

    voacb_list = list(sorted(vocab))    #3508
    print(len(voacb_list))

    token_list = []
    for text in context:
        token = [voacb_list.index(char) for char in text]
        token = token[:80] + [0]*(80 - len(token))
        token_list.append(token)

    token_list = np.array(token_list)
    labels = np.array(labels)

    import tensorflow as tf

    input_token = tf.keras.Input(shape=(80,))
    embedding =
tf.keras.layers.Embedding(input_dim=3508,output_dim=128)(input_token)
    embedding =
tf.keras.layers.Bidirectional(tf.keras.layers.GRU(128))(embedding)
    output = tf.keras.layers.Dense(2,activation=tf.nn.softmax)(embedding)

    model = tf.keras.Model(input_token,output)

    model.compile(optimizer='adam',
loss=tf.keras.losses.sparse_categorical_crossentropy, metrics=['accuracy'])
    #模型拟合，即训练
    model.fit(token_list, labels,epochs=10,verbose=2)
```

1.2.5 第五步：模型的结果和展示

最后一步是模型的结果展示，这里使用了 epochs=10，即运行 10 轮对数据进行训练，结果如图 1.4 所示。

```
7765/7765 - 5s - loss: 0.1538 - accuracy: 0.9397
Epoch 7/10
7765/7765 - 5s - loss: 0.1333 - accuracy: 0.9428
Epoch 8/10
7765/7765 - 5s - loss: 0.1173 - accuracy: 0.9540
Epoch 9/10
7765/7765 - 5s - loss: 0.0946 - accuracy: 0.9624
Epoch 10/10
7765/7765 - 5s - loss: 0.0844 - accuracy: 0.9668
```

图 1.4 结果展示

由图 1.4 可以看到，经过 10 轮训练后，准确率达到了 96%，这是一个不错的成绩。

1.3　深度学习的流程、应用场景和模型分类

前面学习了深度学习的概念，本节将介绍深度学习的流程、应用场景和模型分类。

1.3.1　深度学习的流程与应用场景

从 1.2 节的例子中可以看到，对于深度学习的一般流程来说，无外乎分为以下几步：

（1）数据预处理：不管什么任务，数据的处理都是解决问题的关键步骤。

（2）模型搭建：可以自己搭建自己的模型，也可以根据任务利用经典的模型进行细微的调整。

（3）训练模型：有了模型、数据之后，则可以把数据分配给模型，让模型自行学习，直至模型收敛。

（4）结果可视化：在训练过程中，也可以对一些指标进行可视化（比如 loss 的变化曲线等）辅助对已学习模型的判断，也可以辅助模型的验证选择。

（5）测试（预测）：基于训练好的模型对新的数据进行预测，这是模型训练的最终目标。

至于深度学习的应用场景和领域很多，目前来说主要是计算机视觉和自然语言处理，以及各种预测等。对于计算机视觉，可以做图像分类、目标检测、视频中的目标检测等；对于自然语言处理，可以做语音识别、语音合成、对话系统、机器翻译、文章摘要、情感分析等，还可以结合图像、视频和语音，一起发挥价值。

更可以深入某一个行业领域。例如，深入医学行业领域，做医学影像的识别；深入淘宝的穿衣领域，做衣服搭配或衣服款型的识别；深入保险业、通信业的客服领域，做对话机器人的智能问答系统；深入智能家居领域，做人机的自然语言交互，等等，图 1.5 展示了深度学习应用场景。

图 1.5　深度学习应用场景

总之，适合掌握深度学习的任务应该具备如下特点：

- 具备大量样本数据。深度学习需要大量的数据作为基础，如果样本数据难以获取或者数量太少，一般就不适合使用深度学习技术来解决问题。

- 样本数据对场景的覆盖度足够完善。深度学习模型的效果完全依赖样本数据表现，如果出现样本数据外的情况，模型的推广性会变差。
- 结果对可解释性的要求不高。如果应用场景不仅需要机器能够完成某项任务，还需要对完成过程有明确的可解释性，这样的场景就不那么适合深度学习。

1.3.2 深度学习的模型分类

典型的深度学习模型有卷积神经网络（convolutional neural network，CNN）、深度置信网络（deep believe net，DBN）和堆栈自编码网络（stacked auto-encoder network，SAEN）模型等。其主要的思想就是模拟人的神经元，每个神经元接收到信息，处理完后传递给与之相邻的所有神经元。

1. 卷积神经网络模型（CNN）

在无监督预训练出现之前，训练深度神经网络通常非常困难，而其中一个特例是卷积神经网络。卷积神经网络受视觉系统的结构启发而产生。

最初卷积神经网络计算模型是对人类视神经研究中提出的，其基于视觉神经元之间的局部连接和分层组织图像转换，将有相同参数的神经元应用于前一层神经网络的不同位置，得到一种平移不变的神经网络结构形式。

后来，Le Cun 等人在该思想的基础上，用误差梯度设计并训练卷积神经网络，在一些模式识别任务上得到优越的性能。至今，基于卷积神经网络的模式识别系统是最好的实现系统之一，尤其在物体的识别、检测和追踪任务上表现出非凡的性能。

2. 深度置信网络模型（DBN）

深度置信网络模型可以解释为贝叶斯概率生成模型，由多层随机隐变量组成，上面的两层具有无向对称连接，下面的层得到来自上一层的自顶向下的有向连接，最底层单元的状态为可见输入数据向量。

深度置信网络模型由多个结构单元堆栈组成，结构单元通常为 RBM（Restricted Boltzmann Machine，受限玻尔兹曼机）。堆栈中每个 RBM 单元的可视层神经元数量等于前一 RBM 单元的隐藏层神经元数量。

根据深度学习机制，采用输入样例训练第一层 RBM 单元，并利用其输出训练第二层 RBM 模型，将 RBM 模型进行堆栈通过增加层来改善模型性能。在无监督预训练过程中，DBN 编码输入到顶层 RBM 后，解码顶层的状态到最底层的单元，实现输入的重构。RBM 作为 DBN 的结构单元，与每一层 DBN 共享参数。

3. 堆栈自编码网络模型（SAEN）

堆栈自编码网络的结构与 DBN 类似，由若干结构单元堆栈组成，不同之处在于其结构单元为自编码模型（auto-en-coder）而不是 RBM。自编码模型是一个两层的神经网络，第一层称为编码层，第二层称为解码层。

图 1.6 展示了更为细分的深度学习模型和训练分类，可以看到随着对深度学习的深入研究，不仅仅包括单纯从模型的构建来分类，还有训练方式、构建架构等更为细分的分类方法。

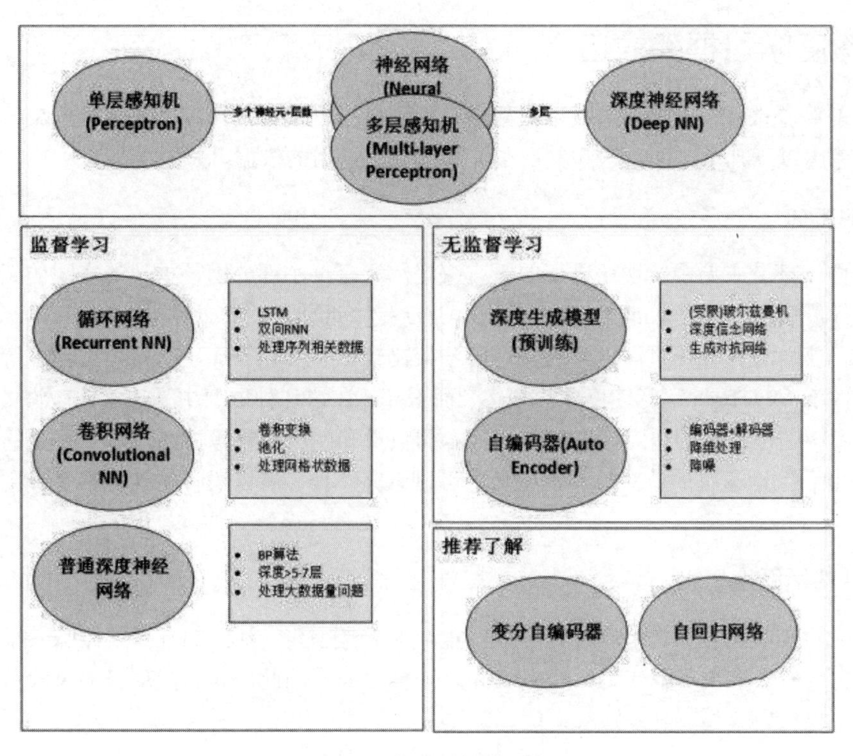

图 1.6　深度学习的模型分类

1.4　主流深度学习的框架对比

“工欲善其事，必先利其器。”既然读者选择了学习深度学习，那就面临一个非常重要的问题，选择哪个深度学习框架作为学习和使用的主力框架呢？目前市场上有多种框架，如图 1.7 所示。

图 1.7　深度学习的框架展示

1.4.1 深度学习框架的选择

从作者的经验来看，无论前端技术框架还是后端技术框架以及深度学习技术框架，在决定使用前，都需要考虑以下几个方面，这些就是在框架选型上通用的依据。

1. 性能方面

性能方面一部分主要由实现该框架的语言决定，还有一小部分因该框架的实现的架构决定。理论上说，运行最快的仍然是 C 或 C++一类，离 CPU 指令近些，语言效率要高很多。

之前有篇文章专门介绍过深度学习流行的框架比较，有 PyTorch、Keras、Caffe 等多种框架，在相同的条件下，PyTorch 运行速度要快很多，而 Keras 在这几种框架中是速度比较慢的，但是在真正的工程应用中造成这样的差距，多来自于样本的数量和网络设计等方面，这个方面的差距往往是 10 倍或者 100 倍，而语言的效率与其相比几乎可以忽略不计。所以语言的性能不是最主要的参考标准。

2. 社区的活跃度

这些技术框架各自社区的活跃度是个非常重要的参考因素。活跃的社区就意味着很多人在使用这个框架，也会有更多人贡献代码，提交 Bug，修复 Bug，因此用它做起项目的风险就非常小，而初学者学起来也比较容易，会少踩很多坑。

3. 深度学习语言

深度学习框架几乎都支持 Python 的“驱动”，或者称为接口。也不排除少部分框架只支持原生接口，这就不太适合初学者去学习。

综上面 3 点所述，应该说 Keras 在这些方面做得都是非常不错的：

- 有着非常活跃的社区。
- 后端的 TensorFlow 来自于谷歌的支持开发和维护，比较有保障。
- 语言使用 Python，性能虽然并不快，但是对于目前绝大多数工作来说已经足够了，而往往那种数量级效率的提升是无法通过变更一个框架实现的。

所以总的来讲，Keras 应该是现有深度学习框架中比较适合用来进行工程应用的。

1.4.2 本书选择：Keras 与 TensorFlow

TensorFlow 和 Keras 都是深度学习框架，相对于 Keras 来说，TensorFlow 比较灵活，但是也比较难以入门，TensorFlow 实质上就是一个微分器。而 Keras 其实就是使用 TensorFlow 与 Keras 的接口（Keras 作为前端，TensorFlow 作为后端）构建的深度学习框架，它对于初学者来说使用起来较为友善，帮助文档丰富，社区活跃，且比较容易学。可以把 Keras 看作为 TensorFlow 封装后的一个 API。

在程序 1-1 中，细心的读者可能已经注意到，作者在编写代码的时候使用了大量的 tf.keras.*，而 tf 也是 TensorFlow 的简写。也就是在这个版本的 TensorFlow 中，Keras 作为一个封装在 TensorFlow 中的接口，可以很容易地被 TensorFlow 调用，并由于其易用性可以更好地帮助使用者完成其任务。

两者的结合参考图 1.8 所示。

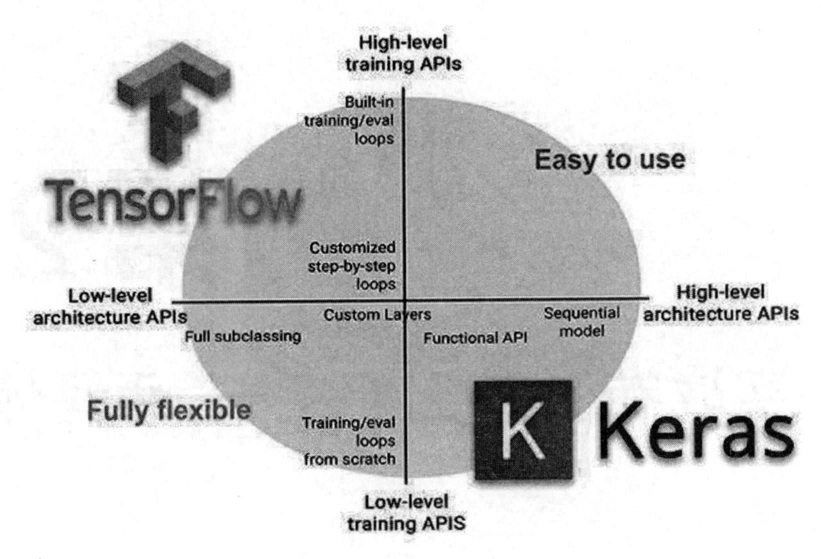

图 1.8　Keras 与 TensorFlow

总而言之，Keras 是和 TensorFlow 紧密结合在一起的框架。其各自发挥自己本身的长处，准确便捷地给使用者提供帮助是这 2 个框架的目的，在后续的学习中读者会慢慢地感受到这一点。

1.5　本章小结

本章是一个引子，向读者介绍了深度学习的一些相关内容，也通过一个简单的例子告诉读者在现实中如何使用深度学习。从下一章开始，我们每章一个案例，让读者在实际任务中感受深度学习的强大魅力。

第2章 实战卷积神经网络——手写体识别

卷积神经网络是从信号处理衍生过来的一种对数字信号处理的方式，最后演变成一种专门用来处理具有矩阵特征的网络结构处理方式。卷积神经网络在很多应用上都有独特的优势，甚至可以说是无可比拟的，例如音频处理和图像处理。

本章的案例是MNIST数据集中手写体的识别，此案例涉及的基础理论包括：

- 什么是卷积神经网络
- 卷积神经网络的原理
- TensorFlow中的卷积函数
- 池化运算
- softmax函数

2.1 卷积神经网络理论基础

本节将详细介绍卷积的运算和定义，这些都是卷积使用中必不可少的内容。

2.1.1 卷积运算

在数字图像处理中有一种基本的处理方法，即线性滤波。它将待处理的二维数字看作一个大型矩阵，图像中的每个像素可以看作矩阵中的每个元素，像素的大小就是矩阵中的元素值。

而使用的滤波工具是另一个小型矩阵，这个矩阵被称为卷积核。卷积核的大小远远小于图像矩阵，而具体的计算方式就是对于图像大矩阵中的每个像素，计算其周围的像素和卷积核对应位置的乘积，之后将结果相加，最终得到的终值就是该像素的值，这样就完成了一次卷积。最简单的图像卷积方式如图2.1所示。

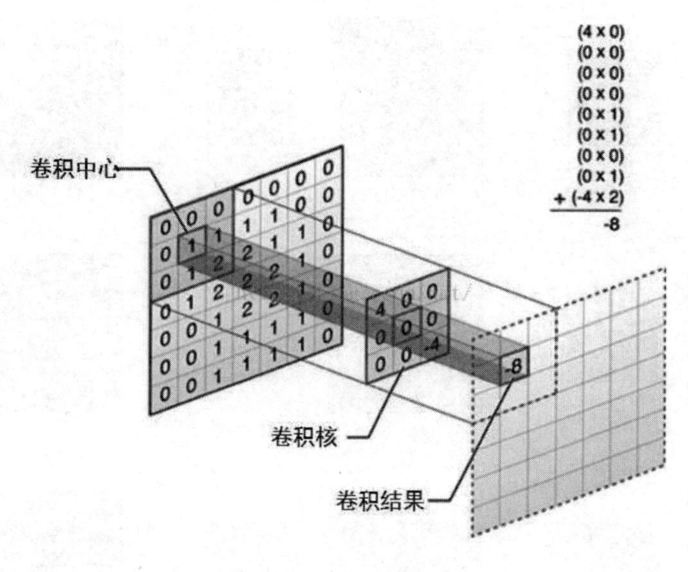

图 2.1 卷积运算

卷积实际上是使用两个大小不同的矩阵进行的一种数学运算。为了便于读者理解，我们从一个例子开始介绍。

我们需要对高速公路上的跑车进行位置追踪，这也是卷积神经网络图像处理的一个非常重要的应用。摄像头接收到的信号被计算为 $x(t)$，表示跑车在路上 t 的位置。

但是往往实际上的处理没那么简单，因为在自然界无时无刻存在各种影响和摄像头传感器的滞后。因此为了得到跑车位置的实时数据，采用的方法就是对测量结果进行均值化处理。对于运动中的目标，时间越久的位置则越不可靠，而时间离计算时越短的位置则对真实值的相关性越高。因此可以对不同的时间段赋予不同的权重，即通过一个权值定义来计算。这个可以表示为：

$$s(t) = \int x(\mathrm{a})\omega(t-\mathrm{a})\mathrm{da}$$

这种运算方式被称为卷积运算。换个符号表示为：

$$s(t) = (x * \omega)(t)$$

在卷积公式中，第一个参数 x 被称为“输入数据”，而第二个参数 ω 被称为“核函数”，$s(t)$ 是输出，即特征映射。

首先对于稀疏矩阵（见图 2.2）来说，卷积网络具有稀疏性，即卷积核的大小远远小于输入数据矩阵的大小。例如当输入一个图片信息时，数据的大小可能为上万的结构，但是使用的卷积核却只有几十，这样能够在计算后获取更少的参数特征，极大地减少了后续的计算量。

参数共享指的是对于特征提取过程，一个模型在多个参数之中使用相同的参数，在传统的神经网络中，每个权重只对其连接的输入/输出起作用，当其连接的输入/输出元素结束后就不会再用到。而参数共享指的是在卷积神经网络中，核的每一个元素都被用在输入的每一个位置上，在过程中只需学习一个参数集合，就能把这个参数应用到所有的图片元素中。

程序 2-1 使用 Python 实现了卷积操作。

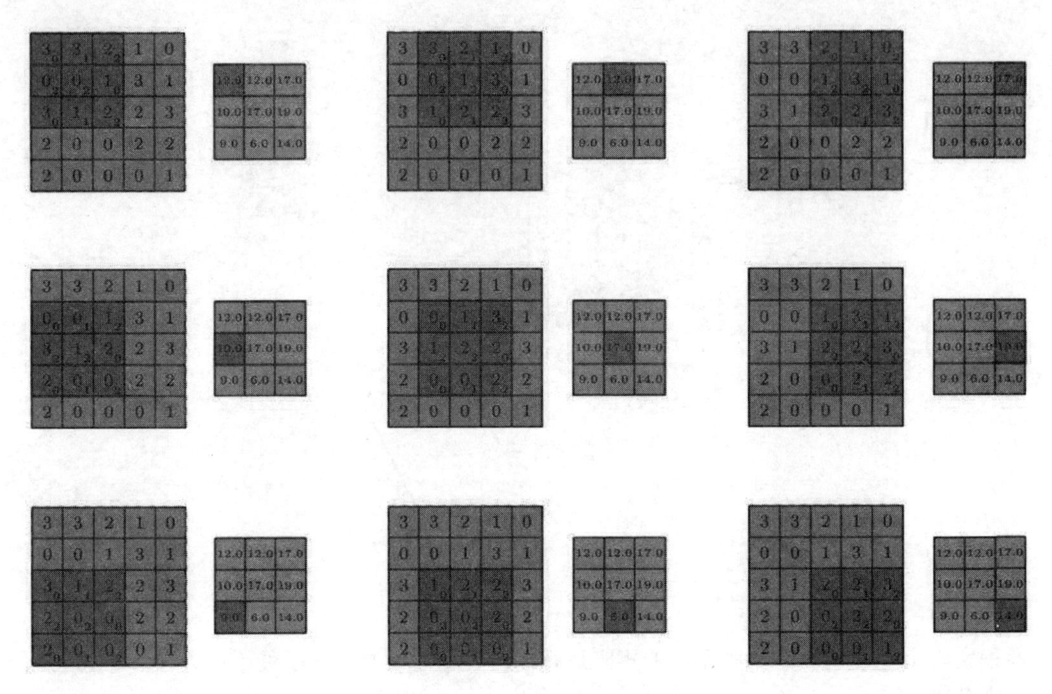

图 2.2　稀疏矩阵

【程序 2-1】

```
import struct
import matplotlib.pyplot as plt
import  numpy as np
dateMat = np.ones((7,7))
kernel = np.array([[2,1,1],[3,0,1],[1,1,0]])
def convolve(dateMat,kernel):
    m,n = dateMat.shape
    km,kn = kernel.shape
    newMat = np.ones(((m - km + 1),(n - kn + 1)))
    tempMat = np.ones(((km),(kn)))
    for row in range(m - km + 1):
        for col in range(n - kn + 1):
            for m_k in range(km):
                for n_k in range(kn):
                    tempMat[m_k,n_k] = dateMat[(row + m_k),(col + n_k)] *
kernel[m_k,n_k]
            newMat[row,col] = np.sum(tempMat)
    return newMat
```

这里卷积核从左到右、从上到下进行卷积计算，最后返回新的矩阵。

2.1.2　TensorFlow 中的卷积函数

前面章节中通过 Python 实现了卷积的计算，TensorFlow 为了框架计算的迅捷，同样也使用了专门的函数 Conv2D(Conv)作为卷积计算函数。这个函数是搭建卷积神经网络最核心的函数之一，非常重要。

```
class Conv2D(Conv):
def __init__(self, filters, kernel_size, strides=(1, 1), padding='valid',
            data_format=None,
            dilation_rate=(1, 1), activation=None, use_bias=True,
            kernel_initializer='glorot_uniform', bias_initializer='zeros',
            kernel_regularizer=None, bias_regularizer=None,
            activity_regularizer=None,
            kernel_constraint=None, bias_constraint=None, **kwargs):
```

Conv2D(Conv)是 TensorFlow 的卷积层自带的函数，其最重要的 5 个参数如下：

- filters：卷积核数目，卷积计算时折射使用的空间维度。
- kernel_size：卷积核大小，它要求是一个 Tensor，具有[filter_height, filter_width, in_channels, out_channels]这样的 shape，具体含义是[卷积核的高度，卷积核的宽度，图像通道数，卷积核个数]，要求类型与参数 input 相同。有一处需要注意，第三维 in_channels 就是参数 input 的第四维。
- strides：步进大小，卷积时在图像每一维的步长，这是一个一维的向量，第一维和第四维默认为 1，而第三维和第四维分别是平行和竖直滑行的步进长度。
- padding：填充方式，string 类型的量，只能是"SAME"和"VALID"其中之一，这个值决定了不同的卷积方式。
- activation：激活函数，一般使用 relu 作为激活函数。

【程序 2-2】

```
import tensorflow as tf
input = tf.Variable(tf.random.normal([1, 3, 3, 1]))
conv = tf.keras.layers.Conv2D(1,2)(input)
print(conv)
```

程序 2-2 展示了一个使用 TensorFlow 高级 API 进行卷积计算的例子，在这里随机生成了一个[3,3]大小的矩阵，之后使用 1 个大小为[2,2]的卷积核对其进行计算，打印结果如图 2.3 所示。

```
tf.Tensor(
[[[[ 0.43207052]
   [ 0.4494554 ]]

  [[-1.5294989 ]
   [ 0.9994287 ]]]], shape=(1, 2, 2, 1), dtype=float32)
```

图 2.3　打印结果

由图 2.3 可以看到，卷积对生成的随机数据进行计算，重新生成了一个[1,2,2,1]大小的卷积结果。这是由于卷积在工作时，边缘被处理消失，因此生成的结果小于原有的图像。

但是，有时候需要生成的卷积结果和原输入矩阵的大小一致，则需要将参数 padding 的值设为"VALID"，当其为"SAME"模式时，表示图像边缘将由一圈 0 补齐，使得卷积后的图像大小和输入大小一致，示例如下：

```
00000000000
0xxxxxxxxx0
0xxxxxxxxx0
```

```
0xxxxxxxxx0
00000000000
```

其中可以看到，这里 x 是图片的矩阵信息，而外面一圈是补齐的 0，而 0 在卷积处理时对最终结果没有任何影响。这里略微对其进行修改，如程序 2-3 所示。

【程序 2-3】

```
import tensorflow as tf
input = tf.Variable(tf.random.normal([1, 5, 5, 1]))          #输入图像大小变化
conv = tf.keras.layers.Conv2D(1,2,padding="SAME")(input)   #卷积核大小
print(conv .shape)
```

这里只打印最终卷积计算的维度大小，结果如下：

```
(1, 5, 5, 1)
```

可以看到这里最终生成了一个[1,5,5,1]大小的结果，这是由于在填充方式上，代码采用了"SAME"的模式对其进行处理。

下面再换一个参数，在前面的代码中，stride 的大小使用的默认值是[1,1]，此时如果把 stride 替换成[2,2]，即步进大小设置成 2，如程序 2-4 所示。

【程序 2-4】

```
import tensorflow as tf
input = tf.Variable(tf.random.normal([1, 5, 5, 1]))
conv = tf.keras.layers.Conv2D(1,2,strides=[2,2],padding="SAME")(input)
#strides 的大小被替换
print(conv.shape)
```

最终打印结果如下：

```
(1, 3, 3, 1)
```

可以看到，即使是采用 padding="SAME"模式填充，那么生成的结果也不再是原输入的大小，而维度有了变化。

最后总结一下经过卷积计算后结果图像的大小变化公式：

$$N = (W - F + 2P)/S + 1$$

- 输入图片大小：W × W。
- Filter 大小：F × F。
- 步长：S。
- padding 的像素数 P，一般情况下 P=1。

读者可以自行验证。

2.1.3 池化运算

在通过卷积获得了特征（features）之后，下一步希望利用这些特征去做分类。理论上讲，我们可以用所有提取得到的特征去训练分类器，例如 softmax 分类器，但这样做面临计算量的挑战。例

如：对于一个 96×96 像素的图像，假设已经学习得到了 400 个定义在 8×8 输入上的特征，每一个特征和图像卷积都会得到一个(96−8+1)×(96−8+1)=7921 维的卷积特征，由于有 400 个特征，所以每个样例(example)都会得到一个 892×400=3,168,400 维的卷积特征向量。学习一个拥有超过 3,000,000 特征输入的分类器十分不便，并且容易出现过拟合（over-fitting）。

这个问题的产生是因为卷积后的图像具有一种“静态性”的属性，这也就意味着在一个图像区域有用的特征，极有可能在另一个区域也同样适用。因此，为了描述大的图像，一个很自然的想法就是对不同位置的特征进行聚合统计。

例如，特征提取可以计算图像一个区域上的某个特定特征的平均值（或最大值），如图 2.4 所示。这些概要统计特征不仅具有低得多的维度（相比使用所有提取得到的特征），同时还会改善结果（不容易过拟合）。这种聚合的操作就叫作池化（pooling），有时也称为平均池化或者最大池化（取决于计算池化的方法）。

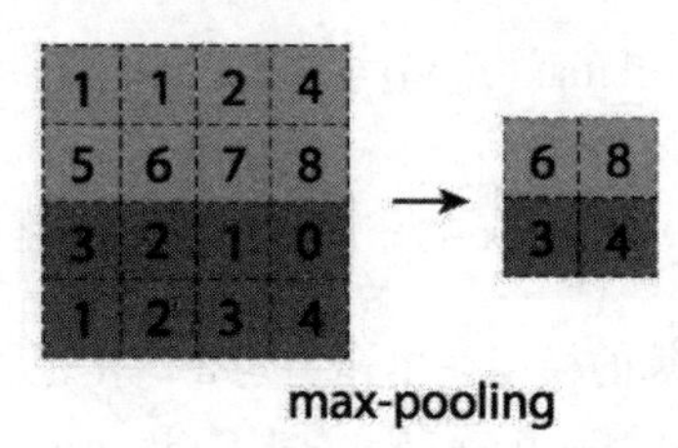

图 2.4　max-pooling 后的图片

如果选择图像中的连续范围作为池化区域，并且只是池化相同(重复)的隐藏单元产生的特征，那么，这些池化单元就具有平移不变性（translationinvariant）。这就意味着即使图像经历了一个小的平移之后，依然会产生相同的（池化的）特征。在很多任务中（例如物体检测、声音识别），我们都更希望得到具有平移不变性的特征，因为即使图像经过了平移，样例（图像）的标记仍然保持不变。

TensorFlow 中池化运算的函数如下：

```
class MaxPool2D(Pooling2D):
def __init__(self, pool_size=(2, 2), strides=None,
            padding='valid', data_format=None, **kwargs):
```

MaxPool2D 函数重要的参数如下：

- pool_size：池化窗口的大小，默认大小一般是[2, 2]。
- strides：和卷积类似，窗口在每一个维度上滑动的步长，默认大小一般是[2,2]。
- padding：和卷积类似，可以取'VALID' 或者'SAME'，返回一个 Tensor，类型不变，shape 仍然是[batch, height, width, channels]这种形式。

池化一个非常重要的作用就是能够帮助输入的数据表示近似不变性。而平移不变性指的是对输入的数据进行少量平移时，经过池化后的输出结果并不会发生改变。局部平移不变性是一个很有用的性质，尤其是当关心某个特征是否出现而不关心它出现的具体位置时。

例如，当判定一幅图像中是否包含人脸时，并不需要判定眼睛的位置，而是需要知道有一只眼睛出现在脸部的左侧，另外一只出现在脸部右侧就可以了。

2.1.4 softmax 激活函数

softmax 是一个对概率进行计算的模型，因为在真实的计算模型系统中，对一个实物的判定并不是 100%，而只是有一定的概率，并且在所有的结果标签上，都可以求出一个概率。

下面第一个公式是人为定义的训练模型，这里采用的是输入数据与权重的乘积和并加上一个偏置 b 的方式进行。偏置 b 存在的意义是为了加上一定的噪音。

$$f(x)=\sum_{i}^{j} w_{ij}x_j+b$$

$$\mathrm{soft\,max}=\frac{\mathrm{e}^{x_i}}{\sum_{0}^{j}\mathrm{e}^{x_j}}$$

$$y=\mathrm{soft\,max}(f(x))=\mathrm{soft\,max}(w_{ij}x_j+b)$$

对于求出的 $f(x)=\sum_{i}^{j} w_{ij}x_j+b$，softmax 的作用就是将其转化成概率。换句话说，这里的 softmax 可以被看作是一个激励函数，将计算的模型输出转换为在一定范围内的数值，并且在总体中这些数值的和为 1，而每个单独的数据结果都有其特定的数据结果。

用更为正式的语言表述就是，softmax 是模型函数定义的一种形式：把输入值当成幂指数求值，再正则化这些结果值。而这个幂运算表示，更大的概率计算结果对应更大的假设模型里面的乘数权重值。反之，拥有更少的概率计算结果，意味着在假设模型里面拥有更小的乘数系数。

而假设模型里的权值不可以是 0 值或者负值。softmax 然后会正则化这些权重值，使它们的总和等于 1，以此构造一个有效的概率分布。

对于最终的公式 $y=\mathrm{soft\,max}(f(x))=\mathrm{soft\,max}(w_{ij}x_j+b)$ 来说，可以将其认为如图 2.5 所示的形式。

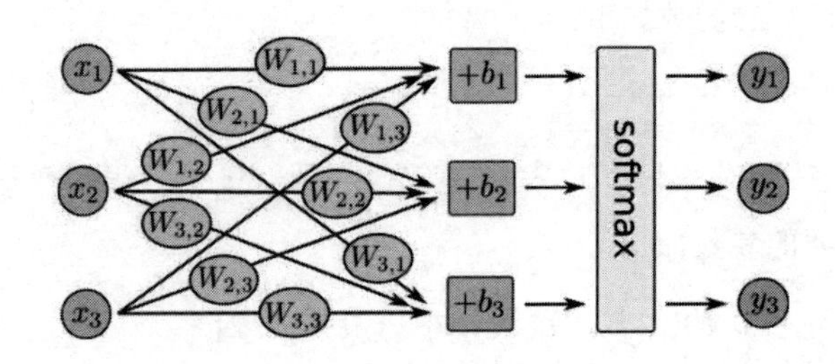

图 2.5 softmax 的计算形式

图 2.5 演示了 softmax 的计算公式，这实际上就是输入的数据通过与权重的乘积之后对其进行 softmax 计算得到的结果。可以将其用矩阵方法表示出来，如图 2.6 所示。

$$\begin{bmatrix} y_1 \\ y_2 \\ y_3 \end{bmatrix} = \mathrm{softmax}\left(\begin{bmatrix} W_{1,1} & W_{1,2} & W_{1,3} \\ W_{2,1} & W_{2,2} & W_{2,3} \\ W_{3,1} & W_{3,2} & W_{3,3} \end{bmatrix} \cdot \begin{bmatrix} x_1 \\ x_2 \\ x_3 \end{bmatrix} + \begin{bmatrix} b_1 \\ b_2 \\ b_3 \end{bmatrix}\right)$$

图 2.6 softmax 矩阵表示

将这个计算过程用矩阵的形式表示出来，即矩阵乘法和向量加法，这样有利于使用 TensorFlow 内置的数学公式进行计算，极大地提高了程序效率。

2.1.5　卷积神经网络原理

前面介绍了卷积运算的概念，从本质上来说，卷积神经网络就是将图像处理中的二维离散卷积运算和神经网络相结合。这种卷积运算可以用于自动提取特征，而卷积神经网络也主要应用于二维图像的识别。下面将采用图示的方法更加直观地介绍卷积神经网络的工作原理。

一个卷积神经网络包含一个输入层、一个卷积层和一个输出层，但是在真正使用的时候一般会使用多层卷积神经网络不断地去提取特征，特征越抽象，越有利于识别（分类）。而且通常卷积神经网络也包含池化层、全连接层，最后再接输出层。

图 2.7 展示了一幅图像进行卷积神经网络处理的过程。其中主要包含 4 个步骤：

- 图像输入：获取输入的数据图像。
- 卷积：对图像特征进行提取。
- Pooling 层：用于缩小在卷积时获取的图像特征。
- 全连接层：用于对图像进行分类。

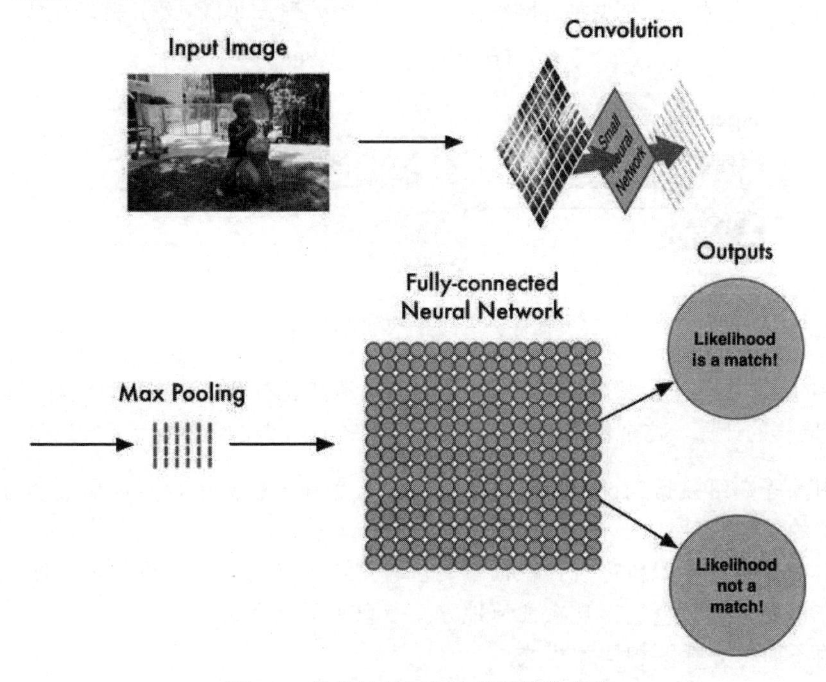

图 2.7　卷积神经网络处理图像的步骤

这几个步骤依次进行，分别具有不同的作用。而经过卷积层的图像被分别提取特征后，获得了分块的、同样大小的图片，如图 2.8 所示。

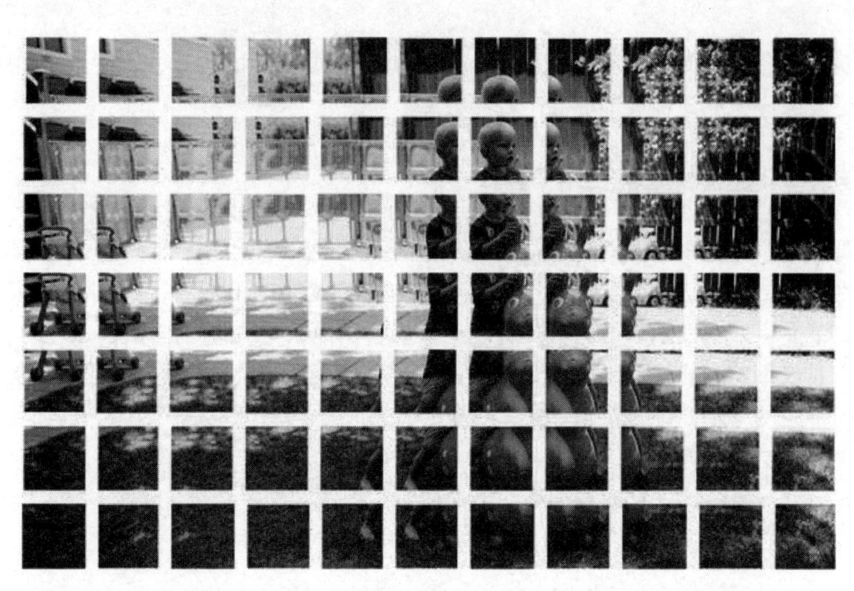

图 2.8　卷积处理的分解图像

可以看到，经过卷积处理后的图像被分为若干个大小相同的、只具有局部特征的图片。图 2.9 表示对分解后的图片使用一个小型神经网络做更进一步的处理，即将二维矩阵转化成一维数组。

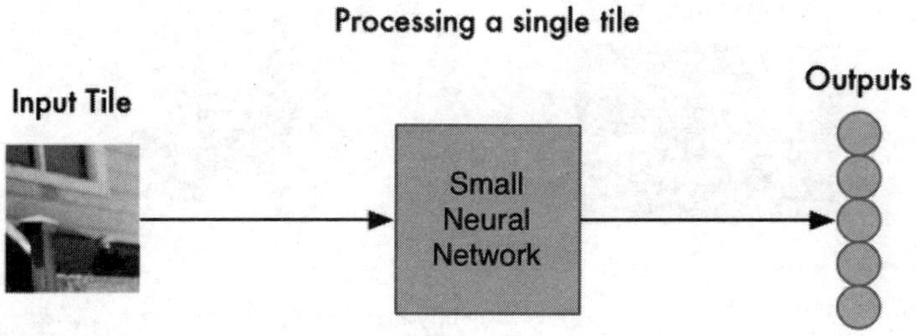

Processing a single tile

Input Tile

Small Neural Network

Outputs

图 2.9　分解后图像的处理

需要说明的是，在这个步骤中，也就是对图片进行卷积化处理时，卷积算法对所有的分解后的局部特征进行同样的计算，这个步骤称为“权值共享”。这样做的依据如下：

- 对图像等数组数据来说，局部数组的值经常是高度相关的，可以形成容易被探测到的独特的局部特征。
- 图像和其他信号的局部统计特征与其位置是不太相关的，如果特征图能在图片的一个部分出现，那么也能出现在任何地方。所以不同位置的单元共享同样的权重，并在数组的不同部分探测相同的模式。

数学上，这种由一个特征图执行的过滤操作是一个离散的卷积，卷积神经网络由此得名。

池化层的作用是对获取的图像特征进行缩减，从前面的例子中可以看到，使用[2,2]大小的矩阵来处理特征矩阵，使得原有的特征矩阵可以缩减到 1/4 大小，特征提取的池化效应，如图 2.10 所示。

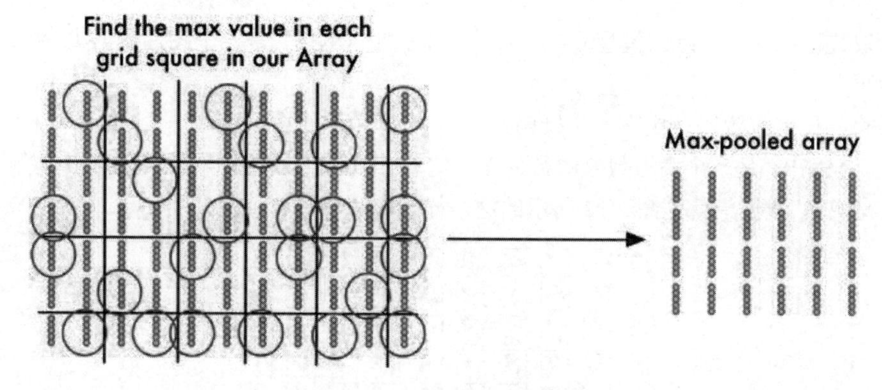

图 2.10　池化处理后的图像

经过池化处理的图像矩阵作为神经网络的数据输入，这是一个全连接层对所有的数据进行分类处理（见图 2.11），并且计算这个图像所求的所属位置概率最大值。

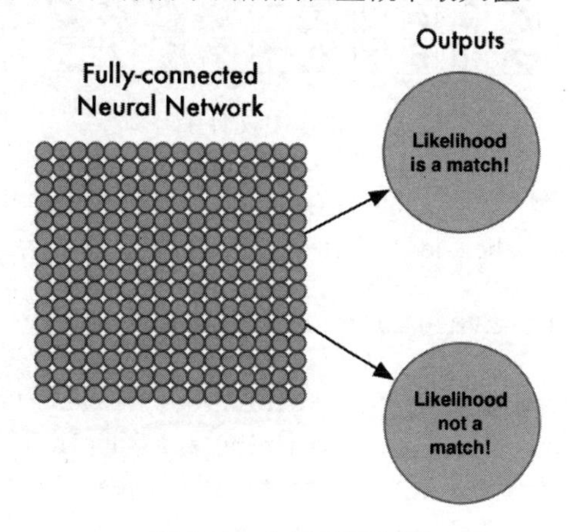

图 2.11　全连接层判断

用较为通俗的语言概括，卷积神经网络是一个层级递增的结构，也可以将其认为是一个人在读报纸，首先一字一句地读取，之后整段地理解，最后获得全文的过程。卷积神经网络也是从边缘、结构和位置等一起感知物体的形状。

2.2　案例实战：MNIST 手写体识别

本节将带领读者实践一个使用卷积神经网络进行图像识别的例子，即使用 TensorFlow 实现 MNIST 手写体的识别。

2.2.1　MNIST 数据集的解析

我们知道，“HelloWorld”示例是任何一种编程语言入门的基础程序，所有读者在开始学习编程时，打印的第一句话往往就是这个“HelloWorld”。

在深度学习编程中也有其特有的“HelloWorld”，即 MNIST 手写体的识别。相对于单纯地从数据文件中读取数据并加以训练的模型（参见 1.2 节），由于 MNIST 是一个图片数据集，其分类更多，识别难度也更大。

对于好奇的读者来说，一定有一个疑问，MNIST 究竟是什么？

实际上，MNIST 是一个手写数字的数据库，它有 60000 个训练样本集和 10000 个测试样本集。打开来看，MNIST 数据集就是图 2.12 所示的这个样子。

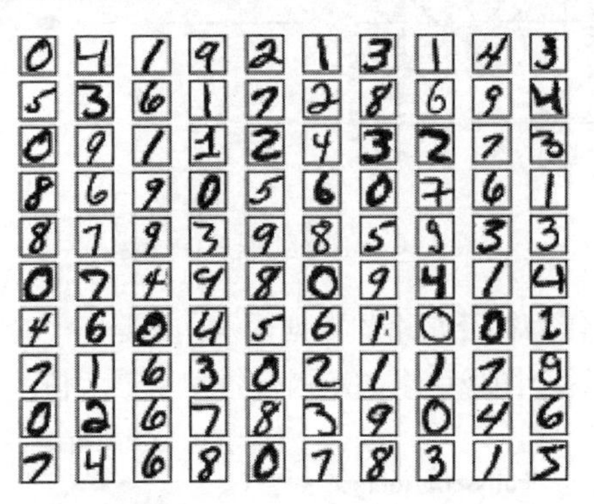

图 2.12 MNIST 文件手写体

MNIST 数据库官方网址为：http://yann.lecun.com/exdb/mnist/。也可以直接下载 train-images-idx3-ubyte.gz、train-labels-idx1-ubyte.gz 等，如图 2.13 所示。

Four files are available on this site:

train-images-idx3-ubyte.gz: training set images (9912422 bytes)
train-labels-idx1-ubyte.gz: training set labels (28881 bytes)
t10k-images-idx3-ubyte.gz: test set images (1648877 bytes)
t10k-labels-idx1-ubyte.gz: test set labels (4542 bytes)

图 2.13 MNIST 文件中包含的数据集

下载图中所示的 4 个文件，解压缩。解压缩后发现这些文件并不是标准的图像格式。也就是一个训练图片集，一个训练标签集，一个测试图片集，一个测试标签集；这些文件是压缩文件，解压出来，我们看到的是二进制文件，其中训练图片集的内容部分如图 2.14 所示。

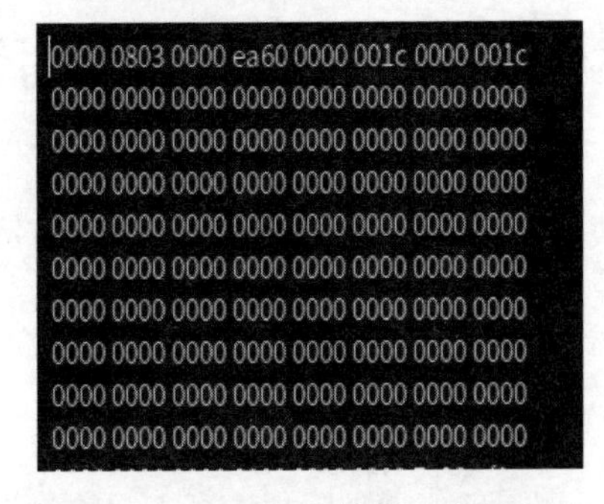

图 2.14 MNIST 文件的二进制表示

MNIST 训练集内部的文件结构如图 2.15 所示。

```
TRAINING SET IMAGE FILE (train-images-idx3-ubyte):

[offset] [type]          [value]          [description]
0000     32 bit integer  0x00000803(2051) magic number
0004     32 bit integer  60000            number of images
0008     32 bit integer  28               number of rows
0012     32 bit integer  28               number of columns
0016     unsigned byte   ??               pixel
0017     unsigned byte   ??               pixel
........
xxxx     unsigned byte   ??               pixel
```

图 2.15　MNIST 训练集内部的文件结构

图 2.15 所示是训练集的文件结构，其中有 60000 个实例。也就是说，这个文件里面包含了 60000 个标签内容，每一个标签的值为 0~9 之间的一个数。这里我们先解析每一个属性的含义，首先该数据是以二进制格式存储的，我们读取的时候要以 rb 方式读取；其次，真正的数据只有[value]这一项，其他的[type]等项只是用来描述的，并不真正在数据文件里面。

也就是说，在读取真实数据之前，要读取 4 个 32 bit integer。由[offset]可以看出真正的 pixel 是从 0016 开始的，一个 int 32 位，所以在读取 pixel 之前要读取 4 个 32 bit integer，也就是 magic number、number of images、number of rows、number of columns。

继续对图片进行分析。在 MNIST 图片集中，所有的图片都是 28×28 像素的，也就是每幅图片都有 28×28 个像素；图 2.16 所示 train-images.idx3-ubyte 文件中偏移量为 0 字节处，有一个 4 字节的数为 0000 0803，表示魔数；接下来是 0000 ea60 值为 60000 代表容量，接下来从第 8 个字节开始有一个 4 字节数，值为 28，也就是 0000 001c，表示每幅图片的行数；从第 12 个字节开始有一个 4 字节数，值也为 28，也就是 0000 001c，表示每幅图片的列数；从第 16 个字节开始才是我们的像素值。

这里使用每 784 个字节代表一幅图片。

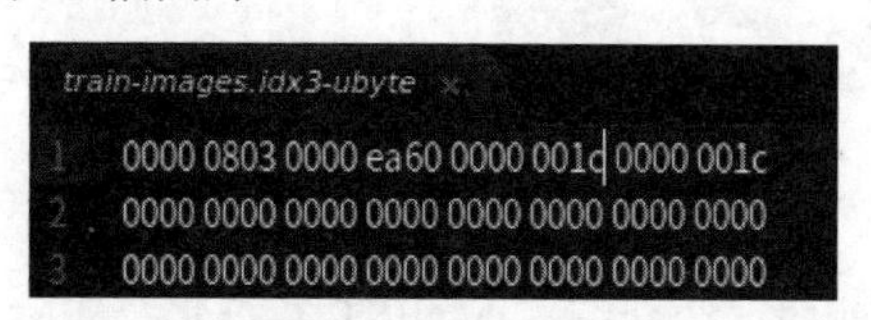

图 2.16　每个手写体被分成 28×28 个像素

2.2.2　MNIST 数据集的特征和标签

现在我们尝试使用 TensorFlow 去预测 10 个分类。

首先获取数据库。读者可以去官网下载 MNIST 数据集，也可以使用 TensorFlow 自带的。TensorFlow 2.X 集成的 Keras 高级 API 带有已经处理成 npz 格式的 MNIST 数据集，可以对其进行载入和计算：

```
mnist = tf.keras.datasets.mnist
     (x_train, y_train), (x_test, y_test) = mnist.load_data()
```

这里 Keras 能够自动连接互联网下载所需要的 MNIST 数据集，最终下载的是 npz 格式的数据集

mnist.npz。

如果有读者无法下载数据的话，本书自带的代码库中也同样提供了对应的 mnist.npz 数据的副本，读者只需将其复制到目标位置，之后再 load_data 函数中提供绝对地址即可，代码如下：

```
(x_train, y_train), (x_test, y_test) =
mnist.load_data(path='C:/Users/wang_xiaohua/Desktop/TF2.0/dataset/mnist.npz')
```

需要注意的是，这里输入的是数据集的绝对地址。load_data 函数会根据输入的地址将数据进行处理，并自动将其分解成训练集和验证集。打印训练集的维度如下：

```
(60000, 28, 28)
(60000,)
```

这是使用 Keras 自带的 API 进行数据处理的第一个步骤，有兴趣的读者可以自行完成数据的读取和切分代码。

上面的代码段中，load_data 函数可以按既定的格式读取出来。每个 MNIST 实例数据单元也是由 2 部分构成，一幅包含手写数字的图片和一个与其相对应的标签。可以将其中的标签特征设置成“y”，而图片特征矩阵以“x”来代替，所有的训练集和测试集中都包含 x 和 y。

图 2.17 用更为一般化的形式解释了 MNIST 数据实例的展开形式。这里，图片数据被展开成矩阵的形式，矩阵的大小为 28×28。至于如何处理这个矩阵，常用的方法是将其展开，而展开的方式和顺序并不重要，只需要将其按同样的方式展开即可。

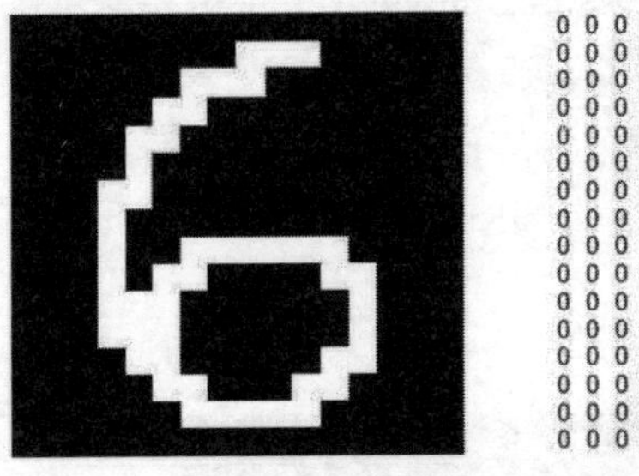

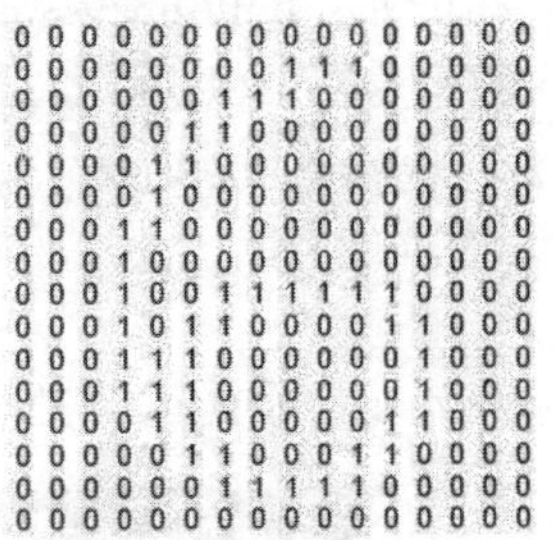

图 2.17　图片转换为向量模式

下面回到对数据的读取。前面已经介绍了 MNIST 数据集，实际上就是一个包含着 60000 幅图片的 60000×28×28 大小的矩阵张量[60000,28,28]，如图 2.18 所示。

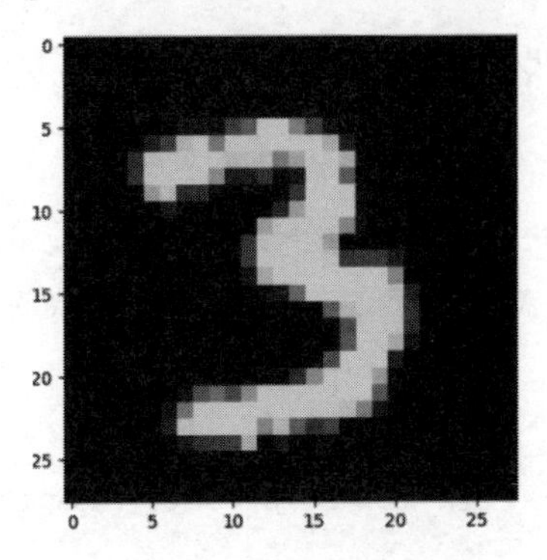

图 2.18　MNIST 数据集的矩阵表示

矩阵中行数据指的是图片的索引，用以对图片进行提取。而后面的 28×28 个向量用以对图片特征进行标注。实际上，这些特征向量就是图片中的像素点，每幅手写图片大小是[28,28]，每个像素转化为 0~1 之间的一个浮点数，构成矩阵。

每个实例的标签对应于 0~9 之间的任意一个数字，用以对图片进行标注。还有需要注意的是，对于提取出来的 MNIST 的特征值，默认使用一个 0~9 之间的数字进行标注，但是这种标注方法并不能使得损失函数获得一个好的结果，因此常使用 one_hot 计算方法，即将其值具体落在某个标注区间中。

one_hot 的标注方法请读者自行学习掌握。这里主要介绍将单一序列转化成 one_hot 的方法。一般情况下，TensorFlow 也自带了转化函数，即 tf.one_hot 函数，但是这个转化生成的是 Tensor 格式的数据，因此并不适合直接输入。

如果读者能够自行编写将序列值转化成 one_hot 的函数，那你的编程功底真是不错，但是 Keras 同样提供了已经编写好的转换函数：

```
tf.keras.utils.to_categorical
```

其作用是将一个序列转化成以 one_hot 形式表示的数据集，格式如图 2.19 所示。

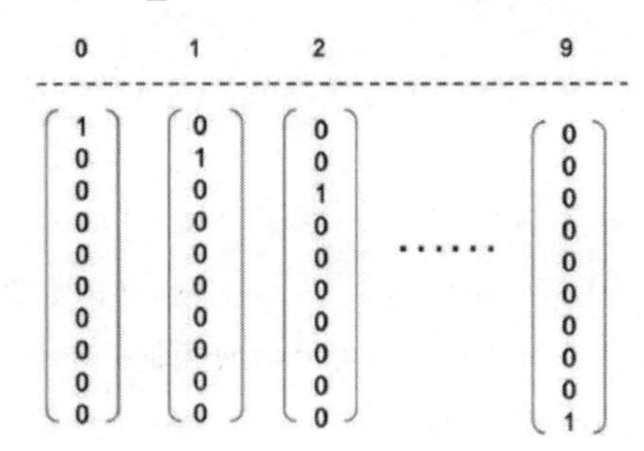

图 2.19　one-hot 数据集

现在，对于 MNIST 数据集的标签来说，实际上就是一个 60000 幅图片的 60000×10 大小的矩阵张量[60000,10]。前面的行数指的是数据集中图片的数量为 60000 幅，后面的 10 是 10 个列向量。

2.2.3　TensorFlow 2.X 编码实现

上一小节对 MNIST 数据做了介绍，描述了其构成方式以及其中数据的特征和标签的含义等。了解这些有助于编写合适的程序来对 MNIST 数据集进行分析和识别。本节将开始一步步地分析和编写代码以对数据集进行处理。

第一步：数据的获取

对于 MNIST 数据的获取实际上有很多渠道，读者可以使用 TensorFlow 2.5 自带的数据获取方式获得 MNIST 数据集并进行处理，代码如下：

```
mnist = tf.keras.datasets.mnist
(x_train, y_train), (x_test, y_test) = mnist.load_data()
(
x_train, y_train), (x_test, y_test)     #下载 MNIST.npy 文件要注明绝对地址
= mnist.load_data(path='C:/Users/wang_xiaohua/Desktop/TF2.0/
```

```
dataset/mnist.npz')
```

实际上可以看到，对于 TensorFlow 来说，它提供常用 API 并收集整理一些数据集，为模型的编写和验证带来了极大的方便。

不过读者会有一个疑问，对于软件自带的 API 和自己实现的 API，选择哪个？

选择自带的 API！除非你认为自带的 API 不适合你的代码。因为大多数自带的 API，在底层都会做一定程度的优化，调用不同的库包去最大效率地实现功能，因此即使自己的 API 与其功能一样，但是内部实现还是会有所不同。请牢记“不要重复造轮子”。

第二步：数据的处理

数据的处理可以首先将 label 进行 one-hot 处理，之后使用 TensorFlow 自带的 data API 进行打包，方便组合成 train 与 label 的配对数据集。

```
    x_train = tf.expand_dims(x_train,-1)
    y_train = np.float32(tf.keras.utils.to_categorical(y_train,num_classes=10))
    x_test = tf.expand_dims(x_test,-1)
    y_test = np.float32(tf.keras.utils.to_categorical(y_test,num_classes=10))
    bacth_size = 512
    train_dataset =
tf.data.Dataset.from_tensor_slices((x_train,y_train)).batch(bacth_size).shuffle
(bacth_size * 10)
    test_dataset =
tf.data.Dataset.from_tensor_slices((x_test,y_test)).batch(bacth_size)
```

需要注意的是，在数据被读出后，x_train 与 x_test 分别是训练集与测试集的数据特征部分，其是两个维度为[x,28,28]大小的矩阵，但是后面介绍卷积计算时，卷积的输入是一个 4 维的数据，还需要一个“通道”的标注，因此对其使用 tf 的扩展函数，修改了维度的表示方式。

第三步：模型的确定与各模块的编写

对于使用深度学习构建一个分辨 MNIST 的模型来说，常用的方法是建立一个基于卷积神经网络+分类层的模型，结构如图 2.20 所示。

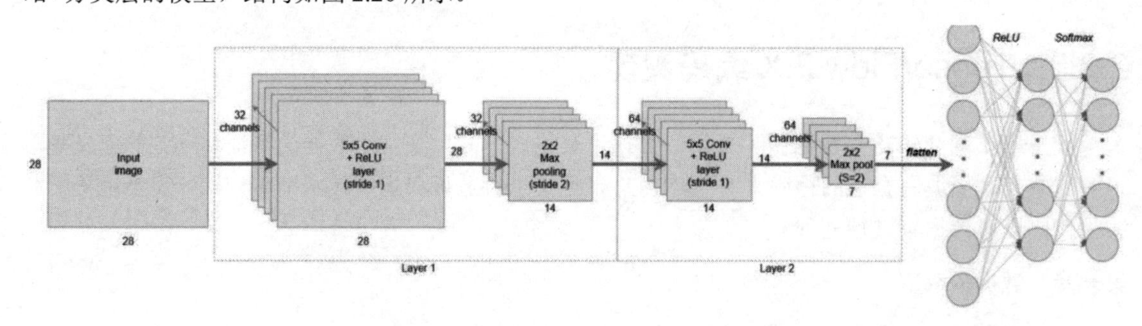

图 2.20 基于卷积神经网络+分类层的模型

从图 2.20 可以看到，一个简单的卷积神经网络模型是由卷积层、池化层、dropout 层以及作为分类的全连接层构成，同时每一层之间使用 relu 激活函数做分割，而 BatchNormalization 作为正则化的工具也被作为各个层之间的连接而使用。

模型代码如下：

```
    input_xs = tf.keras.Input([28,28,1])
    conv = tf.keras.layers.Conv2D(32,3,padding="SAME",activation=tf.nn.relu)
(input_xs)
    conv = tf.keras.layers.BatchNormalization()(conv)
    conv = tf.keras.layers.Conv2D(64,3,padding="SAME",activation=tf.nn.relu)
(conv)
    conv = tf.keras.layers.MaxPool2D(strides=[1,1])(conv)
    conv = tf.keras.layers.Conv2D(128,3,padding="SAME",activation=tf.nn.relu)
(conv)
    flat = tf.keras.layers.Flatten()(conv)
    dense = tf.keras.layers.Dense(512, activation=tf.nn.relu)(flat)
    logits = tf.keras.layers.Dense(10, activation=tf.nn.softmax)(dense)
    model = tf.keras.Model(inputs=input_xs, outputs=logits)
    print(model.summary())
```

下面分步进行解释。

（1）输入的初始化

输入的初始化使用的是 Input 类，这里根据输入的数据大小，将输入的数据维度做成[28,28,1]，其中的 batch_size 不需要设置，TensorFlow 会在后台自行推断。

```
input_xs = tf.keras.Input([28,28,1])
```

（2）卷积层

TensorFlow 中自带了卷积层实现类对卷积的计算，这里首先创建了一个类，通过设定卷积核数据、卷积核大小、padding 方式和激活函数初始化了整个卷积类型。

```
    conv = tf.keras.layers.Conv2D(32,3,padding="SAME",activation=tf.nn.relu)
(input_xs)
```

TensorFlow 中卷积层的定义，在绝大多数情况下直接调用给定的实现好的卷积类型即可。顺便说一句，卷积核大小等于 3 的话，TensorFlow 中专门给予了优化。具体原因在下一章会揭晓。现在读者只需要牢记卷积类型的初始化和卷积层的使用即可。

（3）BatchNormalization 和 Maxpool 层

BatchNormalization 和 Maxpool 层的目的是输入数据正则化，最大限度地减少模型的过拟合和增大模型的泛化能力。对于 BatchNormalization 和 Maxpool 的实现，读者自行参考模型代码的写法做个实现，有兴趣的读者可以更深一步学习其相关的理论，本书就不再过多介绍了。

```
conv = tf.keras.layers.BatchNormalization()(conv)
…
conv = tf.keras.layers.MaxPool2D(strides=[1,1])(conv)
```

（4）起分类作用的全连接层

全连接层的作用是对卷积层所提取的特征做最终分类。这里我们首先使用 flat 函数，将提取计算后的特征值平整化，之后的 2 个全连接层起到特征提取和分类的作用。最终做出分类。

```
dense = tf.keras.layers.Dense(512, activation=tf.nn.relu)(flat)
logits = tf.keras.layers.Dense(10, activation=tf.nn.softmax)(dense)
```

同样使用 TensorFlow 对模型进行打印，可以将所涉及的各个层级都打印出来，如图 2.21 所示。

```
Model: "model"
_________________________________________________________________
Layer (type)                 Output Shape              Param #
=================================================================
input_1 (InputLayer)         [(None, 28, 28, 1)]       0
_________________________________________________________________
conv2d (Conv2D)              (None, 28, 28, 32)        320
_________________________________________________________________
batch_normalization (BatchNo (None, 28, 28, 32)        128
_________________________________________________________________
conv2d_1 (Conv2D)            (None, 28, 28, 64)        18496
_________________________________________________________________
max_pooling2d (MaxPooling2D) (None, 27, 27, 64)        0
_________________________________________________________________
conv2d_2 (Conv2D)            (None, 27, 27, 128)       73856
_________________________________________________________________
flatten (Flatten)            (None, 93312)             0
_________________________________________________________________
dense (Dense)                (None, 512)               47776256
_________________________________________________________________
dense_1 (Dense)              (None, 10)                5130
=================================================================
Total params: 47,874,186
Trainable params: 47,874,122
Non-trainable params: 64
```

图 2.21 打印各个层级

由图 2.21 可以看到，各个层级的作用和所涉及的参数。其中，各个层依次被计算，并且所用的参数也打印出来了。

【程序 2-5】

```
    import numpy as np
    #下面使用 MNIST 数据集
    import tensorflow as tf
    mnist = tf.keras.datasets.mnist
    #这里先调用上面函数然后下载数据包，下面要填上绝对路径
    (x_train, y_train), (x_test, y_test) = mnist.load_data()   #需要等 TensorFlow
自动下载 MNIST 数据集
    x_train, x_test = x_train / 255.0, x_test / 255.0
    x_train = tf.expand_dims(x_train,-1)
    y_train = np.float32(tf.keras.utils.to_categorical(y_train,num_classes=10))
    x_test = tf.expand_dims(x_test,-1)
    y_test = np.float32(tf.keras.utils.to_categorical(y_test,num_classes=10))
    #这里为了 shuffle 数据，单独定义了每个 batch 的大小，batch_size，这与下方的 shuffle 对应
    bacth_size = 512
    train_dataset = tf.data.Dataset.from_tensor_slices
((x_train,y_train)).batch(bacth_size).shuffle(bacth_size * 10)
    test_dataset = tf.data.Dataset.from_tensor_slices
((x_test,y_test)).batch(bacth_size)
    input_xs = tf.keras.Input([28,28,1])
    conv = tf.keras.layers.Conv2D(32,3,padding="SAME",activation=tf.nn.relu)
(input_xs)
    conv = tf.keras.layers.BatchNormalization()(conv)
    conv = tf.keras.layers.Conv2D(64,3,padding="SAME",activation=tf.nn.relu)
(conv)
    conv = tf.keras.layers.MaxPool2D(strides=[1,1])(conv)
    conv = tf.keras.layers.Conv2D(128,3,padding="SAME",activation=tf.nn.relu)
(conv)
```

```
    flat = tf.keras.layers.Flatten()(conv)
    dense = tf.keras.layers.Dense(512, activation=tf.nn.relu)(flat)
    logits = tf.keras.layers.Dense(10, activation=tf.nn.softmax)(dense)
    model = tf.keras.Model(inputs=input_xs, outputs=logits)

    model.compile(optimizer=tf.optimizers.Adam(1e-3),
loss=tf.losses.categorical_crossentropy,metrics = ['accuracy'])
    model.fit(train_dataset, epochs=10)
    model.save("./saver/model.h5")
    score = model.evaluate(test_dataset)
    print("last score:",score)
```

最终打印结果如图 2.22 所示。

```
 1/20 [>.............................] - ETA: 2s - loss: 0.0461 - accuracy: 0.9844
 3/20 [===>..........................] - ETA: 1s - loss: 0.0815 - accuracy: 0.9805
 5/20 [======>.......................] - ETA: 0s - loss: 0.0901 - accuracy: 0.9805
 7/20 [=========>....................] - ETA: 0s - loss: 0.0918 - accuracy: 0.9807
 9/20 [============>.................] - ETA: 0s - loss: 0.0833 - accuracy: 0.9816
11/20 [===============>..............] - ETA: 0s - loss: 0.0765 - accuracy: 0.9828
13/20 [==================>...........] - ETA: 0s - loss: 0.0691 - accuracy: 0.9841
15/20 [=====================>........] - ETA: 0s - loss: 0.0604 - accuracy: 0.9859
17/20 [========================>.....] - ETA: 0s - loss: 0.0539 - accuracy: 0.9874
19/20 [===========================>..] - ETA: 0s - loss: 0.0510 - accuracy: 0.9881
20/20 [==============================] - 1s 47ms/step - loss: 0.0512 - accuracy: 0.9879
last score: [0.051227264245972036, 0.9879]
```

图 2.22　打印结果

由图 2.22 可以看到，经过模型的训练，在测试集上最终的准确率达到 0.9879，即 98%以上，而损失率在 0.05 左右。

2.2.4　使用自定义的卷积层实现 MNIST 识别

利用已有的卷积层已经能够较好地达到目标，使得准确率在 0.98 以上。这是一个非常不错的准确率，但是为了获得更高的准确率，还有没有别的方法能够在这个基础上做更进一步的提高呢?

一个非常简单的思想就是建立 short-cut，即建立数据通路，使得输入的数据和经过卷积计算后的数据连接在一起，从而解决卷积层总对某些特定小细节的忽略问题，模型如图 2.23 所示。

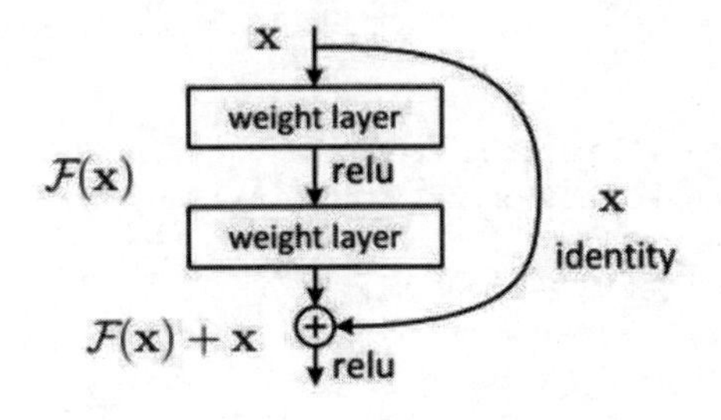

图 2.23　残差网络

这是一个“残差网络”部分示意图，即将输入的数据经过卷积层计算后与输入数据直接相连，从而建立一个能够保留更多细节内容的卷积结构。

使用自定义层级的方法，在继承 Layers 层后，TensorFlow 自定义的一个层级需要实现 3 个函数：

init、build 和 call 函数。

第一步：初始化参数

init 的作用是初始化所有的参数，根据所需要设置的层中的参数，再分析模型可以得知，目前需要定义的参数为卷积核数目和卷积核大小。

```
class MyLayer(tf.keras.layers.Layer):
    def __init__(self,kernel_size ,filter):
        self.filter = filter
        self.kernel_size = kernel_size
        super(MyLayer, self).__init__()
```

第二步：定义可变参数

模型中参数的定义在 build 中，这里是对所有可变参数的定义，代码如下：

```
def build(self, input_shape):
    self.weight = tf.Variable(tf.random.normal([self.kernel_size,
self.kernel_size,input_shape[-1],self.filter]))
    self.bias = tf.Variable(tf.random.normal([self.filter]))
    super(MyLayer, self).build(input_shape)  #Be sure to call this somewhere!
```

第三步：模型的计算

模型的计算定义在 call 函数中，对于残差网络的最简单的表示如下：

$$conv = conv(input)$$

$$out = relu(conv) + input$$

这里分段实现结果，即将卷积计算后的函数结果再经过激活函数后，叠加输入值作为输出，代码如下：

```
def call(self, input_tensor):
    conv = tf.nn.conv2d(input_tensor, self.weight, strides=[1, 2, 2, 1],
padding='SAME')
    conv = tf.nn.bias_add(conv, self.bias)
    out = tf.nn.relu(conv) + conv
    return out
```

全部代码段如下所示：

```
class MyLayer(tf.keras.layers.Layer):
    def __init__(self,kernel_size ,filter):
        self.filter = filter
        self.kernel_size = kernel_size
        super(MyLayer, self).__init__()
    def build(self, input_shape):
        self.weight = tf.Variable(tf.random.normal([self.kernel_size,
self.kernel_size,input_shape[-1],self.filter]))
        self.bias = tf.Variable(tf.random.normal([self.filter]))
        super(MyLayer, self).build(input_shape)  #Be sure to call this somewhere!
    def call(self, input_tensor):
        conv = tf.nn.conv2d(input_tensor, self.weight, strides=[1, 2, 2, 1],
padding='SAME')
```

```
        conv = tf.nn.bias_add(conv, self.bias)
        out = tf.nn.relu(conv) + conv
        return out
```

下面代码将自定义的卷积层替换为对应的卷积层。

【程序 2-6】

```
#下面使用 MNIST 数据集
import numpy as np
import tensorflow as tf
mnist = tf.keras.datasets.mnist
#这里先调用上面函数，然后下载数据包
(x_train, y_train), (x_test, y_test) = mnist.load_data()
x_train, x_test = x_train / 255.0, x_test / 255.0
x_train = tf.expand_dims(x_train,-1)
y_train = np.float32(tf.keras.utils.to_categorical(y_train,num_classes=10))
x_test = tf.expand_dims(x_test,-1)
y_test = np.float32(tf.keras.utils.to_categorical(y_test,num_classes=10))
bacth_size = 512
train_dataset = tf.data.Dataset.from_tensor_slices((x_train,
y_train)).batch(bacth_size).shuffle(bacth_size * 10)
test_dataset = tf.data.Dataset.from_tensor_slices((x_test,
y_test)).batch(bacth_size)

class MyLayer(tf.keras.layers.Layer):
    def __init__(self,kernel_size ,filter):
        self.filter = filter
        self.kernel_size = kernel_size
        super(MyLayer, self).__init__()
    def build(self, input_shape):
        self.weight = tf.Variable(tf.random.normal([self.kernel_size,
self.kernel_size,input_shape[-1],self.filter]))
        self.bias = tf.Variable(tf.random.normal([self.filter]))
        super(MyLayer, self).build(input_shape)  #Be sure to call this somewhere!
    def call(self, input_tensor):
        conv = tf.nn.conv2d(input_tensor, self.weight, strides=[1, 2, 2, 1],
padding='SAME')
        conv = tf.nn.bias_add(conv, self.bias)
        out = tf.nn.relu(conv) + conv
        return out

input_xs = tf.keras.Input([28,28,1])
conv = tf.keras.layers.Conv2D(32,3,padding="SAME",
activation=tf.nn.relu)(input_xs)
#使用自定义的层替换 TensorFlow 的卷积层
conv = MyLayer(32,3)(conv)
conv = tf.keras.layers.BatchNormalization()(conv)
conv = tf.keras.layers.Conv2D(64,3,padding="SAME",
activation=tf.nn.relu)(conv)
conv = tf.keras.layers.MaxPool2D(strides=[1,1])(conv)
conv = tf.keras.layers.Conv2D(128,3,padding="SAME",
activation=tf.nn.relu)(conv)
flat = tf.keras.layers.Flatten()(conv)
dense = tf.keras.layers.Dense(512, activation=tf.nn.relu)(flat)
```

```
    logits = tf.keras.layers.Dense(10, activation=tf.nn.softmax)(dense)
    model = tf.keras.Model(inputs=input_xs, outputs=logits)
    print(model.summary())
    model.compile(optimizer=tf.optimizers.Adam(1e-3),
loss=tf.losses.categorical_crossentropy,metrics = ['accuracy'])
    model.fit(train_dataset, epochs=10)
    model.save("./saver/model.h5")
    score = model.evaluate(test_dataset)
    print("last score:",score)
```

最终结果打印如图 2.24 所示。

```
11/20 [===============>..............] - ETA: 0s - loss: 0.0771 - accuracy: 0.9903
12/20 [=================>............] - ETA: 0s - loss: 0.0755 - accuracy: 0.9905
13/20 [==================>...........] - ETA: 0s - loss: 0.0732 - accuracy: 0.9914
14/20 [====================>.........] - ETA: 0s - loss: 0.0695 - accuracy: 0.9924
15/20 [=====================>........] - ETA: 0s - loss: 0.0653 - accuracy: 0.9935
16/20 [=======================>......] - ETA: 0s - loss: 0.0614 - accuracy: 0.9944
17/20 [========================>.....] - ETA: 0s - loss: 0.0580 - accuracy: 0.9948
18/20 [==========================>...] - ETA: 0s - loss: 0.0511 - accuracy: 0.9952
19/20 [===========================>..] - ETA: 0s - loss: 0.0471 - accuracy: 0.9955
20/20 [==============================] - 3s 137ms/step - loss: 0.0405 - accuracy: 0.9913
last score: [0.04711936466246843, 0.9913]
```

图 2.24 打印结果

2.3 本章小结

本章案例实现的是使用卷积对 MNIST 数据集做识别。这是一个入门案例，但是包含的内容非常多，例如使用多种不同的层和类构建一个较为复杂的卷积神经网络。还有卷积的概念、运算和原理，这些都是熟练使用卷积的理论基础。

第3章

实战 ResNet——CIFAR-100 数据集分类

卷积神经网络能够用来提取所侦测对象的低、中、高的特征，网络的层数越多，意味着能够提取到不同 level 的特征越丰富，并且通过还原镜像发现，越深的网络提取的特征越抽象，越具有语义信息。

这也产生了一个非常大的疑问，是否可以单纯地通过增加神经网络模型的深度和宽度，即增加更多的隐藏层和每个层之中的神经元去获得更好的结果？

答案是不可能。因为根据实验发现，随着卷积神经网络层数的加深，出现了另外一个问题，即在训练集上，准确率却难以达到完全正确，甚至于产生了下降。

这似乎不能简单地解释为卷积神经网络的性能下降，因为卷积神经网络加深的基础理论就是越深越好。如果强行解释为产生了“过拟合”，似乎也不能够解释准确率下降的问题，因为如果产生了过拟合，那么在训练集上卷积神经网络应该表现得更好才对。

这个问题被称为“神经网络退化”。神经网络退化问题的产生说明了卷积神经网络不能够被简单地使用堆积层数的方法进行优化！

2015 年，152 层深的 ResNet 横空出世，取得当年 ImageNet 竞赛冠军，相关论文在 CVPR 2016 获得最佳论文奖。ResNet 成为计算机视觉乃至整个 AI 界的一个经典。ResNet 使得训练深达数百甚至数千层的网络成为可能，而且性能仍然优异。

本章的案例就是使用 ResNet 实现数据集的分类，此案例涉及的基础理论包括：

- ResNet 诞生的背景。
- ResNet 的基础原理。
- TensorFlow 高级模块 layers。

3.1 ResNet 理论基础

ResNet 破天荒地提出了采用模块化的思维来替代整体的卷积层，通过一个个模块的堆叠来替代不断增加的卷积层。对于 ResNet 的研究和不断改进，就成为过去几年中计算机视觉和深度学习领域最具突破性的工作。并且，由于其表征能力强，ResNet 在图像分类任务以外的许多计算机视觉应用上也取得了巨大的性能提升，例如检测和人脸识别。

3.1.1 ResNet 诞生的背景

卷积神经网络的实质就是无限拟合一个符合对应目标的函数。而根据泛逼近定理（Universal Approximation Theorem），如果给定足够的容量，一个单层的前馈网络就足以表示任何函数。但是，这个层可能非常大，而且网络容易过拟合数据。因此，学术界有一个共同的认识，就是网络架构需要更深。

但是，研究发现只是简单地将层堆叠在一起，增加网络的深度并不会起太大的作用。这是由于难搞的梯度消失（Vanishing Gradient）问题，深层的网络很难训练。因为梯度反向传播到前一层，重复相乘可能使梯度无穷小。结果就是，随着网络的层数更深，其性能趋于饱和，甚至开始迅速下降，如图 3.1 所示。

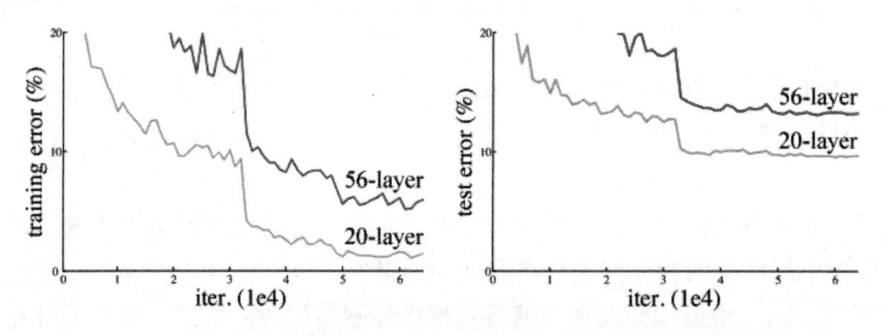

图 3.1 随着网络的层数更深，其性能趋于饱和，甚至开始迅速下降

在 ResNet 之前，已经出现好几种处理梯度消失问题的方法，但是没有一种方法能够真正解决这个问题。何恺明等人于 2015 年发表的论文“用于图像识别的深度残差学习”（Deep Residual Learning for Image Recognition）中认为，堆叠的层不应该降低网络的性能，可以简单地在当前网络上堆叠映射层（不处理任何事情的层），并且所得到的架构性能不变。

$$f'(x) = \begin{cases} x \\ f(x) + x \end{cases}$$

即当 $f(x)$ 为 0 时，$f'(x)$ 等于 x，而当 $f(x)$ 不为 0 时，所获得的 $f'(x)$ 性能要优于单纯地输入 x。这个公式表明，较深的模型所产生的训练误差不应比较浅的模型的误差更高。假设让堆叠的层拟合一个残差映射（Residual Mapping）要比让它们直接拟合所需的底层映射更容易。

从图 3.2 可以看到，残差映射与传统的直接相连的卷积网络相比，最大的变化是加入了一个恒等映射层 y = x 层。其主要作用是使得网络随着深度的增加而不会产生权重衰减、梯度衰减或者消失这些问题。

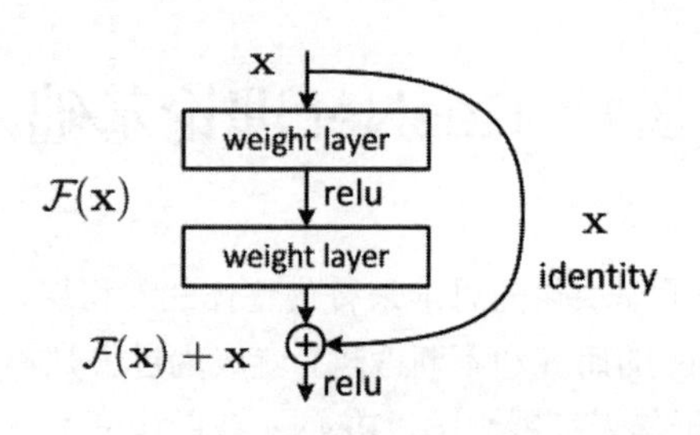

图 3.2 残差框架模块

图中 $F(x)$表示的是残差，$F(x)+x$ 是最终的映射输出，因此可以得到网络的最终输出为 $H(x)=F(x)+x$。由于网络框架中有 2 个卷积层和 2 个 relu 函数，因此最终的输出结果可以表示为：

$$H_1(x)=\text{relu}_1(w_1\times x)$$

$$H_2(x)=\text{relu}_2(w_2\times h_1(x))$$

$$H(x)=H_2(x)+x$$

其中 H_1 是第一层的输出，而 H_2 是第二层的输出。这样在输入与输出有相同维度时，可以使用直接输入的形式将数据直接传递到框架的输出层。

ResNet 整体结构图及与 VGGNet 的比较如图 3.3 所示。

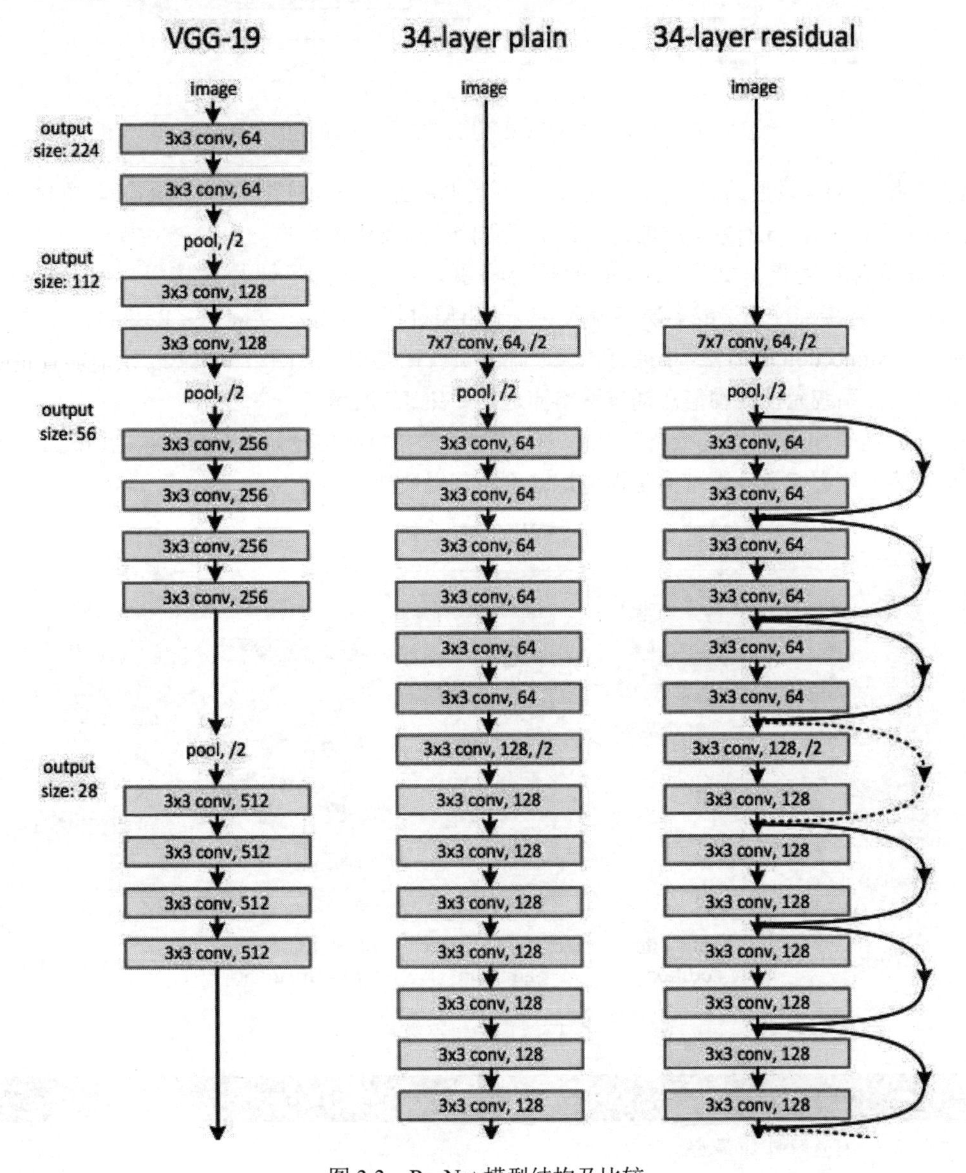

图 3.3　ResNet 模型结构及比较

图 3.3 展示了 VGGNet19 及一个 34 层的普通结构神经网络和一个 34 层的 ResNet 网络的对比图。通过验证可以知道，在使用了 ResNet 的结构后，发现层数不断加深导致的训练集上误差增大的现象被消除了，ResNet 网络的训练误差会随着层数增大而逐渐减小，并且在测试集上的表现也会变好。

但是，除了用以讲解的二层残差学习单元，实际上更多的是使用[1,1]结构的三层残差学习单元，如图 3.4 所示。

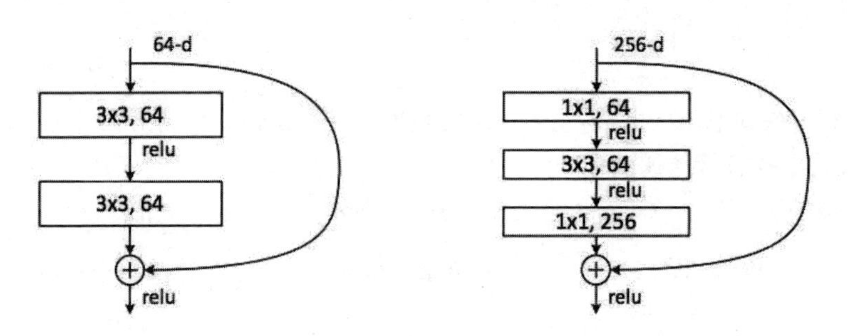

图 3.4　二层（左）以及三层（右）残差单元的比较

这里借鉴了 NIN 模型的思想，在二层残差单元中包含 1 个[3,3]卷积层的基础上，更包含了 2 个[1,1]大小的卷积，放在[3,3]卷积层的前后，执行先降维再升维的操作。

无论采用哪种连接方式，ResNet 的核心是引入一个“身份捷径连接”（Identity Shortcut Connection），直接跳过一层或多层将输入层与输出层进行了连接。实际上，ResNet 并不是第一个利用 shortcut connection 的方法，早期有相关研究人员就在卷积神经网络中引入了“门控短路电路”，即参数化的门控系统允许何种信息通过网络通道，如图 3.5 所示。

但并不是所有加入了“shortcut”的卷积神经网络都会提高传输效果。在后续的研究中，有许多研究人员对残差块进行了改进，但是很遗憾并不能获得性能上的提高。

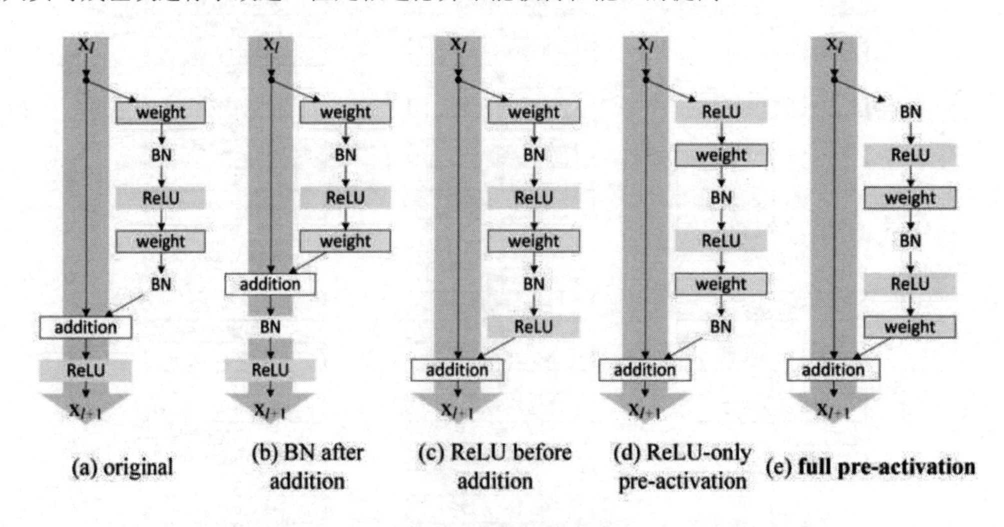

图 3.5　门控短路电路

注　意

目前图 3.5 中(a)图性能最好。

3.1.2　模块工具的 TensorFlow 实现

我们现在都急不可待地想要自定义自己的残差网络。但在构建自己的残差网络之前，需要准备好相关的程序设计工具。这里的工具是指那些已经设计好的函数功能，可以直接使用其代码。

首先是重要的卷积核的创建。从模型上看，需要更改的内容很少，即卷积核的大小、输出通道数以及所定义的卷积层的名称，代码如下：

```
tf.keras.layers.Conv2D
```

这里直接调用了 TensorFlow 中对卷积层的实现，只需要输入对应的卷积核数目、卷积核大小以及填充方式即可。

此外，还有一个非常重要的方法是获取数据的 BatchNormalization，这是使用批量正则化对数据进行处理，代码如下：

```
tf.keras.layers.BatchNormalization
```

其他的还有最大池化层，代码如下：

```
tf.keras.layers.MaxPool2D
```

平均池化层，代码如下：

```
tf.keras.layers.AveragePooling2D
```

这些是在模型单元中所需要使用的基本工具，有了这些工具，就可以直接构建 ResNet 模型单元了。

3.1.3　TensorFlow 高级模块 layers

上一小节中，我们使用自定义的方法实现了 ResNet 模型的功能单元，这能够极大地帮助我们完成搭建神经网络的工作，除了搭建 ResNet 网络模型，基本结构的模块化编写还包括其他神经网络的搭建。

Keras 同样提供了原生的、可供直接使用的卷积神经网络模块 layers。它是用于深度学习的更高层次封装的 API，程序设计者可以利用它轻松地构建模型。

表 3.1 展示了 layers 封装好的多种卷积神经网络 API，conv2d 和 BatchNormalization 都有自定义好的模块，以及多种池化层。表中这些层也是常用的层。

表3.1　多种卷积神经网络API

卷积神经网络 API	说　明
input(…)	用于实例化一个输入 Tensor，作为神经网络的输入
average_pooling1d(…)	一维平均池化层
average_pooling2d(…)	二维平均池化层
average_pooling3d(…)	三维平均池化层
batch_normalization(…)	批量标准化层
conv1d(…)	一维卷积层
conv2d(…)	二维卷积层

（续表）

卷积神经网络 API	说　明
conv2d_transpose(…)	二维反卷积层
conv3d(…)	三维卷积层
conv3d_transpose(…)	三维反卷积层
dense(…)	全连接层
dropout(…)	Dropout 层
flatten(…)	Flatten 层，即把一个 Tensor 展平
max_pooling1d(…)	一维最大池化层
max_pooling2d(…)	二维最大池化层
max_pooling3d(…)	三维最大池化层
separable_conv2d(…)	二维深度可分离卷积层

1. 卷积简介

实际上，Layers 中提供了多个卷积的实现方法，例如 conv1d()、conv2d()、conv3d()，分别代表一维、二维、三维卷积，另外还有 conv2d_transpose()、conv3d_transpose()，分别代表二维和三维反卷积，还有 separable_conv2d()方法，代表二维深度可分离卷积。在这里以 conv2d()方法为例进行说明。

```
def __init__(self,
    filters,
    kernel_size,
    strides=(1, 1),
    padding='valid',
    data_format=None,
    dilation_rate=(1, 1),
    activation=None,
    use_bias=True,
    kernel_initializer='glorot_uniform',
    bias_initializer='zeros',
    kernel_regularizer=None,
    bias_regularizer=None,
    activity_regularizer=None,
    kernel_constraint=None,
    bias_constraint=None,
    **kwargs):
```

参数说明如下：

- filters：必需，是一个数字，代表了输出通道的个数，即 output_channels。
- kernel_size：必需，卷积核大小，必须是一个数字（高和宽都是此数字）或者长度为 2 的列表（分别代表高、宽）。
- strides：可选，卷积步长，必须是一个数字（高和宽都是此数字）或者长度为 2 的列表（分别代表高、宽），默认为(1,1)。
- padding：可选，有 VALID 和 SAME 两种，不区分字母大小写，默认为 VALID，padding 的模式。
- data_format：可选，有 channels_last 和 channels_first 两种模式，代表输入数据的维度

类型，默认 channels_last。如果是 channels_last，那么输入数据的 shape 为 (batch,height,width,channels)；如果是 channels_first，那么输入数据的 shape 为 (batch,channels,height,width)。

- dilation_rate: 可选，卷积的扩张率，默认为(1,1)。如当扩张率为 2 时，卷积核内部就会有边距，3 × 3 的卷积核就会变成 5 × 5。
- activation: 可选，默认为 None。若为 None，则是线性激活。
- use_bias: 可选，默认为 True，是否使用偏置。
- kernel_initializer: 可选，即权重的初始化方法，默认为 None。若为 None，则使用默认的 Xavier 初始化方法。
- bias_initializer: 可选，即偏置的初始化方法，默认为零值初始化。
- kernel_regularizer: 可选，施加在权重上的正则项，默认为 None。
- bias_regularizer: 可选，施加在偏置上的正则项，默认为 None。
- activity_regularizer: 可选，施加在输出上的正则项，默认为 None。
- kernel_constraint: 可选，施加在权重上的约束项，默认为 None。
- bias_constraint: 可选，施加在偏置上的约束项，默认为 None。
- trainable: 可选，布尔类型，默认为 True。若为 True，则将变量添加到 GraphKeys.TRAINABLE_VARIABLES 中。
- name: 可选，卷积层的名称，默认为 None。
- reuse: 可选，布尔类型，默认为 None。若为 True，则在 name 相同时会重复利用。
- 返回值: 卷积后的 Tensor。

使用方法与自定义的卷积层方法类似，这里我们通过一个小例子加以说明：

【程序 3-1】

```
import tensorflow as tf
with tf.device("/CPU:0"):
    #自定义输入数据
    xs = tf.random.truncated_normal(shape=[50, 32, 32, 32])
    #使用二维卷积进行计算
    out = tf.keras.layers.Conv2D(64,3,padding="SAME")(xs)
    print(out.shape)
```

例子中首先定义了一个[50, 32, 32, 32]的输入数据，之后传给 Conv2D 函数，filter 是输出的维度，设置成 32。选择的卷积核大小为 3×3，strides 为步进距离，这里采用 1 个步进距离，也就是采用默认的步进设置。padding 为填充设置，这里设置为根据卷积核大小对输入值进行填充。输入结果如下：

(50, 32, 32, 64)

此时如果将 strides 设置成[2,2]，结果如下：

(50, 16, 16, 64)

当然，此时的 padding 也可以变化，读者可以将其设置成 VALID 看看结果如何。

TensorFlow 中 padding 被设置成 SAME，其实是先对输入数据进行填充之后再进行卷积计算。

此外，还可以传入激活函数，或者设定 kernel 的格式化方式，或者禁用 bias 等操作，这些操作请读者自行尝试。

```
out = tf.keras.layers.Conv2D(64,3,strides=[2,2],padding="SAME",
activation=tf.nn.relu)(xs)
```

2. BatchNormalization 简介

BatchNormalization 是目前最常用的数据标准化方法，也是批量标准化方法。输入数据经过处理之后能够显著加速训练速度，并且减少过拟合出现的可能性。

```
def __init__(self,
    axis=-1,
    momentum=0.99,
    epsilon=1e-3,
    center=True,
    scale=True,
    beta_initializer='zeros',
    gamma_initializer='ones',
    moving_mean_initializer='zeros',
    moving_variance_initializer='ones',
    beta_regularizer=None,
    gamma_regularizer=None,
    beta_constraint=None,
    gamma_constraint=None,
    renorm=False,
    renorm_clipping=None,
    renorm_momentum=0.99,
    fused=None,
    trainable=True,
    virtual_batch_size=None,
    adjustment=None,
    name=None,
    **kwargs):
```

参数说明如下：

- axis：可选，进行标注化操作时操作数据的哪个维度，默认为-1。
- momentum：可选，动态均值的动量，默认为 0.99。
- epsilon：可选，默认为 0.01，大于 0 的小浮点数，用于防止除 0 错误。
- center：可选，默认为 True，若设为 True，则会将 beta 作为偏置加上去，否则忽略参数 beta。
- scale：可选，默认为 True，若设为 True，则会乘以 gamma，否则不使用 gamma；当下一层是线性时，可以设为 False，因为 scaling 的操作将被下一层执行。
- beta_initializer：可选，即 beta 权重的初始方法，默认为 zeros_initializer。
- gamma_initializer：可选，即 gamma 的初始化方法，默认为 ones_initializer。
- moving_mean_initializer：可选，即动态均值的初始化方法，默认为 zeros_initializer。
- moving_variance_initializer：可选，即动态方差的初始化方法，默认为 ones_initializer。
- beta_regularizer：可选，即 beta 的正则化方法，默认为 None。
- gamma_regularizer：可选，即 gamma 的正则化方法，默认为 None。
- beta_constraint：可选，加在 beta 上的约束项，默认为 None。

- gamma_constraint：可选，加在gamma上的约束项，默认为None。
- training：可选，默认False，返回结果是training模式。
- trainable：可选，布尔类型，默认为True。若为True，则将变量添加到GraphKeys.TRAINABLE_VARIABLES中。
- name：可选，层名称，默认为None。
- fused：可选，根据层名判断是否重复利用，默认为None。
- renorm：可选，是否要用BatchRenormalization，默认为False。
- renorm_clipping：可选，是否要用rmax、rmin、dmax来scalar Tensor，默认为None。
- renorm_momentum：可选，用来更新动态均值和标准差的Momentum值，默认为0.99。
- fused：可选，是否使用一个更快的、融合的实现方法，默认为None。
- virtual_batch_size：可选，是一个int数字，指定一个虚拟batchsize，默认为None。
- adjustment：可选，对标准化后的结果进行适当调整的方法，默认为None。

其用法也很简单，直接在tf.layers.batch_normalization函数中输入xs即可。

【程序3-2】

```
import tensorflow as tf
with tf.device("/CPU:0"):
    #自定义输入数据
    xs = tf.random.truncated_normal(shape=[50, 32, 32, 32])
    #使用二维卷积进行计算
    out = tf.keras.layers.BatchNormalization()(xs)
    print(out.shape)
```

输出结果如下：

(50, 32, 32, 32)

3. dense简介

dense是全连接层，layers中提供了一个专门的函数来实现此操作，即tf.layers.dense，其结构如下：

```
def __init__(self,
    units,
    activation=None,
    use_bias=True,
    kernel_initializer='glorot_uniform',
    bias_initializer='zeros',
    kernel_regularizer=None,
    bias_regularizer=None,
    activity_regularizer=None,
    kernel_constraint=None,
    bias_constraint=None,
    **kwargs):
```

参数说明如下：

- units：必需，神经元的数量。
- activation：可选，默认为None。若为None，则是线性激活。

- use_bias：可选，是否使用偏置，默认为 True。
- kernel_initializer：可选，权重的初始化方法，默认为 None。
- bias_initializer：可选，偏置的初始化方法，默认为零值初始化。
- kernel_regularizer：可选，施加在权重上的正则项，默认为 None。
- bias_regularizer：可选，施加在偏置上的正则项，默认为 None。
- activity_regularizer：可选，施加在输出上的正则项，默认为 None。
- kernel_constraint，可选，施加在权重上的约束项，默认为 None。
- bias_constraint，可选，施加在偏置上的约束项，默认为 None。

【程序 3-3】

```
import tensorflow as tf

with tf.device("/CPU:0"):
    #自定义输入数据
    xs = tf.random.truncated_normal(shape=[50, 32, 32, 32])
    out _1 = tf.keras.layers.Dense(32)(xs)
    print(out.shape)
```

xs 为输入数据，units 为输出层次，结果如下：

(50, 32, 32, 32)

这里指定了输出层的维度为 32，因此输出结果为[50,32,32,32]，可以看到输出结果的最后一个维度就等于神经元的个数。

此外，还可以仿照卷积层的设置，对激活函数以及初始化的方式进行定义：

```
dense = tf.layers.dense(xs,units=10,activation=tf.nn.sigmoid,use_bias=False)
```

4. pooling 简介

pooling 即池化。layers 模块提供了多个池化方法，这几个池化方法都是类似的，包括 max_pooling1d()、max_pooling2d()、max_pooling3d()、average_pooling1d()、average_pooling2d()、average_pooling3d()，分别代表一维、二维、三维、最大和平均的池化方法，这里以常用的 avg_pooling2d 为例进行讲解。

```
def __init__(self,
    pool_size=(2, 2),
    strides=None,
    padding='valid',
    data_format=None,
    **kwargs):
```

参数说明如下：

- pool_size：必需，池化窗口大小，必须是一个数字（高和宽都是此数字）或者长度为 2 的列表（分别代表高、宽）。
- strides：必需，池化步长，必须是一个数字（高和宽都是此数字）或者长度为 2 的列表（分别代表高、宽）。

- padding：可选，padding 的方法有 VALID 或者 SAME，默认为 VALID，不区分字母大小写。
- data_format：可选，分为 channels_last 和 channels_first 两种模式，代表了输入数据的维度类型，默认为 channels_last。如果是 channels_last，那么输入数据的 shape 为(batch,height,width,channels)；如果是 channels_first，那么输入数据的 shape 为(batch,channels,height,width)。
- name：可选，池化层的名称，默认为 None。
- 返回值：经过池化处理后的 Tensor。

【程序 3-4】

```
import tensorflow as tf
#自定义输入数据
with tf.device("/CPU:0"):
    xs = tf.random.truncated_normal(shape=[50, 32, 32, 32])
    out = tf.keras.layers.AveragePooling2D(strides=[1,1])(xs)
    print(out.shape)
```

这里对输入值设置了以[2,2]为大小的均值核，步进为[1,1]。填充方式为 SAME，即通过补 0 的方式对输入数据进行填充。结果如下：

(50, 31, 31, 32)

5. layers 模块应用实例

下面使用一个例子来对数据进行说明。

【程序 3-5】

```
import tensorflow as tf
#自定义输入数据
with tf.device("/CPU:0"):
    xs = tf.random.truncated_normal(shape=[50, 32, 32, 32])
    out = tf.keras.layers.MaxPool2D(strides=[1,1])(xs)
    out = tf.keras.layers.Conv2D(filters=32,kernel_size =
[2,2],padding="SAME")(out)
    out = tf.keras.layers.BatchNormalization()(xs)
    out = tf.keras.layers.Flatten()(out)
    logits = tf.keras.layers.Dense(10)(out)
    print(logits.shape)
```

首先创建了一个[50,32,32,32]维度的数据值，对其进行最大池化，然后进行 strides 为[2,2]的卷积，采用的激活函数为 relu，之后进行 BatchNormalization 批正则化，flatten 对输入的数据进行平整化，输出为一个与 batch 相符合的二维向量，最后进行全连接计算输出维度。

(50, 10)

此外，将所有模块全部存放在一个模型中也是可以的，代码如下：

【程序 3-6】

```
import tensorflow as tf
#自定义输入数据
xs = tf.keras.Input( [32, 32, 32])
out = tf.keras.layers.MaxPool2D(strides=[1,1])(xs)
out = tf.keras.layers.Conv2D(filters=32,kernel_size = 
[2,2],padding="SAME")(xs)
out = tf.keras.layers.BatchNormalization()(xs)
out = tf.keras.layers.Add()([out,xs])
out = tf.keras.layers.Flatten()(out)
logits = tf.keras.layers.Dense(10)(out)
model = tf.keras.Model(inputs=xs, outputs=logits)
print(model.summary())
```

最终打印的模型结构如图 3.6 所示。

```
Model: "model"
__________________________________________________________________________________________________
Layer (type)                    Output Shape         Param #     Connected to
==================================================================================================
input_1 (InputLayer)            [(None, 32, 32, 32)] 0
__________________________________________________________________________________________________
batch_normalization (BatchNorma (None, 32, 32, 32)   128         input_1[0][0]
__________________________________________________________________________________________________
add (Add)                       (None, 32, 32, 32)   0           batch_normalization[0][0]
                                                                 input_1[0][0]
__________________________________________________________________________________________________
flatten (Flatten)               (None, 32768)        0           add[0][0]
__________________________________________________________________________________________________
dense (Dense)                   (None, 10)           327690      flatten[0][0]
==================================================================================================
Total params: 327,818
Trainable params: 327,754
Non-trainable params: 64
```

图 3.6　模型结构

可以看到，程序构建了一个小型残差网络，与前面打印出的模型结构不同的是，这里是多个类与层的串联，因此还标注出连接点。

3.2　案例实战：CIFAR-100 数据集分类

了解上面的基础理论后，本节将使用 ResNet 实现 CIFAR-100 数据集的分类。

3.2.1　CIFAR-100 数据集的获取

CIFAR-100 数据集共有 60000 幅彩色图像（见图 3.7），这些图像的尺寸都是 32×32 像素，分为 100 个类，每类 6000 幅图。这里面有 50000 幅用于训练，构成了 5 个训练批，每一批 10000 幅图；另外 10000 用于测试，单独构成一批。测试批的数据中取自 100 类中的每一类，每一类随机取 1000 幅。抽剩下的就随机排列组成了训练批。注意，一个训练批中的各类图像的数量并不一定相同，总的来看训练批每一类都有 5000 幅图。

图 3.7　CIFAR-100 数据集

CIFAR-100 数据集可以去相关网站下载，进入下载页面后，选择下载方式，如图 3.8 所示。

Version	Size	md5sum
CIFAR-100 python version	161 MB	eb9058c3a382ffc7106e4002c42a8d85
CIFAR-100 Matlab version	175 MB	6a4bfa1dcd5c9453dda6bb54194911f4
CIFAR-100 binary version (suitable for C programs)	161 MB	03b5dce01913d631647c71ecec9e9cb8

图 3.8　下载的方式

由于 TensorFlow 采用的是 Python 语言编程，因此选择 python version 的版本。下载之后解压缩，得到如图 3.9 所示的几个文件。

batches.meta	2009/3/31/周二 ...	META 文件	1 KB
data_batch_1	2009/3/31/周二 ...	文件	30,309 KB
data_batch_2	2009/3/31/周二 ...	文件	30,308 KB
data_batch_3	2009/3/31/周二 ...	文件	30,309 KB
data_batch_4	2009/3/31/周二 ...	文件	30,309 KB
data_batch_5	2009/3/31/周二 ...	文件	30,309 KB
readme.html	2009/6/5/周五 4:...	Firefox HTML D...	1 KB
test_batch	2009/3/31/周二 ...	文件	30,309 KB

图 3.9　得到的文件

data_batch_1 ~ data_batch_5 是划分好的训练数据，每个文件中包含 10000 幅图片，test_batch 是测试集数据，也包含 10000 幅图片。

读取数据的代码段如下：

```
import pickle
```

```
def load_file(filename):
    with open(filename, 'rb') as fo:
        data = pickle.load(fo, encoding='latin1')
    return data
```

首先定义读取数据的函数，这几个文件都是通过 pickle 产生的，所以在读取的时候也要用到这个包。返回的 data 是一个字典，先看一下这个字典中有哪些键。

```
data = load_file('data_batch_1')
print(data.keys())
```

输出结果如下：

```
dict_keys(['batch_label', 'labels', 'data', 'filenames'])
```

具体说明如下：

- batch_label：对应的值是一个字符串，用来表明当前文件的一些基本信息。
- labels：对应的值是一个长度为 10000 的列表，每个数字取值范围为 0~9，代表当前图片所属类别。
- data：10000 × 3072 的二维数组，每一行代表一幅图片的像素值。
- filenames：长度为 10000 的列表，里面每一项是代表图片文件名的字符串。

完整的数据读取函数如下：

【程序 3-7】

```
import pickle
import  numpy as np
import os
def get_CIFAR-100_train_data_and_label(root = ""):
    def load_file(filename):
        with open(filename, 'rb') as fo:
            data = pickle.load(fo, encoding='latin1')
        return data
    data_batch_1 = load_file(os.path.join(root, 'data_batch_1'))
    data_batch_2 = load_file(os.path.join(root, 'data_batch_2'))
    data_batch_3 = load_file(os.path.join(root, 'data_batch_3'))
    data_batch_4 = load_file(os.path.join(root, 'data_batch_4'))
    data_batch_5 = load_file(os.path.join(root, 'data_batch_5'))
    dataset = []
    labelset = []
    for data in [data_batch_1,data_batch_2,data_batch_3,
data_batch_4,data_batch_5]:
        img_data = (data["data"])
        img_label = (data["labels"])
        dataset.append(img_data)
        labelset.append(img_label)
    dataset = np.concatenate(dataset)
    labelset = np.concatenate(labelset)
    return dataset,labelset
def get_CIFAR-100_test_data_and_label(root = ""):
    def load_file(filename):
        with open(filename, 'rb') as fo:
```

```
            data = pickle.load(fo, encoding='latin1')
        return data
    data_batch_1 = load_file(os.path.join(root, 'test_batch'))
    dataset = []
    labelset = []
    for data in [data_batch_1]:
        img_data = (data["data"])
        img_label = (data["labels"])
        dataset.append(img_data)
        labelset.append(img_label)
    dataset = np.concatenate(dataset)
    labelset = np.concatenate(labelset)
    return dataset,labelset

def get_CIFAR-100_dataset(root = ""):
    train_dataset,label_dataset =
get_CIFAR-100_train_data_and_label(root=root)
    test_dataset,test_label_dataset = get_CIFAR-100_train_data_and_label
(root=root)
    return  train_dataset,label_dataset,test_dataset,test_label_dataset
if name_== "__main__":
    get_CIFAR-100_dataset(root="../cifar-10-batches-py/")
```

其中的 root 函数是下载数据解压后的目录参数，os.join 函数将其组合成数据文件的位置。最终返回训练文件、测试文件及它们对应的 label。

3.2.2　ResNet 残差模块的实现

ResNet 网络结构已经在前面做了介绍，它突破性地使用“模块化”思维来对网络进行叠加，从而实现了数据在模块内部特征的传递不会产生丢失。

从图 3.10 可以看到，模块的内部实际上是 3 个卷积通道相互叠加，形成了一种瓶颈设计。对于每个残差模块，使用 3 层卷积。这三层分别是 1×1、3×3 和 1×1 的卷积层，其中 1×1 层卷积的作用是对输入数据进行一个“整形”的作用，通过修改通道数使得 3×3 卷积层具有较小的输入/输出数据结构。

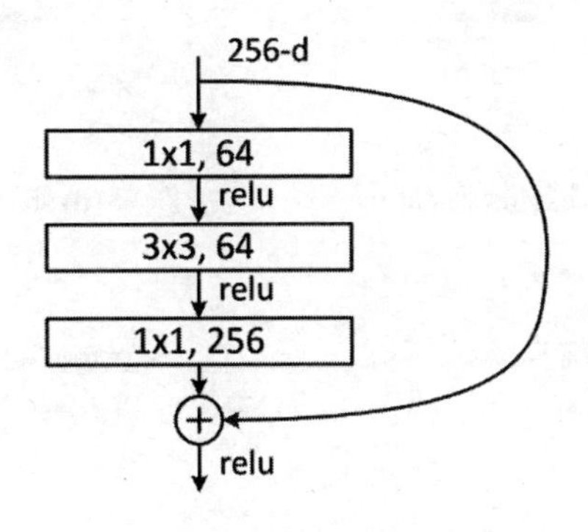

图 3.10　模块的内部

实现的瓶颈三层卷积结构的代码段如下：

```
conv = tf.keras.layers.Conv2D(out_dim/4,kernel_size=1,
```

```
padding="SAME",activation=tf.nn.relu)(input_xs)
    conv = tf.keras.layers.BatchNormalization()(conv)
    conv = tf.keras.layers.Conv2D(out_dim/4,kernel_size=3,
padding="SAME",activation=tf.nn.relu)(conv)
    conv = tf.keras.layers.BatchNormalization()(conv)
    conv = tf.keras.layers.Conv2D(out_dim,kernel_size=1,padding="SAME",
activation=tf.nn.relu)(conv)
```

代码中输入的数据首先经过 conv2d 卷积层计算，输出的维度为四分之一，这是为了降低输入数据的整个数据量，为进行下一层的[3,3]计算打下基础。可以人为地为每层添加一个对应的名称，但是基于前文对模型的分析，TensorFlow 会自动为每个层中的参数分配一个递增的名称，因此这个工作可以交给 TensorFlow 自动完成。BatchNormalization 和 relu 分别为批处理层和激活层。

在数据传递的过程中，ResNet 模块使用了名为 shortcut（捷径）的“信息高速公路”，shortcut 连接相当于简单执行了同等映射，不会产生额外的参数，也不会增加计算复杂度，如图 3.11 所示。而且，整个网络可以依旧通过端到端的反向传播训练。代码如下：

```
    conv = tf.keras.layers.Conv2D(out_dim/4,kernel_size=1,
padding="SAME",activation=tf.nn.relu)(input_xs)
    conv = tf.keras.layers.BatchNormalization()(conv)
    conv = tf.keras.layers.Conv2D(out_dim/4,kernel_size=3,
padding="SAME",activation=tf.nn.relu)(conv)
    conv = tf.keras.layers.BatchNormalization()(conv)
    conv = tf.keras.layers.Conv2D(out_dim,kernel_size=1,padding="SAME",
activation=tf.nn.relu)(conv)
    out = tf.keras.layers.Add()([input_xs,out])
```

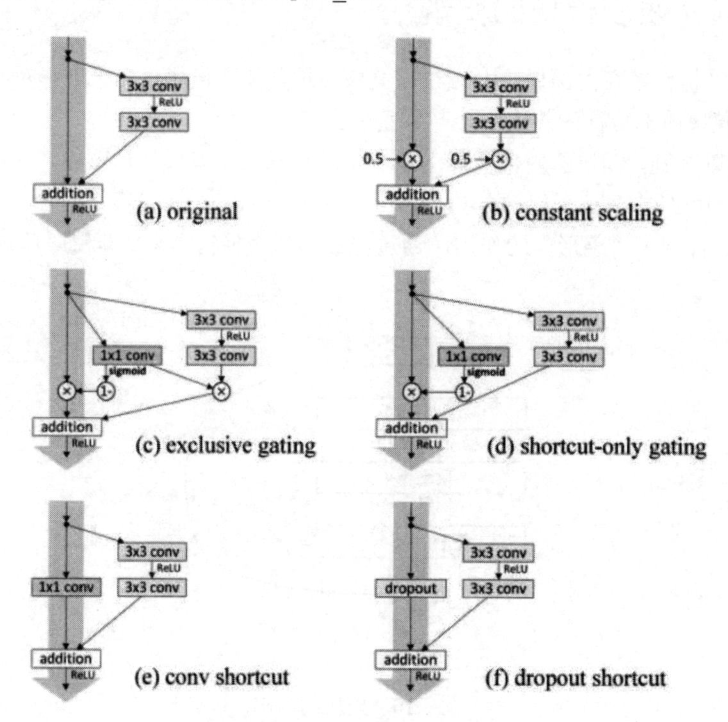

图 3.11　shortcut（捷径）

说 明

有兴趣的读者可以自行完成，这里采用的是直联的方式，也就是图 3.11（a）中的 original 模式。

有的时候除了判定是否对输入数据进行处理外，由于 ResNet 在实现过程中对数据的维度做了改变。因此，当输入的维度和要求模型输出的维度不相同，即 input_channel 不等于 out_dim 时，需要对输入数据的维度进行 padding 操作。

提 醒

padding 操作就是填充数据，tf.pad 函数用来对数据进行填充，第二个参数是一个序列，分别代表向对应的维度进行双向填充操作。首先计算输出层与输入层在第 4 个维度上的差值，除 2 的操作是将差值分成两份，在上下分别进行填充操作。当然也可以在一个方向进行填充。

ResNet 残差模型的整体代码如下：

```
def identity_block(input_tensor,out_dim):
    conv1 = tf.keras.layers.Conv2D(out_dim // 4, kernel_size=1, padding="SAME",
activation=tf.nn.relu)(input_tensor)
    conv2 = tf.keras.layers.BatchNormalization()(conv1)
    conv3 = tf.keras.layers.Conv2D(out_dim // 4, kernel_size=3, padding="SAME",
activation=tf.nn.relu)(conv2)
    conv4 = tf.keras.layers.BatchNormalization()(conv3)
    conv5 = tf.keras.layers.Conv2D(out_dim, kernel_size=1,
padding="SAME")(conv4)
    out = tf.keras.layers.Add()([input_tensor, conv5])
    out = tf.nn.relu(out)
    return out
```

3.2.3 ResNet 网络的实现

ResNet 的结构如图 3.12 所示。

layer name	output size	18-layer	34-layer	50-layer	101-layer	152-layer
conv1	112×112	7×7, 64, stride 2				
conv2_x	56×56	3×3 max pool, stride 2				
		$\begin{bmatrix} 3\times3, 64 \\ 3\times3, 64 \end{bmatrix}\times2$	$\begin{bmatrix} 3\times3, 64 \\ 3\times3, 64 \end{bmatrix}\times3$	$\begin{bmatrix} 1\times1, 64 \\ 3\times3, 64 \\ 1\times1, 256 \end{bmatrix}\times3$	$\begin{bmatrix} 1\times1, 64 \\ 3\times3, 64 \\ 1\times1, 256 \end{bmatrix}\times3$	$\begin{bmatrix} 1\times1, 64 \\ 3\times3, 64 \\ 1\times1, 256 \end{bmatrix}\times3$
conv3_x	28×28	$\begin{bmatrix} 3\times3, 128 \\ 3\times3, 128 \end{bmatrix}\times2$	$\begin{bmatrix} 3\times3, 128 \\ 3\times3, 128 \end{bmatrix}\times4$	$\begin{bmatrix} 1\times1, 128 \\ 3\times3, 128 \\ 1\times1, 512 \end{bmatrix}\times4$	$\begin{bmatrix} 1\times1, 128 \\ 3\times3, 128 \\ 1\times1, 512 \end{bmatrix}\times4$	$\begin{bmatrix} 1\times1, 128 \\ 3\times3, 128 \\ 1\times1, 512 \end{bmatrix}\times8$
conv4_x	14×14	$\begin{bmatrix} 3\times3, 256 \\ 3\times3, 256 \end{bmatrix}\times2$	$\begin{bmatrix} 3\times3, 256 \\ 3\times3, 256 \end{bmatrix}\times6$	$\begin{bmatrix} 1\times1, 256 \\ 3\times3, 256 \\ 1\times1, 1024 \end{bmatrix}\times6$	$\begin{bmatrix} 1\times1, 256 \\ 3\times3, 256 \\ 1\times1, 1024 \end{bmatrix}\times23$	$\begin{bmatrix} 1\times1, 256 \\ 3\times3, 256 \\ 1\times1, 1024 \end{bmatrix}\times36$
conv5_x	7×7	$\begin{bmatrix} 3\times3, 512 \\ 3\times3, 512 \end{bmatrix}\times2$	$\begin{bmatrix} 3\times3, 512 \\ 3\times3, 512 \end{bmatrix}\times3$	$\begin{bmatrix} 1\times1, 512 \\ 3\times3, 512 \\ 1\times1, 2048 \end{bmatrix}\times3$	$\begin{bmatrix} 1\times1, 512 \\ 3\times3, 512 \\ 1\times1, 2048 \end{bmatrix}\times3$	$\begin{bmatrix} 1\times1, 512 \\ 3\times3, 512 \\ 1\times1, 2048 \end{bmatrix}\times3$
	1×1	average pool, 1000-d fc, softmax				
FLOPs		1.8×10^9	3.6×10^9	3.8×10^9	7.6×10^9	11.3×10^9

图 3.12 ResNet 的结构

图 3.12 中一共提出了 5 种深度的 ResNet，分别是 18、34、50、101 和 152 层，所有的网络都分成 5 部分，分别是 conv1、conv2_x、conv3_x、conv4_x 和 conv5_x。

下面我们将对其进行实现。需要说明的是，ResNet 完整的实现需要较高性能的显卡，因此我们对其做了修改，去掉了 pooling 层，并降低了每次 filter 的数目和每层的层数，这一点请读者注意。

conv1 层：最上层是模型的输入层，定义了输入的维度，这里使用一个卷积核为[7,7]、步进为[2,2]大小的卷积作为第一层。

```
    input_xs = tf.keras.Input(shape=[32,32,3])
    conv_1 = tf.keras.layers.Conv2D(filters=64,kernel_size=3,padding="SAME",
activation=tf.nn.relu)(input_xs)
```

conv2_x 层：第二层是使用多个[3,3]大小的卷积核，之后接了 3 个残差核心。

```
    out_dim = 64
    identity_1 = tf.keras.layers.Conv2D(filters=out_dim, kernel_size=3,
padding="SAME", activation=tf.nn.relu)(conv_1)
    identity_1 = tf.keras.layers.BatchNormalization()(identity_1)
    for _ in range(3):
    identity_1 = identity_block(identity_1,out_dim)
```

conv3_x 层：

```
    out_dim = 128
    identity_2 = tf.keras.layers.Conv2D(filters=out_dim, kernel_size=3,
padding="SAME", activation=tf.nn.relu)(identity_1)
    identity_2 = tf.keras.layers.BatchNormalization()(identity_2)
    for _ in range(4):
    identity_2 = identity_block(identity_2,out_dim)
```

conv4_x 层：

```
    out_dim = 256
    identity_3 = tf.keras.layers.Conv2D(filters=out_dim, kernel_size=3,
padding="SAME", activation=tf.nn.relu)(identity_2)
    identity_3 = tf.keras.layers.BatchNormalization()(identity_3)
    for _ in range(6):
    identity_3 = identity_block(identity_3,out_dim)
```

conv5_x 层：

```
    out_dim = 512
    identity_4 = tf.keras.layers.Conv2D(filters=out_dim, kernel_size=3,
padding="SAME", activation=tf.nn.relu)(identity_3)
    identity_4 = tf.keras.layers.BatchNormalization()(identity_4)
    for _ in range(3):
    identity_4 = identity_block(identity_4,out_dim)
```

class_layer 层：最后一层是分类层，在经典的 ResNet 中，它是由一个全连接层做的分类器，代码如下：

```
    flat = tf.keras.layers.Flatten()(identity_4)
    flat = tf.keras.layers.Dropout(0.217)(flat)
    dense = tf.keras.layers.Dense(1024,activation=tf.nn.relu)(flat)
    dense = tf.keras.layers.BatchNormalization()(dense)
```

```
logits = tf.keras.layers.Dense(100,activation=tf.nn.softmax)(dense)
```

首先使用 reduce_mean 作为全局池化层，之后接的卷积层将其压缩到分类的大小，softmax 是最终的激活函数，为每层对应的类别进行分类处理。

最终的全部函数如下所示：

```
import tensorflow as tf
def identity_block(input_tensor,out_dim):
    conv1 = tf.keras.layers.Conv2D(out_dim // 4, kernel_size=1, padding="SAME", activation=tf.nn.relu)(input_tensor)
    conv2 = tf.keras.layers.BatchNormalization()(conv1)
    conv3 = tf.keras.layers.Conv2D(out_dim // 4, kernel_size=3, padding="SAME", activation=tf.nn.relu)(conv2)
    conv4 = tf.keras.layers.BatchNormalization()(conv3)
    conv5 = tf.keras.layers.Conv2D(out_dim, kernel_size=1, padding="SAME")(conv4)
    out = tf.keras.layers.Add()([input_tensor, conv5])
    out = tf.nn.relu(out)
    return out
def resnet_Model(n_dim = 10):
    input_xs = tf.keras.Input(shape=[32,32,3])
    conv_1 = tf.keras.layers.Conv2D(filters=64,kernel_size=3, padding="SAME",activation=tf.nn.relu)(input_xs)
    """---------第一层----------"""
    out_dim = 64
    identity_1 = tf.keras.layers.Conv2D(filters=out_dim, kernel_size=3, padding="SAME", activation=tf.nn.relu)(conv_1)
    identity_1 = tf.keras.layers.BatchNormalization()(identity_1)
    for _ in range(3):
        identity_1 = identity_block(identity_1,out_dim)
    """---------第二层----------"""
    out_dim = 128
    identity_2 = tf.keras.layers.Conv2D(filters=out_dim, kernel_size=3, padding="SAME", activation=tf.nn.relu)(identity_1)
    identity_2 = tf.keras.layers.BatchNormalization()(identity_2)
    for _ in range(4):
        identity_2 = identity_block(identity_2,out_dim)
    """---------第三层----------"""
    out_dim = 256
    identity_3 = tf.keras.layers.Conv2D(filters=out_dim, kernel_size=3, padding="SAME", activation=tf.nn.relu)(identity_2)
    identity_3 = tf.keras.layers.BatchNormalization()(identity_3)
    for _ in range(6):
        identity_3 = identity_block(identity_3,out_dim)
    """---------第四层----------"""
    out_dim = 512
    identity_4 = tf.keras.layers.Conv2D(filters=out_dim, kernel_size=3, padding="SAME", activation=tf.nn.relu)(identity_3)
    identity_4 = tf.keras.layers.BatchNormalization()(identity_4)
    for _ in range(3):
```

```
        identity_4 = identity_block(identity_4,out_dim)
    flat = tf.keras.layers.Flatten()(identity_4)
    flat = tf.keras.layers.Dropout(0.217)(flat)
    dense = tf.keras.layers.Dense(2048,activation=tf.nn.relu)(flat)
    dense = tf.keras.layers.BatchNormalization()(dense)
    logits = tf.keras.layers.Dense(100,activation=tf.nn.softmax)(dense)
    model = tf.keras.Model(inputs=input_xs, outputs=logits)
    return model
if __name__ == "__main__":
    resnet_model = resnet_Model()
    print(resnet_model.summary())
```

3.2.4 使用 ResNet 对 CIFAR-100 数据集进行分类

前面介绍了 CIFAR-100 数据集的下载，TensorFlow 中也自带了 CIFAR-100 数据集。本节将使用 ResNet 实现 CIFAR-100 数据集的分类。

第一步：数据集的获取

数据集可以放在本地，TensorFlow 2 自带了数据的读取函数，代码如下：

```
path = "./dataset/cifar-100-python"
from tensorflow.python.keras.datasets.cifar import load_batch
fpath = os.path.join(path, 'train')
x_train, y_train = load_batch(fpath, label_key='fine' + '_labels')
fpath = os.path.join(path, 'test')
x_test, y_test = load_batch(fpath, label_key='fine' + '_labels')

x_train = tf.transpose(x_train,[0,2,3,1])
y_train = np.float32(tf.keras.utils.to_categorical(y_train,num_classes=100))
x_test = tf.transpose(x_test,[0,2,3,1])
y_test = np.float32(tf.keras.utils.to_categorical(y_test,num_classes=100))
```

需要注意的是，对于不同的数据集，其维度的结构有所区别。此外，数据集打印的维度为(60000,3,32,32)，并不符合传统使用的(60000,32,32,3)的普通维度格式，因此需要对其进行调整。

之后，需要将数据打包整合成能够被编译的格式，这里使用的是 TensorFlow 2 自带的 Dataset API，代码如下：

```
    batch_size  = 48
    train_data = tf.data.Dataset.from_tensor_slices
((x_train,y_train)).shuffle(batch_size*10).
    batch(batch_size).repeat(3)
```

第二步：模型的导入和编译

导入模型并设定优化器和损失函数，代码如下：

```
    import resnet_model
    model = resnet_model.resnet_Model()
    model.compile(optimizer=tf.optimizers.Adam(1e-2),
loss=tf.losses.categorical_crossentropy,metrics = ['accuracy'])
    model.fit(train_data, epochs=10)
```

第三步：模型的计算

全部代码如下所示：

【程序 3-8】

```
    import tensorflow as tf
    import os
    import numpy as np
    path = "./dataset/cifar-100-python"
    from tensorflow.python.keras.datasets.cifar import load_batch
    fpath = os.path.join(path, 'train')
    x_train, y_train = load_batch(fpath, label_key='fine' + '_labels')
    fpath = os.path.join(path, 'test')
    x_test, y_test = load_batch(fpath, label_key='fine' + '_labels')
    x_train = tf.transpose(x_train,[0,2,3,1])
    y_train = np.float32(tf.keras.utils.to_categorical(y_train,num_classes=100))
    x_test = tf.transpose(x_test,[0,2,3,1])
    y_test = np.float32(tf.keras.utils.to_categorical(y_test,num_classes=100))
    batch_size  = 48
    train_data = tf.data.Dataset.from_tensor_slices((x_train,y_train)).
shuffle(batch_size*10).batch(batch_size).repeat(3)
    import resnet_model
    model = resnet_model.resnet_Model()
    model.compile(optimizer=tf.optimizers.Adam(1e-2),
loss=tf.losses.categorical_crossentropy,metrics = ['accuracy'])
    model.fit(train_data, epochs=10)
    score = model.evaluate(x_test, y_test)
    print("last score:",score)
```

根据不同的硬件设备，模型的参数和训练集的 batch_size 都需要做出调整，具体数值请根据需要进行设置。

3.3 本章小结

ResNet 开创了一个时代，彻底改变了人们仅仅依靠堆积神经网络层来获取更高性能的做法，在一定程度上解决了梯度消失和梯度爆炸的问题。这是一项跨时代的发明。

当简单的堆积神经网络层的做法失效的时候，人们开始采用模块化的思想设计网络，同时在不断“加宽”模块的内部通道。但是，当这些能够做的方法以及被挖掘穷尽后，还有没有新的方法能够更进一步提升卷积神经网络的效果呢？

第 4 章

实战循环神经网络 GRU——情感分类

第 1 章介绍了一个情感分类的实现。本章将继续深入挖掘基本情感分类所涉及的内容，特别是一个没有涉及的层——GRU（Gate Recurrent Unit）层。

本章案例涉及的基础理论包括：

- 使用更多的模型进行情感分类的程序设计
- 了解 GRU
- 认识单向 GRU 和双向 GRU

4.1 情感分类理论基础

在第 1 章中实现的情感分类任务虽然较为简单，但是对于一个完整的项目来说，其所要求的各个部分都是完整无缺的。先回头看看这个例子，再来看一下本节的例子，并做个对比。

4.1.1 复习简单的情感分类

简单的情感分类实现代码可参考程序 4-1，这里就不再过多解释。本节的重点集中在一个新的类——tf.keras.layers.GRU 类。

【程序 4-1】

```
import numpy as np

labels = []
context = []
vocab = set()
with open("ChnSentiCorp.txt",mode="r",encoding="UTF-8") as emotion_file:
    for line in emotion_file.readlines():
        line = line.strip().split(",")
        labels.append(int(line[0]))

        text = line[1]
        context.append(text)
        for char in text:vocab.add(char)
```

```
    voacb_list = list(sorted(vocab))    #3508
    print(len(voacb_list))

    token_list = []
    for text in context:
        token = [voacb_list.index(char) for char in text]
        token = token[:80] + [0]*(80 - len(token))
        token_list.append(token)

    token_list = np.array(token_list)
    labels = np.array(labels)

    import tensorflow as tf

    input_token = tf.keras.Input(shape=(80,))
    embedding = tf.keras.layers.Embedding(input_dim=3508,
output_dim=128)(input_token)
    embedding = tf.keras.layers.Bidirectional(tf.keras.layers.GRU(128))(embedding)
    output = tf.keras.layers.Dense(2,activation=tf.nn.softmax)(embedding)

    model = tf.keras.Model(input_token,output)

    model.compile(optimizer='adam', loss=tf.keras.losses.sparse_
categorical_crossentropy, metrics=['accuracy'])
    #模型拟合，即训练
    model.fit(token_list, labels,epochs=10,verbose=2)
```

4.1.2　什么是 GRU

GRU（Gate Recurrent Unit）属于循环神经网络（Recurrent Neural Network，RNN）的一种，它是为了解决长期记忆和反向传播中的梯度等问题而提出来的一种神经网络结构，也是一种可用于处理序列数据的神经网络。GRU 更擅长于处理序列变化的数据，比如某个单词会因为文中提到的内容不同而有不同的含义，GRU 就能够很好地解决这类问题。

1．GRU 的输入与输出结构

GRU 的输入与输出结构如图 4.1 所示。

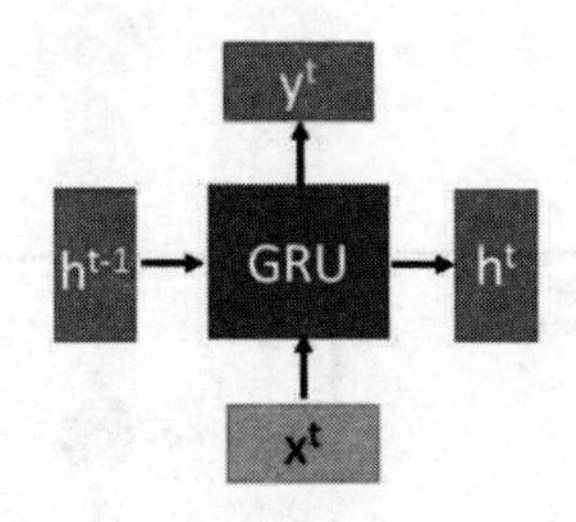

图 4.1　GRU 的输入与输出结构

通过 GRU 的输入/输出结构可以看到，在 GRU 中有一个当前的输入 x^t，和上一个节点传递下来的隐状态（hidden state）h^{t-1}，这个隐状态包含之前节点的相关信息。

结合 x^t 和 h^{t-1}，GRU 会得到当前隐藏节点的输出 y^t 和传递给下一个节点的隐状态 h^t。

2. 门-GRU 的重要设计

一般认为，“门”是 GRU 替代传统的 RNN 循环网络能够起作用的原因。先通过上一个传输下来的状态 h^{t-1} 和当前节点的输入 x^t 来获取两个门控状态，如图 4.2 所示。

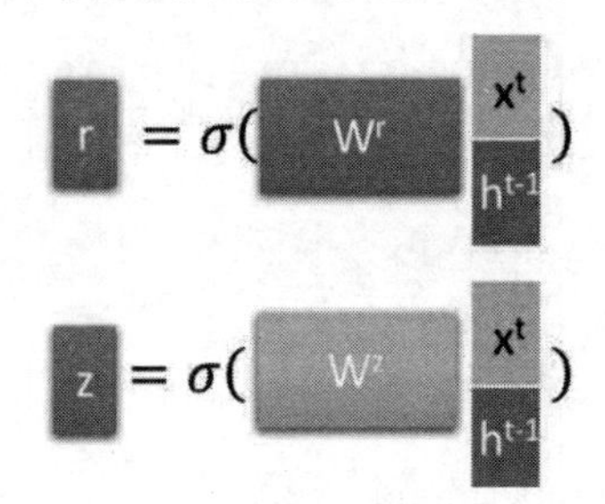

图 4.2　两个门控状态

其中，“r”控制重置的门控（reset gate），“z”则为控制更新的门控（update gate）。而 σ 为 sigmoid 函数，通过这个函数可以将数据变换为 0~1 范围内的数值，从而来充当门控信号。

得到门控信号之后，首先使用重置门控来得到“重置”之后的数据 $h^{(t-1)'} = h^{t-1} * r$，然后将 $h^{(t-1)'}$与输入 x^t 进行拼接，再通过一个 tanh 激活函数来将数据缩放到-1~1 的范围内。即得到如图 4.3 所示的 h'。

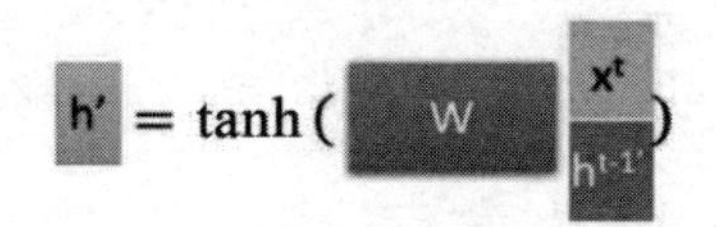

图 4.3　得到 h'

这里的 h'主要包含了当前输入的 x^t 数据。有针对性地对 h'添加到当前的隐藏状态，相当于“记忆了当前时刻的状态”。

3. GRU 的结构

最后介绍 GRU 最关键的一步，可以称为“更新记忆”阶段。在这个阶段，GRU 同时进行遗忘和记忆，如图 4.4 所示。

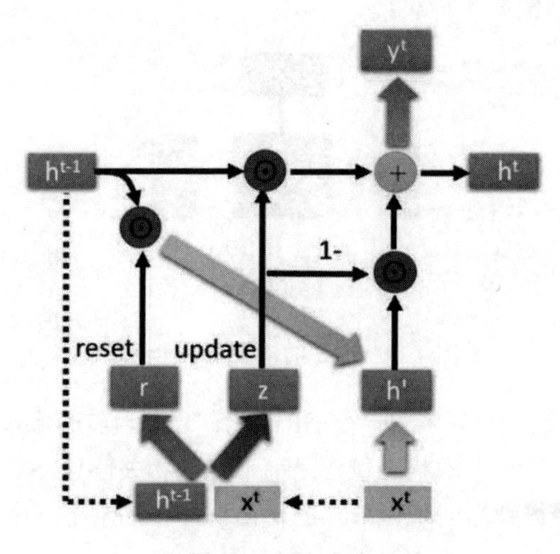

图 4.4　更新记忆

使用了更新门控“z”（update gate），从而能够获得新的更新，公式如下：

$$h^t = z * h^{t-1} + (1-z) * h'$$

公式说明如下：

- $z * h^{t-1}$：表示对原本隐藏状态的选择性“遗忘”。这里的 z 可以想象成遗忘门（forget gate），忘记 h^{t-1} 维度中一些不重要的信息。
- $(1-z) * h'$：表示对包含当前节点信息的 h' 进行选择性“记忆”。与上面类似，这里的 $1-z$ 同理会忘记 h' 维度中的一些不重要的信息，或者我们更应当看作是对 h' 维度中的某些信息进行选择。

综上所述，整个公式的操作就是忘记传递下来的 h^{t-1} 中的某些维度信息，并加入当前节点输入的某些维度信息。

由此可以看到这里的遗忘 z 和选择（$1-z$）是联动的。也就是说，对于传递进来的维度信息，我们会进行选择性遗忘，遗忘了多少权重（z），我们则会使用包含当前输入的 h' 中所对应的权重弥补（$1-z$）的量，从而使得 GRU 的输出以保持一种“恒定”状态。

4.1.3 TensorFlow 中的 GRU 层

从前面的情感分类实现例子中，读者已经了解了如何使用 GRU 在深度学习模型中进行计算，下面详细介绍 GRU 函数的参数及说明。

```
    keras.layers.recurrent.GRU(units, activation='tanh',
recurrent_activation='hard_sigmoid', use_bias=True,
kernel_initializer='glorot_uniform', recurrent_initializer='orthogonal',
bias_initializer='zeros', kernel_regularizer=None, recurrent_regularizer=None,
bias_regularizer=None, activity_regularizer=None, kernel_constraint=None,
recurrent_constraint=None, bias_constraint=None, dropout=0.0,
recurrent_dropout=0.0)
```

参数说明如下：

- units：输出维度。
- activation：激活函数，为预定义的激活函数名（参考激活函数）。
- use_bias：布尔值，是否使用偏置项。
- kernel_initializer：权值初始化方法，为预定义初始化方法名的字符串，或用于初始化权重的初始化器。
- recurrent_initializer：循环核的初始化方法，为预定义初始化方法名的字符串，或用于初始化权重的初始化器。
- bias_initializer：权值初始化方法，为预定义初始化方法名的字符串，或用于初始化权重的初始化器。
- kernel_regularizer：施加在权重上的正则项。
- bias_regularizer：施加在偏置向量上的正则项。
- recurrent_regularizer：施加在循环核上的正则项。

- activity_regularizer：施加在输出上的正则项。
- kernel_constraints：施加在权重上的约束项。
- recurrent_constraints：施加在循环核上的约束项象。
- bias_constraints：施加在偏置上的约束项。
- dropout：0~1 之间的浮点数，控制输入线性变换的神经元断开比例。
- recurrent_dropout：0~1 之间的浮点数，控制循环状态的线性变换的神经元断开比例。

4.1.4 双向 GRU

在程序 4-1 中，Keras 的 GUR 层外面还套有一个从未出现过的函数：

```
tf.keras.layers.Bidirectional
```

这个 Bidirectional 函数是双向传输函数，其目的是将相同的信息以不同的方式呈现给循环网络，可以提高精度并缓解遗忘问题。双向 GRU 是一种常见的 GRU 变体，常用于自然语言处理任务。

GRU 特别依赖于顺序或时间，它按顺序处理输入序列的时间步，而打乱时间步或反转时间步会完全改变 GRU 从序列中提取的表示。如果顺序对问题很重要（比如室温预测等问题），GRU 的表现会很好。双向 GRU 利用了这种顺序敏感性，每个 GRU 分别沿一个方向对输入序列进行处理（时间正序和时间逆序），然后将它们的表示合并在一起（见图 4.5）。通过沿这两个方向处理序列，双向 GRU 捕捉到可能被单向 GRU 的模式。

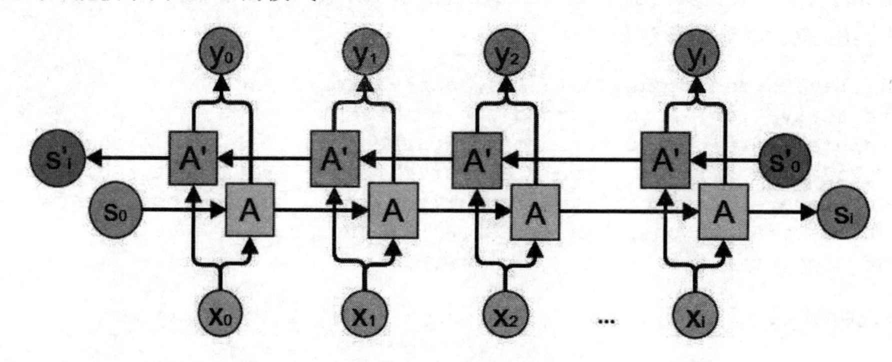

图 4.5 双向 GRU

一般来说，按时间正序的模型会优于时间逆序的模型。但是对应像文本分类这些问题来说，一个单词对理解句子的重要性通常并不取决于它在句子中的位置。即用正序序列和逆序序列，或者随机打断“词语（不是字）”出现的位置，分别训练并且评估给 GRU 的性能几乎相同，这证实了一个假设：虽然单词顺序对理解语言很重要，但使用哪种顺序并不重要。

$$\overrightarrow{\mathbf{h}}_{it} = \overrightarrow{\mathrm{GRU}}\left(x_{it}\right), t \in [1, T]$$

$$\overleftarrow{\mathbf{h}}_{it} = \overleftarrow{\mathrm{GRU}}\left(x_{it}\right), t \in [T, 1]$$

双向循环层还有一个好处就是在机器学习中，如果一种数据表示不同但有用，那么就值得加以利用，这种表示与其他表示的差异越大越好，提供了查看数据的全新角度，抓住了数据中被其他方法忽略的内容，因此可以提高模型在某个任务上的性能。

关于 tf.keras.layers.Bidirectional 函数的使用，请记住笔者在程序 4-1 展示的使用方法，直接套在 GRU 层的外部即可。

4.2　案例实战：情感分类

ResNet 可以作为图像分类的模型使用，同样可以作为自然语言处理的特征提取器使用，如图 4.6 所示。

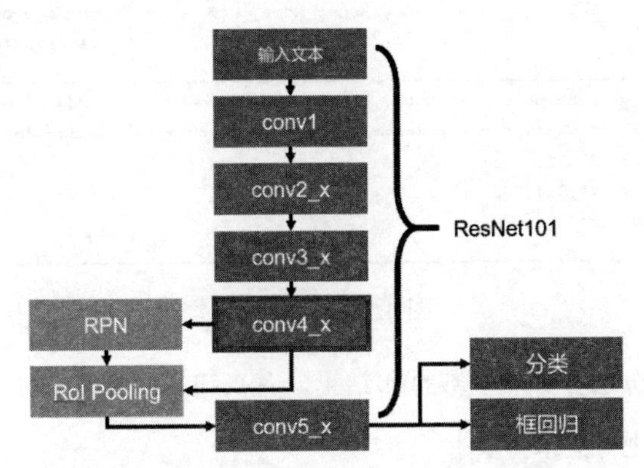

图 4.6　ResNet 作为自然语言处理的特征提取器

4.2.1　使用 TensorFlow 自带的模型来实现分类

用户在调用 TensorFlow 框架进行深度学习时，除了自定义各种模型，还可以直接使用 TensorFlow 自带的预定义模型进行数据处理。而更为贴心的是，TensorFlow 在提供各种预定义模型时还提供了各种预定义模型参数下载。（本章只使用预定义参数做文本分类的特征提取，而不使用预训练参数。）

第一步：预训练模型的载入

TensorFlow 中的预训练模型在前面章节中已经做了介绍。本章只使用 ResNet 这个最为常用和经典的模型做特征提取模型，其使用也很方便，代码如下：

```
    resnet_layer = tf.keras.applications.ResNet50(include_top=False,
weights=None)
```

直接调用定义在 Keras 中的预训练模型，其中对于不同的 ResNet 模型层数，这里只使用 ResNet50 作为目标模型。

ResNet50 中还需要对参数进行设置，其中最为重要的是 include_top 和 weights 这 2 个参数，include_top 是提示 Resnet 是否以模型本身的分类层结果进行输出，而 weights 确定了是否使用预训练参数。在本例中只使用 Resnet 做特征提取的模型，不使用预训练的参数。

当然也可以直接打印预训练模型的 summary 描述，代码如下所示：

```
import tensorflow as tf
#调用预训练模型
```

```
resnet_layer = tf.keras.applications.ResNet50(include_top=False,
weights=None)
print(resnet_layer.summary())
```

结果打印如图 4.7 所示。

```
activation_47 (Activation)     (None, None, None, 5 0          bn5c_branch2b[0][0]
_____________________________________________________________________________________
res5c_branch2c (Conv2D)        (None, None, None, 2 1050624    activation_47[0][0]
_____________________________________________________________________________________
bn5c_branch2c (BatchNormalizati (None, None, None, 2 8192      res5c_branch2c[0][0]
_____________________________________________________________________________________
add_15 (Add)                   (None, None, None, 2 0          bn5c_branch2c[0][0]
                                                               activation_45[0][0]
_____________________________________________________________________________________
activation_48 (Activation)     (None, None, None, 2 0          add_15[0][0]
=====================================================================================
Total params: 23,587,712
Trainable params: 23,534,592
Non-trainable params: 53,120
_____________________________________________________________________________________
```

图 4.7 打印结果

此处只展示了一小部分层名称和参数打印结果。有兴趣的读者可以独立打印查验。

第二步：使用预训练模型进行文本分类

使用预训练模型进行文本分类，实际上只要用预训练模型替代程序 4-1 中的 GRU 层做特征提取即可，完整代码如下所示，请注意替换掉的特征提取部分。

【程序 4-2】

```
import tensorflow as tf

#调用预训练模型
resnet_layer = tf.keras.applications.ResNet50(include_top=False, weights=None)

import numpy as np

labels = []
context = []
vocab = set()
with open("ChnSentiCorp.txt",mode="r",encoding="UTF-8") as emotion_file:
    for line in emotion_file.readlines():
        line = line.strip().split(",")
        labels.append(int(line[0]))
        text = line[1]
        context.append(text)
        for char in text:vocab.add(char)

voacb_list = list(sorted(vocab))    #3508
print(len(voacb_list))

token_list = []
for text in context:
    token = [voacb_list.index(char) for char in text]
```

```
        token = token[:80] + [0]*(80 - len(token))
        token_list.append(token)

    token_list = np.array(token_list)
    labels = np.array(labels)

    input_token = tf.keras.Input(shape=(80,))
    embedding = tf.keras.layers.Embedding(input_dim=3508,
output_dim=128)(input_token)
    embedding = tf.tile(tf.expand_dims(embedding,axis=-1),[1,1,1,3])

    embedding = resnet_layer(embedding)    #使用预训练模型做特征提取
    embedding = tf.keras.layers.Flatten()(embedding)   #“拉平”上一层的输出值

    output = tf.keras.layers.Dense(2,activation=tf.nn.softmax)(embedding)

    model = tf.keras.Model(input_token,output)

    model.compile(optimizer=tf.keras.optimizers.Adam(1e-4),
loss=tf.keras.losses.sparse_categorical_crossentropy, metrics=['accuracy'])
    #模型拟合，即训练
    model.fit(token_list, labels,epochs=10,verbose=2)
```

最终打印结果如图 4.8 所示。

```
7765/7765 - 37s - loss: 0.6316 - accuracy: 0.7489
Epoch 7/10
7765/7765 - 37s - loss: 0.5630 - accuracy: 0.7706
Epoch 8/10
7765/7765 - 37s - loss: 0.5326 - accuracy: 0.7959
Epoch 9/10
7765/7765 - 37s - loss: 0.4610 - accuracy: 0.8272
Epoch 10/10
7765/7765 - 37s - loss: 0.3692 - accuracy: 0.8572
```

图 4.8　打印结果

经过 10 轮的训练，可以看到准确率已经达到 0.8572。感兴趣的读者可以增大循环训练的次数从而获得更高的成绩。

除了使用 ResNet 进行特征提取以外，还可以使用其他的预训练模型进行特征提取，例如 VGGNET。对于 VGGNET 的构造不再详述，读者只需要知道 VGGNET 的诞生标志着深度学习作为一种合理有效地解决问题的工具，其真正被实现和利用起来。

TensorFlow 的预训练模型同样带有 VGG 的模型模块，调用方式和 ResNet 相同，并且同样需要屏蔽顶部分类层和预训练参数，代码如下所示：

```
vgg = tf.keras.applications.VGG16(include_top=False, weights=None)
```

完整代码如下所示。

【程序 4-3】

```
import tensorflow as tf
```

```
#调用 TensorFlow 自带的 VGG 模型，屏蔽分类层和预训练权重
vgg = tf.keras.applications.VGG16(include_top=False, weights=None)
import numpy as np

labels = []
context = []
vocab = set()
with open("ChnSentiCorp.txt",mode="r",encoding="UTF-8") as emotion_file:
   for line in emotion_file.readlines():
      line = line.strip().split(",")
      labels.append(int(line[0]))
      text = line[1]
      context.append(text)
      for char in text:vocab.add(char)

voacb_list = list(sorted(vocab))    #3508
print(len(voacb_list))

token_list = []
for text in context:
   token = [voacb_list.index(char) for char in text]
   token = token[:80] + [0]*(80 - len(token))
   token_list.append(token)

token_list = np.array(token_list)
labels = np.array(labels)

input_token = tf.keras.Input(shape=(80,))
embedding = tf.keras.layers.Embedding(input_dim=3508,
output_dim=128)(input_token)
embedding = tf.tile(tf.expand_dims(embedding,axis=-1),[1,1,1,3])

embedding = vgg(embedding) #使用预训练模型做特征提取
embedding = tf.keras.layers.Flatten()(embedding)   #“拉平”上一层的输出值

output = tf.keras.layers.Dense(2,activation=tf.nn.softmax)(embedding)

model = tf.keras.Model(input_token,output)

model.compile(optimizer=tf.keras.optimizers.Adam(1e-4),
loss=tf.keras.losses.sparse_categorical_crossentropy, metrics=['accuracy'])
#模型拟合，即训练
model.fit(token_list, labels,epochs=10,verbose=2)
```

结果如图 4.9 所示。

```
7765/7765 - 26s - loss: 0.3162 - accuracy: 0.8665
Epoch 6/10
7765/7765 - 26s - loss: 0.2748 - accuracy: 0.8868
Epoch 7/10
7765/7765 - 26s - loss: 0.2300 - accuracy: 0.9061
Epoch 8/10
7765/7765 - 26s - loss: 0.1914 - accuracy: 0.9262
Epoch 9/10
7765/7765 - 26s - loss: 0.1506 - accuracy: 0.9436
Epoch 10/10
7765/7765 - 26s - loss: 0.1232 - accuracy: 0.9557
```

图 4.9　打印结果

同样是经过 10 轮的训练，使用 VGGNET 的模型正确率达到了 0.9557。那么是不是可以理解为 VGGNET 的分辨力强于 ResNet。

事实上不能这样理解，因为在所有的评测数据中结论都是 ResNet 对图像特征的提取能力要强于 VGGNET，因此，最大的可能是结构的不同造成了不同的特征提取能力的不同。

读者可以测试更多的自带模型的特征提取能力。

4.2.2　使用自定义的 DPCNN 来实现分类

本节将介绍一个全新的模型——DPCNN（Deep Pyramid Convolutional Neural Networks for Text Categorization）做特征的提取，也顺便教读者如何自定义一个特征提取器。

DPCNN 是严格意义上第一个 word-level 的广泛有效的深层文本分类卷积神经网，其总体架构如图 4.10 所示。

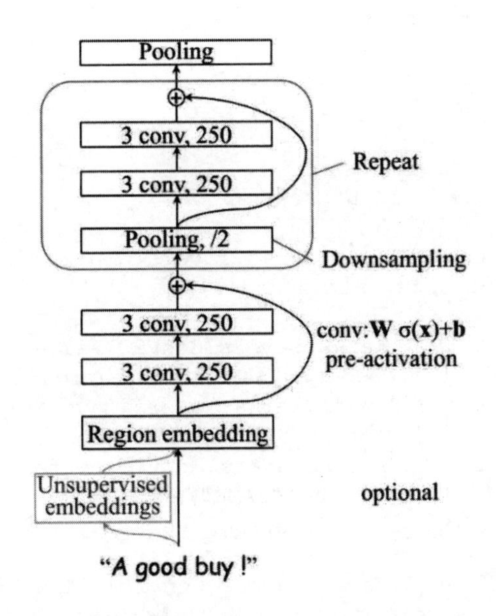

图 4.10　DPCNN 架构

从架构上可以看到，DPCNN 的底层貌似保持了跟 TextCNN 一样的结构，Region embedding 的意思是包含多尺寸卷积滤波器的卷积层的卷积结果，即对一个文本区域/片段（比如按 3 个字分割的若干个连词 3gram）进行一组卷积操作后生成的 embedding，如图 4.11 所示。

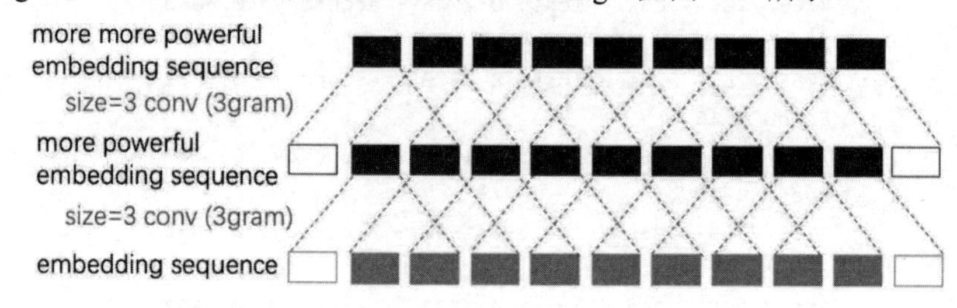

图 4.11　按 3 个字分割的若干个连词 3gram

DPCNN 相对于 TextCNN 最大池化以后进行计算，而选择直接在提取的 embedding 上进行卷积操作，这样做能够根据设计的卷积核大小，结合更可能多的当前“字符”的上下文信息。

如果将输入/输出序列的第 n 个字符 embedding 称为第 n 个词位，那么，这时 size 为 n 的卷积核产生的卷积对其进行操作的话，那就是将输入序列的每个词位及其左右((n-1)/2)个词的上下文信息压缩为该词位的 embedding，也就是说，产生了每个词位的被上下文信息修饰过的更高 level 更加准确的语义。

这也是 DPCNN 克服 TextCNN 的缺点，捕获长距离模式从而产生更好的语义提取信息的能力。

其次由于 ResNet 的成功，DPCNN 在模型构建的时候引入了 ResNet 模型中的 shortcut 连接，将当前层的输入和输出进行了连接，这种连接克服了由于增大深度所造成的梯度消失或者梯度爆炸。

DPCNN 的代码如下所示：

```
    class DPCNN(tf.keras.layers.Layer):
        #d_model 是每个字符的维度，filter_num 是定义文本的长度
        def __init__(self,d_model = 128,filter_num = 80,kernel_size = 3):
            self.d_model = d_model
            self.filter_num = filter_num
            self.kernel_size = kernel_size
            super(DPCNN, self).__init__()

        def build(self, input_shape):
            self.seq_length = input_shape[1]

            self.region_conv2d = tf.keras.layers.Conv2D(filters=self.filter_num,
kernel_size=[self.kernel_size,self.d_model])

            self.conv_3_0 = tf.keras.layers.Conv2D(filters=self.filter_num,
kernel_size=self.kernel_size,padding="SAME",activation=tf.nn.relu)
            self.layer_norm_3_0 = tf.keras.layers.LayerNormalization()

            self.conv_3_1 = tf.keras.layers.Conv2D(filters=self.filter_num,
kernel_size=self.kernel_size,padding="SAME",activation=tf.nn.relu)
            self.layer_norm_3_1 = tf.keras.layers.LayerNormalization()

            self.conv_3_2 = tf.keras.layers.Conv2D(filters=self.filter_num,
kernel_size=self.kernel_size,padding="SAME",activation=tf.nn.relu)
            self.layer_norm_3_2 = tf.keras.layers.LayerNormalization()

            self.conv_3_3 = tf.keras.layers.Conv2D(filters=self.filter_num,
```

```
kernel_size=self.kernel_size,padding="SAME",activation=tf.nn.relu)
            self.layer_norm_3_3 = tf.keras.layers.LayerNormalization()

            super(DPCNN, self).build(input_shape)  #一定要在最后调用它

        def call(self, inputs):
            embedding = inputs
            embedding = tf.expand_dims(embedding,axis=-1)
            region_embedding = self.region_conv2d(embedding)
            pre_activation = tf.nn.relu(region_embedding)

            with tf.name_scope("conv3_0"):
                conv3 = self.conv_3_0(pre_activation)
                conv3 = self.layer_norm_3_0(conv3)

            with tf.name_scope("conv3_1"):
                conv3 = self.conv_3_0(conv3)
                conv3 = self.layer_norm_3_0(conv3)

            #resdul
            conv3 = conv3 + region_embedding
            pool = tf.pad(conv3, paddings=[[0, 0], [0, 1], [0, 0], [0, 0]])
            pool = tf.nn.max_pool(pool, [1, 3, 1, 1], strides=[1, 2, 1, 1],
padding='VALID')

            with tf.name_scope("conv3_2"):
                conv3 = self.conv_3_2(pool)
                conv3 = self.layer_norm_3_2(conv3)

            with tf.name_scope("conv3_3"):
                conv3 = self.conv_3_3(conv3)
                conv3 = self.layer_norm_3_3(conv3)

            #resdul
            conv3 = conv3 + pool
            conv3 = tf.squeeze(conv3, [2])
            conv3 = tf.keras.layers.GlobalMaxPooling1D()(conv3)
            conv3 = tf.nn.dropout(conv3, 0.17)

            return conv3
```

下面使用 DPCNN 替代 GRU 或者 Resnet 做特征提取，其使用也很方便，代码如下：

```
import dpcnn
dpcnn_layer = dpcnn.DPCNN()
```

具体使用如程序 4-4 所示。

【程序 4-4】

```
import tensorflow as tf

import dpcnn                          #引入自定义的 dpcnn
dpcnn_layer = dpcnn.DPCNN()           #创建 DPCNN 层

import numpy as np
```

```
    labels = []
    context = []
    vocab = set()
    with open("ChnSentiCorp.txt",mode="r",encoding="UTF-8") as emotion_file:
       for line in emotion_file.readlines():
          line = line.strip().split(",")
          labels.append(int(line[0]))

          text = line[1]
          context.append(text)
          for char in text:vocab.add(char)

    voacb_list = list(sorted(vocab))    #3508
    print(len(voacb_list))

    token_list = []
    for text in context:
       token = [voacb_list.index(char) for char in text]
       token = token[:80] + [0]*(80 - len(token))
       token_list.append(token)

    token_list = np.array(token_list)
    labels = np.array(labels)

    import tensorflow as tf
    import dpcnn
    input_token = tf.keras.Input(shape=(80,))
    embedding = tf.keras.layers.Embedding(input_dim=3508,
output_dim=128)(input_token)

    embedding = dpcnn.DPCNN(d_model=128)(embedding)    #使用 DPCNN 层做特征提取器

    output = tf.keras.layers.Dense(2,activation=tf.nn.softmax)(embedding)

    model = tf.keras.Model(input_token,output)
    model.compile(optimizer='adam',
loss=tf.keras.losses.sparse_categorical_crossentropy, metrics=['accuracy'])
    #模型拟合，即训练
    model.fit(token_list, labels,epochs=10,verbose=2)
```

打印结果如图 4.12 所示。

```
7765/7765 - 3s - loss: 0.1854 - accuracy: 0.9254
Epoch 6/10
7765/7765 - 3s - loss: 0.1485 - accuracy: 0.9419
Epoch 7/10
7765/7765 - 3s - loss: 0.1134 - accuracy: 0.9587
Epoch 8/10
7765/7765 - 3s - loss: 0.0950 - accuracy: 0.9637
Epoch 9/10
7765/7765 - 3s - loss: 0.0740 - accuracy: 0.9742
Epoch 10/10
7765/7765 - 3s - loss: 0.0670 - accuracy: 0.9760
```

图 4.12　打印结果

可以看到，相对于使用 TensorFlow 自带的模型，DPCNN 极大地优化了运行速度，而且相对于

GRU，其准确率有了一定的提升，这也是模型设计的目的。

4.3　本章小结

本章着重介绍了两类特征提取器，使用 TensorFlow 自带的模型做特征提取器以及编写自定义的模型用作特征提取器。相比较而言，使用专用的自定义模型比 TensorFlow 自带的模型带来的效果更好，训练时间也更少。

实际上无论是 GRU 模型、TensorFlow 自带的模型还是后续的自定义 DPCNN 模型，对于最终的分类器来说，都是起到一个特征提取器的作用。因此可以将其统一定义名称为“编码器”。

第5章

实战图卷积——文本情感分类

“图神经网络”或者说“图卷积”，对于这个名词，相信大多数的读者都是陌生的。

在前面的章节中演示了多种深度学习方法对文本进行处理，然而无论是基于词嵌入（Word Embedding）还是one-hot的方法，实际上都是对“字”进行处理，之后再使用深度学习的手段对其语义进行提取。

而以“字（词）连接”的方式对语义进行抽取，却是另外一种解决文本分类的方法，如图5.1所示。使用整个语料来构造一个大图，将词和文档作为图的节点进行处理，通过学习字和文档节点之间的交互embedding信息，从而抽取相互之间语义联系的方法，这是另一种可行的深度学习文本处理方法，这里将其统称为“图卷积”。

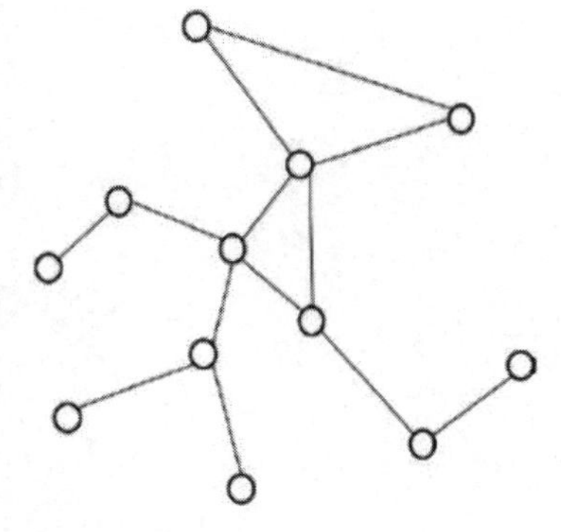

图5.1　图（左侧）与节点图（右侧）

本章案例都是使用“图卷积”来实现的，实现案例需要掌握以下基础：

- 图卷积的概念
- “节点”“邻接矩阵”和“度矩阵”
- 图卷积的理论计算

- 数据集 Cora
- 图卷积模型

5.1　图卷积理论基础

图卷积是使用以“图”为计算基础的神经网络模型，发展到现在已经有基于最简单的图卷积改进的无数版本，然而其面向对象的类型却基本上没有变化，即“节点”和“边”，并以此为依据构成的“邻接矩阵”和“度矩阵”。

5.1.1　“节点”“邻接矩阵”和“度矩阵”的物理意义

“节点”“邻接矩阵”和“度矩阵”是图卷积中最基本的概念，也是最常用的对数据描述的方法。

在讲解图卷积公式之前，我们先从其他的角度理解一下这个操作的物理含义，有一个形象化的理解，在试图得到节点表示的时候，容易想到的最方便、最有效的手段就是利用它周围的节点，也就是它的邻居节点或者邻居的邻居，等等，这种思想可以归结为一句话：

图的每个节点无时无刻不因为邻居和更远的点的影响而在改变着自己的状态，直到最终的平衡，关系越亲近的邻居影响越大。

光看语言定义可能会觉得非常抽象，下面列举一个地下水渠管道的例子进行介绍。

图 5.2 中是 6 个水渠入口的分布式，并根据地形部分进行连接，那么 1~6 各个入口即称为“节点”，而对其进行连接的管道称为“边”。

相对于某一个具体的节点，与其相连的各个节点称为“邻居节点”，顾名思义，也就是与当前节点所连接的所有其他的节点。

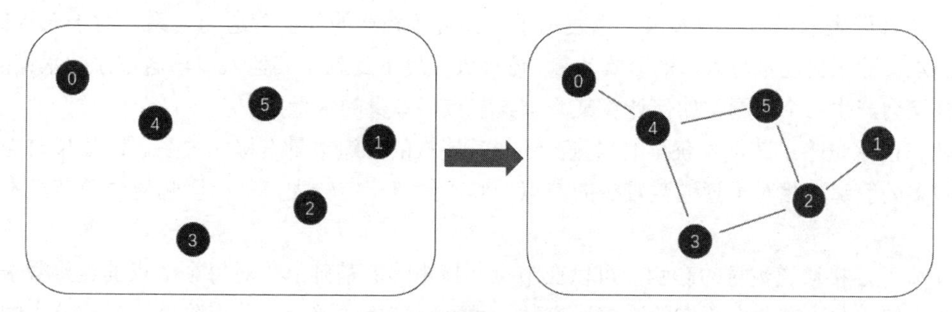

图 5.2　节点与连接的管道

有了“邻居节点”的概念后，一个新的想法被提出，能不能将某个节点的所有邻居以矩阵的形式进行表示，当然是可以的，对于每个节点，其邻居矩阵的表示如图 5.3 所示。

```
[0, 0, 0, 0, 1, 0]
[0, 0, 1, 0, 0, 0]
[0, 1, 0, 1, 0, 1]
[0, 0, 1, 0, 1, 0]
[1, 0, 0, 1, 0, 1]
[0, 0, 1, 0, 1, 0]
```

图 5.3 邻居矩阵（下文称为“邻接矩阵”）

邻接矩阵表示的是节点之间连通的关系。对于每个节点来说，将与其相邻的节点在图上依次标注，共同构成了一个新的矩阵，即邻接矩阵，其中的 1 代表与当前节点有相连关系，而 0 表示相互之间无连通。

回到水渠的问题，因为每个节点代表一个地下水渠的入水口，如果此时需要计算某个入水口的水量，简单的方法就是将入水口的水量以及与其相连的连接通道输送过来的水量共同计算，即：

水量 = 入水口水量 + 其他所有连接通道传来的水量

因为，此时既要考虑入水口水量，也要考虑其他通道输送过来的水量，对于整体表示则可以在邻居节点的基础上加上本身的表示，如图 5.4 所示。

```
[1, 0, 0, 0, 1, 0]     [0, 0, 0, 0, 1, 0]     [1, 0, 0, 0, 0, 0]
[0, 1, 1, 0, 0, 0]     [0, 0, 1, 0, 0, 0]     [0, 1, 0, 0, 0, 0]
[0, 1, 1, 1, 0, 1]  =  [0, 1, 0, 1, 0, 1]  +  [0, 0, 1, 0, 0, 0]
[0, 0, 1, 1, 1, 0]     [0, 0, 1, 0, 1, 0]     [0, 0, 0, 1, 0, 0]
[1, 0, 0, 1, 1, 1]     [1, 0, 0, 1, 0, 1]     [0, 0, 0, 0, 1, 0]
[0, 0, 1, 0, 1, 1]     [0, 0, 1, 0, 1, 0]     [0, 0, 0, 0, 0, 1]
```

图 5.4 加上自连接矩阵（就是每个顶点和自身加一条边）后的邻接矩阵

新的矩阵即表示了本身的入口，也表示了与其直接相连的其他管道的关系。对于入水口来说，其接受的水量除了自己本身入口的真实水量，还极大程度上受到了其他入口输送过来的水量的影响，但是这样又会产生一个问题，如何计算某个水渠节点口本身的水量。

入水口的水量除了其本身获得的水量，还与其连接的管道数量有极大关系。即如果与当前节点连接有较多的管道，相对于管道数较少的节点，其水量值一定较大，从而影响对当前节点本身的计算。

为了降低连接通道数量的影响，可以在节点邻接矩阵的基础上，对每个节点的连接数求取一个均值，再计算出与当前节点所有的连接通道数，用所有连接通道后的节点除以与当前节点的连接的总通道数，计算出一个当前节点的连接均值，最后用均值后的邻接矩阵替代原始的邻接矩阵。

那么这个计算各个节点连接通道总数的矩阵就称为“度矩阵”。

度矩阵的计算如图 5.5 所示，将每个节点所有的连接数相加作为其当前节点的值带入即可。

```
[[1. 0. 0. 0. 0. 0.]
 [0. 2. 0. 0. 0. 0.]
 [0. 0. 3. 0. 0. 1.]
 [0. 0. 0. 3. 0. 0.]
 [1. 0. 0. 0. 3. 0.]
 [0. 0. 0. 0. 0. 3.]]
```

图 5.5　包含本身节点信息后的度矩阵

在原始的（不上自身节点信息）的邻接矩阵上除以度矩阵，即可得到均值后的邻接矩阵信息。至于还要考虑不同通道输送的水量的多少，那么就需要对权重进行处理，此处不再进行考虑，请读者自行研究学习。

5.1.2　图卷积的理论计算

下面对上文讲解的水渠问题做一个理论计算，将上文的水渠以矩阵的形式表示，如图 5.6 所示（注意英文表示）。

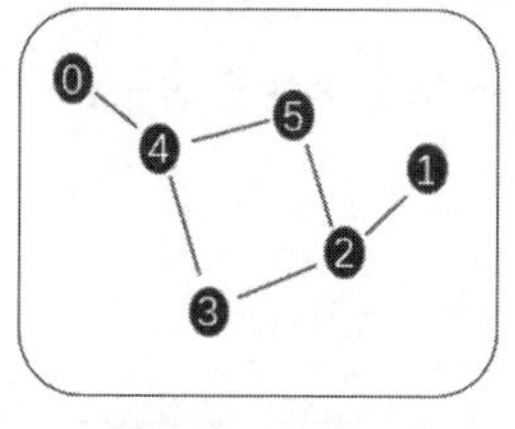

水渠节点图（graph）

```
[0, 0, 0, 0, 1, 0]
[0, 0, 1, 0, 0, 0]
[0, 1, 0, 1, 0, 1]
[0, 0, 1, 0, 1, 0]
[1, 0, 0, 1, 0, 1]
[0, 0, 1, 0, 1, 0]
```

邻接矩阵（Adjacency matrix）

```
[1, 0, 0, 0, 0, 0]
[0, 2, 0, 0, 0, 0]
[0, 0, 3, 0, 0, 0]
[0, 0, 0, 2, 0, 0]
[0, 0, 0, 0, 3, 0]
[0, 0, 0, 0, 0, 2]
```

度矩阵（Degree matrix）

```
[1, 0, 0, 0, 0, 0]
[0, 1, 0, 0, 0, 0]
[0, 0, 1, 0, 0, 0]
[0, 0, 0, 1, 0, 0]
[0, 0, 0, 0, 1, 0]
[0, 0, 0, 0, 0, 1]
```

单位矩阵（identity matrix）

图 5.6　水渠节点图的多种构建

下面分别用英文字符来替代各个表示的中文名称和英文单词：

- G：节点图（graph）。
- A：邻接矩阵（Adjacency matrix）。
- D：度矩阵（Degree matrix）。
- I：单位矩阵（identity matrix）。

下面逐步演示节点和其对应的“边”计算后的关系。

第一步：建立节点图表示和邻接矩阵

将上述节点图和邻接矩阵以代码表示如下：

```
import numpy as np

A = np.array([
    [0, 0, 0, 0, 1, 0],
    [0, 0, 1, 0, 0, 0],
    [0, 1, 0, 1, 0, 1],
    [0, 0, 1, 0, 1, 0],
    [1, 0, 0, 1, 0, 1],
```

```
    [0, 0, 1, 0, 1, 0],
])
```

为了简化运算，这里基于每个节点索引生成对应的一个 2 值整数特征，代码如下：

```
X = np.array([ [i, -i] for i in range(A.shape[0])], dtype=float)
```

代码中大写的 X 为图中每个节点的信息，打印结果如图 5.7 所示。

```
[[ 0.  0.]
 [ 1. -1.]
 [ 2. -2.]
 [ 3. -3.]
 [ 4. -4.]
 [ 5. -5.]]
```

图 5.7 构建演示节点的值

已经建立了图的基本信息和其对应的邻接矩阵，图的每个节点的特征集合为 X，如果将特征值和邻接矩阵结合在一起，会发生什么呢？

```
print(A @ X)    #@是 python3.6 新加入的运算符，进行矩阵的乘积计算
```

那么通过调用 A @ X 的代码，即对邻接矩阵和特征值进行乘积计算，结果如图 5.8 所示。

```
[[ 4. -4.]
 [ 2. -2.]
 [ 9. -9.]
 [ 6. -6.]
 [ 8. -8.]
 [ 6. -6.]]
```

图 5.8 邻接矩阵与特征节点的计算值

由图 5.8 可以看出，这里生成了一个新的矩阵，稍微对其进行分析可知，每一行的值是累加了邻接矩阵后的乘积形成的一个新的矩阵，以第一行为例，邻接矩阵中第一行值为 1 的序号是 5，则在原始节点特征矩阵中取出第 5 个节点值作为其对应的值。

新矩阵第一行值 = 节点特征值矩阵中第 5 个节点的值

而当邻接矩阵中其值为 1 的个数多于 1 个的时候，则计算邻接矩阵中所有对应节点的特征值的和，以最后一行为例：

新矩阵最后一行值=节点特征值矩阵中第 3 个节点的值+节点特征值矩阵中第 5 个节点的值

那么总结规则如下：每个节点的表征（每一行）现在是其相邻节点特征的和！换句话说，图卷积层将每个节点表示为其相邻节点的聚合。

虽然计算出的矩阵能够表示其邻接矩阵所有的值，但是有一个非常显著的问题，就是新矩阵并

不包括其自己本身的特征，而只是包含其相邻节点的特征聚合。因此，需要在邻接矩阵的基础上加上其自身特征，即加入一个单位矩阵使其融合本身的节点特征，则新的邻接矩阵如下：

$$A_{\text{hat}} = A + I$$

公式中 A 是邻接矩阵，I 是单位矩阵，用以构成一个新的矩阵 A_{hat}。

【程序 5-1】

```
import numpy as np

A = np.array([
    [0, 0, 0, 0, 1, 0],
    [0, 0, 1, 0, 0, 0],
    [0, 1, 0, 1, 0, 1],
    [0, 0, 1, 0, 1, 0],
    [1, 0, 0, 1, 0, 1],
    [0, 0, 1, 0, 1, 0],
])

X = np.array([
            [i, -i]
            for i in range(A.shape[0])
        ], dtype=float)

I= (np.eye(A.shape[0]))
A_hat = A + I

print(A_hat @ X)    #@是 Python3.6 新加入的运算符，进行矩阵的乘积计算
```

最后结果打印如图 5.9 所示。

```
[[  4.   -4.]
 [  3.   -3.]
 [ 11.  -11.]
 [  9.   -9.]
 [ 12.  -12.]
 [ 11.  -11.]]
```

图 5.9　带有本身节点信息的邻接矩阵与特征节点的计算值

第二步：考虑度节点后的节点聚合特征值

从上一节的分析可以得知，对于单个节点由于不同数据的连接通道，也就是不同数量的边会影响对节点本身的计算，因此需要对节点进行与其对应的度的计算，使用公式表示如下：

$$A_{\text{norm}} = \frac{A_{\text{hat}}}{D} = D^{-1} * A_{\text{hat}}$$

实际上，度矩阵 D 的负一次方就是矩阵 D 本身的逆，这样使用度矩阵 D^{-1} 与 A_{hat} 进行乘积计算，即可得到均值处理后的邻接矩阵。

代码如下所示：

```
from scipy.linalg import fractional_matrix_power
D=(np.sum(A_hat,axis=0))
D=(np.diag(D))
D_norm = fractional_matrix_power(D, -1)

A_norm = D_norm @ A_hat #@是 python3.6 新加入的运算符，进行矩阵的乘积计算

print(A_norm)
```

最终结果如图 5.10 所示。

```
[[0.5        0.         0.         0.         0.5        0.        ]
 [0.         0.5        0.5        0.         0.         0.        ]
 [0.         0.25       0.25       0.25       0.         0.25      ]
 [0.         0.         0.33333333 0.33333333 0.33333333 0.        ]
 [0.25       0.         0.         0.25       0.25       0.25      ]
 [0.         0.         0.33333333 0.         0.33333333 0.33333333]]
```

图 5.10　均值计算后的邻接矩阵（含本身节点信息）

由图 5.10 可以观察到，新的邻接矩阵中每一行的权重（值）都除以该行对应节点的度。无论是相对于原始的连接矩阵 A，还是含有多种节点信息的邻接矩阵 A_hat，均值处理后的 A_norm 在数值分布上更加较为合理，这样做的好处是，在保留原始数据分布和特征的基础上，能够使得新的邻接矩阵更加均衡地对数据进行展示，能够较好地预防在后续的深度计算中带来的梯度消失或者梯度爆炸问题。

5.1.3 图卷积神经网络的传播规则

图卷积神经网络的传播规则就是将边与节点的信息共同融合在一起，传送给神经网络进行处理。最基本的图卷积神经网络传播规则如下：

$$H=\sigma(\frac{A_{\text{hat}}}{D}\times X)=\sigma(D^{-1}\times A_{\text{hat}}\times X)$$

公式中 A_{hat} 是加入本身节点信息的邻接矩阵，D 是 A_{hat} 的度矩阵，X 是对应节点的特征向量，σ 是激活函数，这样在将节点特征信息与邻接矩阵信息充分融合在一起后，传送给激活函数进行下一层的计算，即获得 H（计算后获得的“下一层”）特征值。

图 5.11 展示了使用 2 层卷积层的一个图卷积神经网络传播和计算图，其最终的 Node_Level 层是融合了本身节点和相邻节点的特征结果。

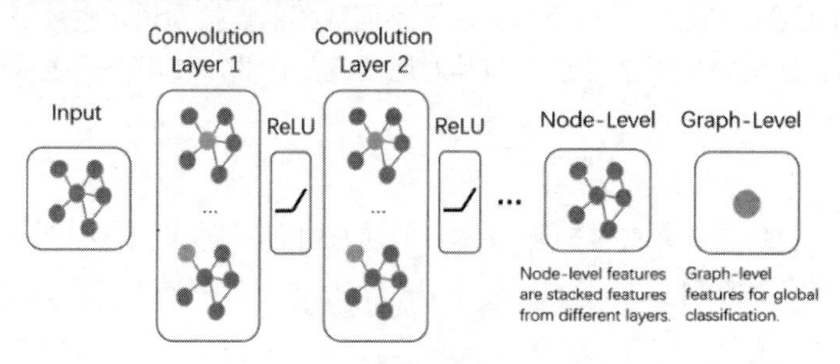

图 5.11　图卷积神经网络的传播规则

【程序 5-2】

```
import numpy as np
import tensorflow as tf
from scipy.linalg import fractional_matrix_power

A = np.array([
    [0, 0, 0, 0, 1, 0],
    [0, 0, 1, 0, 0, 0],
    [0, 1, 0, 1, 0, 1],
    [0, 0, 1, 0, 1, 0],
    [1, 0, 0, 1, 0, 1],
    [0, 0, 1, 0, 1, 0],
])

X = np.array([
            [i, -i]
            for i in range(A.shape[0])
        ], dtype=float)

I= np.eye(A.shape[0])
A_hat = A + I

D=(np.sum(A_hat,axis=0))
D=(np.diag(D))
D_norm = fractional_matrix_power(D, -1)

A_norm = D_norm @ A_hat
X_norm = D_norm @ A_hat @ X

H = tf.nn.relu(X_norm)
print(H)
```

读者可以自行打印完成。

5.2　案例实战：Cora 数据集文本分类

经过上一节的介绍，相信读者对图卷积神经网络以及其传播规则有了初步的了解，本节将使用图卷积神经网络来解决一个经典的图数据集——Cora 的文本分类问题。

5.2.1　Cora 数据集简介

Cora 数据集是一个记录了论文之间相互引用的数据集，该数据集共有 2708 个样本点，每个样本点都是一篇科学论文，所有样本点被分为 7 个类别，分别是：

- 基于案例
- 遗传算法
- 神经网络
- 概率方法

- 强化学习
- 规则学习
- 理论

每篇论文都由一个 1433 维的词向量表示，所以，每个样本点具有 1433 个特征。词向量的每个元素都对应一个词，且该元素只有 0 或 1 两个取值。取 0 表示该元素对应的词不在论文中，取 1 表示在论文中。所有的词来源于一个具有 1433 个词的字典。

每篇论文都至少引用了一篇其他论文，或者被其他论文引用，也就是样本点之间存在联系，没有任何一个样本点与其他样本点完全没联系。如果将样本点看作图中的点，则这是一个连通的图，不存在孤立点。

下载后的文件夹中包含 3 个文本文件，分别为：

```
▼ cora
    cora.cites
    cora.content
    README
```

- README 是对数据集的介绍。
- cora.content 是所有论文的独自的信息。
- cora.cites 是论文之间的引用记录。

cora.content 共有 2708 行，每一行代表一个样本点，即一篇论文。如图 5.12 所示，每一行由三部分组成，分别是：论文的编号，如 31336；论文的词向量，一个有 1433 位的二进制；论文的类别，如 Neural_Networks。

```
217139  0  0  0  0  0  0  0  0     0  0  0  0  Theory
31353   0  0  0  0  0  0  0  0     0  0  0  0  Neural_Networks
32083   0  0  0  0  0  0  0  0     0  0  0  0  Neural_Networks
1126029 0  0  0  0  0  0  0  0     0  0  0  0  Theory
                                ……
```

图 5.12　cora.content 展示

cora.cites 共 5429 行，每一行有两个论文编号，表示第一个编号的论文先写，第二个编号的论文引用第一个编号的论文，如图 5.13 所示。

```
35  1103985
35  1109199
35  1112911
35  1113438
```

图 5.13　cora.cites 展示

如果将论文看作图中的点，那么这 5429 行便是点之间的 5429 条边。

5.2.2 Cora 数据集的读取与数据处理

图卷积深度神经网络是对各个节点的“边”，也就是对邻接矩阵进行处理，因此需要对边进行处理，即将数据集中的一一对应关系转化成邻接矩阵，其代码如下：

```
import scipy.sparse as sp
import numpy as np
import networkx as nx   #构建邻接矩阵包，后文会用到

#对 label 进行 one-hot 处理的函数
def encode_onehot(labels):
    classes = set(labels)
    classes_dict = {c: np.identity(len(classes))[i, :] for i, c in
enumerate(classes)}
    labels_onehot = np.array(list(map(classes_dict.get, labels)),
dtype=np.int32)
    return labels_onehot

#读取数据集信息
#use_feature 确认是否使用节点本身信息，为了演示起见，第一次不使用节点信息，
#对比程序中会使用到
def load_data(path="data/cora/", dataset="cora",use_feature=False):
    """Load citation network dataset (cora only for now)"""
    print('Loading {} dataset...'.format(path))

    idx_features_labels=np.loadtxt("{}{}.content".format(path, dataset),
dtype=np.dtype(str))
    labels = encode_onehot(idx_features_labels[:, -1])

    #建立邻接均值
    g=nx.read_edgelist("{}{}.cites".format(path, dataset))
    N=len(g)
    adj=nx.to_numpy_array(g,nodelist=idx_features_labels[:, 0])
    adj = sp.coo_matrix(adj)

    if use_feature:
        features = np.array(idx_features_labels[:, 1:-1], dtype=np.float32)
    else:
        features=np.identity(N,dtype=np.float32)

    print('Dataset has {} nodes, {} edges, {} features.'.format(adj.shape[0],
g.size(), features.shape[1]))

    return features, adj, labels
```

调用的代码如下所示：

```
X, A, y = load_data(dataset='cora', use_feature= false)
#X 是文本的特征向量，第一个例子中不使用
#A 为一一对应表现形式的邻接均值
#y 是文本的标签的 one-hot 表示
```

最终的返回值为 3 个参数，分别为文本特征值，文本邻接矩阵以及文本的 one-hot 标签表示，其中最需要关注的邻接矩阵如图 5.14 所示。

```
(0, 8)    1.0
(0, 14)   1.0
(0, 258)  1.0
(0, 435)  1.0
(0, 544)  1.0
```

图 5.14　cora.cites 展示

实际上，这并不是在前文中所展示的邻接矩阵的表示形式，因此需要将其重新转化成符合要求的邻接矩阵，代码如下：

```
import numpy as np
A = np.array(A.todense())
I = np.eye(A.shape[0])
A_hat = A+I
```

由于生成的邻接矩阵 A 是由 networkx 包所生成的，因此直接调用其 todense 函数可以直接生成对应的邻接矩阵。之后就是对邻接矩阵的处理，即在生成的邻接矩阵基础上加上其对应的度矩阵即可。

而度矩阵的生成代码如下（注意这里第 3 行代码使用的是−0.5 次方）：

```
D_hat = np.array(np.sum(A_hat, axis=1))
D_hat = np.diag(D_hat)
D_norm = fractional_matrix_power(D_hat, -0.5)  #这里使用的是-0.5 次方计算度矩阵的
逆
A_norm = D_norm @ A_hat @ D_norm
```

对于使用-0.5 次方替换-1 次方求解度矩阵的逆，这里不做解释，有兴趣的读者可以自行查阅资料学习，只需要了解下列公式即可。

$$A^{-1} = A^{-0.5}\, I\, A^{-0.5}$$

最后使用度均值计算后的邻接矩阵，读者可以自行打印完成。需要注意的是，目前这里所有的邻接矩阵都是考虑到本身节点进行处理的。

5.2.3　图卷积模型的设计与实现

图卷积模型的实现较为简单，即通过两层全连接层对节点进行提取，图卷积模型的代码如下：

```
class Graph:
def __init__(self):
      #第一层全连接层，其中 312 是全连接层维度，可以根据需要进行设定，这里笔者习惯使用 312
      self.gcn_dense_1 = tf.keras.layers.Dense(312,activation=tf.nn.relu)
     #第二层全连接层，其中 7 是 cora 数据集中论文分类个数
      self.gcn_dense_2 = tf.keras.layers.Dense(7,activation=tf.nn.softmax)

   def __call__(self, inputs):
      adj_inputs = inputs

      embedding = adj_inputs
      embedding = self.gcn_dense_1(embedding)
```

```
        embedding = embedding
        embedding = tf.keras.layers.Dropout(0.3)(embedding)
        logits = self.gcn_dense_2(embedding)

        return logits
```

模型很简单，实际上就是使用了 2 层全连接层对输入的数据进行处理，之后使用 softmax 函数进行数据分类，生成最终的结果。

训练部分代码如下：

```
#这里输入的维度 2708 是根据邻接矩阵的维度进行设定，实际上生成的邻接矩阵是一个[2708,2708]
#维度大小的矩阵，因此在输入时需要根据邻接矩阵的大小对输入数据进行处理
#请注意，这里输入的是直接计算好的邻接矩阵
adj_inputs = tf.keras.Input(shape=(2708,))

logits = Graph(X)(adj_inputs)
model = tf.keras.Model(adj_inputs,logits)
print(model.summary())

model.compile(tf.keras.optimizers.Adam(1e-4),loss=tf.keras.losses.categoric
al_crossentropy,metrics=["accuracy"])
model.fit(x=A,y=y,epochs=50,validation_data=(A_dev,y_dev))
```

5.2.4 图卷积模型的训练与改进

使用图卷积模型完整地对模型进行训练，代码如下：

【程序 5-3】

```
import tensorflow as tf
from utils import load_data
from scipy.linalg import fractional_matrix_power

#Get data
#这里读取 cora 数据集，feature 是数据的 one_hot 表现形式
#X:features (2708, 1433)    A:graph  (2708, 2708)    y:labels  (2708, 7)
X, A, y = load_data(dataset='cora', use_feature=True)
X /= X.sum(1).reshape(-1, 1)

import numpy as np
A = np.array(A.todense())
I = np.eye(A.shape[0])
A_hat = A+I

D_hat = np.array(np.sum(A_hat, axis=1))
D_hat = np.diag(D_hat)
D_norm = fractional_matrix_power(D_hat, -0.5)

H = X

A_norm = D_norm @ A_hat @ D_norm

A = A_hat
```

```
np.random.seed(17);np.random.shuffle(X)
np.random.seed(17);np.random.shuffle(A)
np.random.seed(17);np.random.shuffle(y)
#划分测试集与训练集
A_dev = A[-108:]
y_dev = y[-108:]

A = A[:2600]
y = y[:2600]

class Graph:
    def __init__(self):

        self.gcn_dense_1 = tf.keras.layers.Dense(312,activation=tf.nn.relu)
        self.gcn_dense_2 = tf.keras.layers.Dense(7,activation=tf.nn.softmax)

    def __call__(self, inputs):
        adj_inputs = inputs

        embedding = adj_inputs
        embedding = self.gcn_dense_1(embedding)

        embedding = embedding
        embedding = tf.keras.layers.Dropout(0.3)(embedding)
        logits = self.gcn_dense_2(embedding)

        return logits

adj_inputs = tf.keras.Input(shape=(2708,))

logits = Graph()(adj_inputs)
model = tf.keras.Model(adj_inputs,logits)
print(model.summary())

model.compile(tf.keras.optimizers.Adam(1e-4),loss=tf.keras.losses.categoric
al_crossentropy,metrics=["accuracy"])
model.fit(x=A,y=y,epochs=50,validation_data=(A_dev,y_dev))
```

经过 50 次训练后的结果如图 5.15 所示。

```
82/82 [==============================] - 0s 3ms/step - loss: 0.0620 - accuracy: 0.9938 - val_loss: 0.4871 - val_accuracy: 0.8796
Epoch 47/50
82/82 [==============================] - 0s 3ms/step - loss: 0.0580 - accuracy: 0.9946 - val_loss: 0.4911 - val_accuracy: 0.8796
Epoch 48/50
82/82 [==============================] - 0s 3ms/step - loss: 0.0559 - accuracy: 0.9935 - val_loss: 0.4935 - val_accuracy: 0.8704
Epoch 49/50
82/82 [==============================] - 0s 3ms/step - loss: 0.0538 - accuracy: 0.9942 - val_loss: 0.4970 - val_accuracy: 0.8796
Epoch 50/50
82/82 [==============================] - 0s 3ms/step - loss: 0.0498 - accuracy: 0.9954 - val_loss: 0.4991 - val_accuracy: 0.8796
```

图 5.15　50 次迭代后的训练结果

由图 5.15 可以看到，进行过 50 次迭代后，在测试集上数据的准确率已经达到了 0.8796，这也是一个比较高的准确率了。建议读者使用数据和代码自行完成。

程序 5-3 展示了一个使用图卷积模型完整处理图分类的例子，这里使用的全为邻接矩阵，而实际上是将节点信息进行省略，或将其设为默认值为 1 的矩阵。

1. 改进 1：将数据节点信息带入计算

将数据节点信息带入计算其实很简单，即将特征值进行提取并与邻接矩阵融合在一起即可，完整代码如下所示（请读者注意输入维度的变化）：

【程序 5-4】

```
import tensorflow as tf
from utils import load_data
from scipy.linalg import fractional_matrix_power
#Get data

#这里是读取 cora 数据集，feature 是数据的 one_hot 表现形式
#X:features (2708, 1433)    A:graph  (2708, 2708)    y:labels  (2708, 7)
X, A, y = load_data(dataset='cora', use_feature=True)
X /= X.sum(1).reshape(-1, 1)


import numpy as np
A = np.array(A.todense())
I = np.eye(A.shape[0])
A_hat = A+I

D_hat = np.array(np.sum(A_hat, axis=1))
D_hat = np.diag(D_hat)
D_norm = fractional_matrix_power(D_hat, -0.5)

H = X

A_norm = D_norm @ A_hat @ D_norm

A = A_hat @ H   #与节点特征值进行计算

np.random.seed(17);np.random.shuffle(X)
np.random.seed(17);np.random.shuffle(A)
np.random.seed(17);np.random.shuffle(y)

A_dev = A[-108:]
y_dev = y[-108:]

A = A[:2600]
y = y[:2600]

class Graph:
    def __init__(self):

        self.gcn_dense_1 = tf.keras.layers.Dense(312,activation=tf.nn.relu)
        self.gcn_dense_2 = tf.keras.layers.Dense(7,activation=tf.nn.softmax)
```

```
    def __call__(self, inputs):
        adj_inputs = inputs

        embedding = adj_inputs
        embedding = self.gcn_dense_1(embedding)


        embedding = embedding#@ self.features
        embedding = tf.keras.layers.Dropout(0.3)(embedding)
        logits = self.gcn_dense_2(embedding)

        return logits

adj_inputs = tf.keras.Input(shape=(1433,))

logits = Graph()(adj_inputs)
model = tf.keras.Model(adj_inputs,logits)
print(model.summary())

model.compile(tf.keras.optimizers.Adam(1e-4),loss=tf.keras.losses.categoric
al_crossentropy,metrics=["accuracy"])
model.fit(x=A,y=y,epochs=50,validation_data=(A_dev,y_dev))
```

结果打印如图 5.16 所示。

```
Epoch 47/50
82/82 [==============================] - 0s 2ms/step - loss: 0.2753 - accuracy: 0.9308 - val_loss: 0.4320 - val_accuracy: 0.9167
Epoch 48/50
82/82 [==============================] - 0s 2ms/step - loss: 0.2724 - accuracy: 0.9285 - val_loss: 0.4304 - val_accuracy: 0.9167
Epoch 49/50
82/82 [==============================] - 0s 2ms/step - loss: 0.2654 - accuracy: 0.9319 - val_loss: 0.4278 - val_accuracy: 0.9167
Epoch 50/50
82/82 [==============================] - 0s 2ms/step - loss: 0.2656 - accuracy: 0.9346 - val_loss: 0.4263 - val_accuracy: 0.9167
```

图 5.16　50 次迭代后的训练结果（与图 5.15 进行比较，有 2 个点的提高）

由图 5.16 可以看到，通过加入特征节点的信息，50 次迭代后数据准确率有将近 2 个点的提升，这是一个非常好的提升。

2. 改进 2：对图卷积模型进行计算

下面就是另外一种对模型的改进，还将在原始模型的基础上进行，即不加入节点信息的模型上进行改进。

对于模型来说，使用了 2 个带有激活函数的全连接层作为学习层，此时如果尝试将第一个全连接层的激活层去掉（即第一个全连接只进行线性计算），代码如下：

```
class Graph:
    def __init__(self):
        self.gcn_dense_1 = tf.keras.layers.Dense(312,activation=tf.nn.relu)
        self.gcn_dense_2 = tf.keras.layers.Dense(7,activation=tf.nn.softmax)

    def __call__(self, inputs):
        adj_inputs = inputs
```

```
        embedding = adj_inputs
        embedding = self.gcn_dense_1(embedding)

        embedding = embedding
        embedding = tf.keras.layers.Dropout(0.3)(embedding)
        logits = self.gcn_dense_2(embedding)

        return logits
```

具体结果请读者自行完成。

5.3　案例实战：基于图卷积的情感分类（图卷积前沿内容）

本节将使用前面所学习的图卷积神经网络对文本分类进行处理，实现效果如图 5.17 所示。

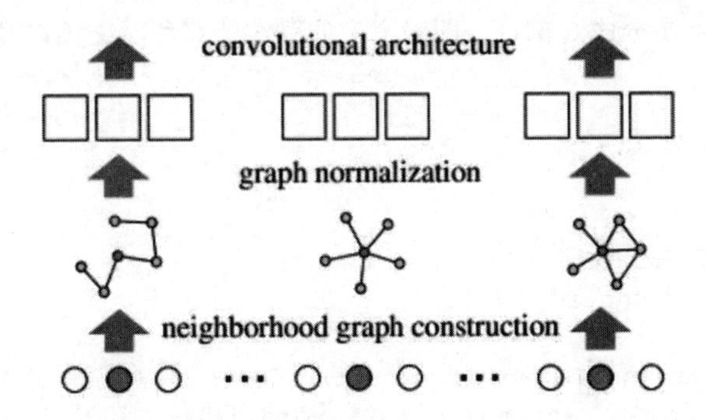

图 5.17　使用图卷积神经网络对文本分类进行处理的实现效果图

5.3.1　文本结构化处理的思路与实现

如果想使用图卷积模型对文本进行处理，第一个非常麻烦的问题就是如何对文本进行结构化构建。相比于有“作者构建联结”的论文引用的关系图谱，单纯的文本之间并没有相互之间的联系，因此并不能直接在文本间构建联结属性。

然而所有的文本都是由字符（单词）所构成，因此我们可以换一种思路，即通过字与字之间的联系，以及字与文本之间的联系来共同建立联结关系。

那么，具体描述就是来构造一个大图，使用词和文档作为图的节点，如图 5.18 所示。然后用 GCN 对图进行建模，该模型可以捕获高阶的邻居节点的信息，两个词节点之间的边通过词共现信息来构建，词节点和文档节点之间的边通过词频和词文档频率来构建，进而文本分类问题就转化成了节点的分类问题。这种方法通过小部分的带标签文档可以学习强健的类别信息，学习词和文档节点之间的交互 embedding 信息。

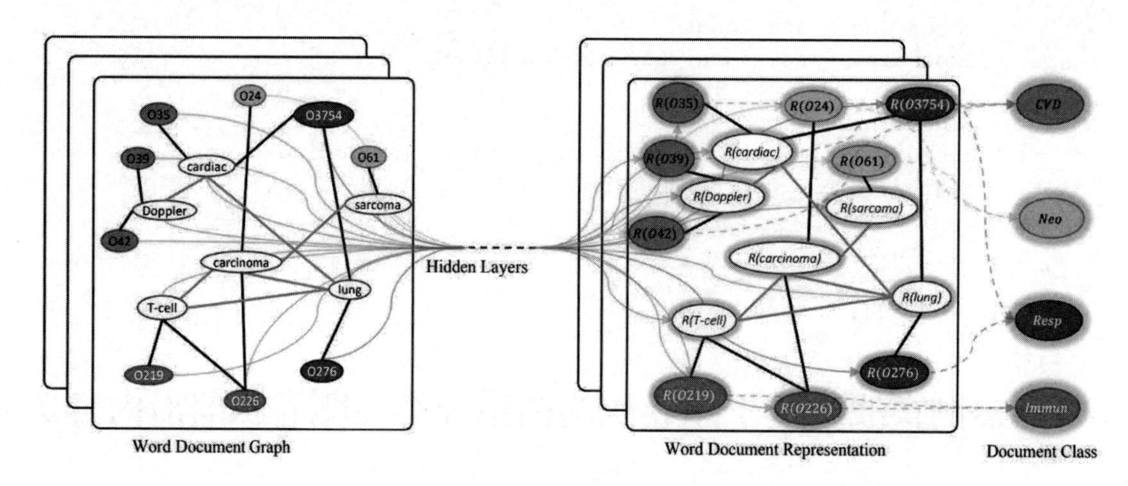

图 5.18　建立字-字连接以及字-词连接

对文本的处理实际上是分成 2 部分，即对文字的联结计算和对文档以及字的联结计算。代码如下：

```
class PMIModel(object):

    def __init__(self):
        self.word_counter = None
        self.pair_counter = None

    def get_pair_id(self, word0, word1):
        pair_id = tuple(sorted([word0, word1]))
        return pair_id

    #基于词语共现性计算
    def fit(self, sequences, window_size):

        self.word_counter = Counter()
        self.pair_counter = Counter()
        num_windows = 0
        for sequence in tqdm(sequences):
            for offset in range(len(sequence) - window_size):
                window = sequence[offset:offset + window_size]
                num_windows += 1
                for i, word0 in enumerate(window):
                    self.word_counter[word0] += 1
                    for j, word1 in enumerate(window[i+1:]):
                        pair_id = self.get_pair_id(word0, word1)
                        self.pair_counter[pair_id] += 1

        for word, count in self.word_counter.items():
            self.word_counter[word] = count / num_windows
        for pair_id, count in self.pair_counter.items():
            self.pair_counter[pair_id] = count / num_windows
```

```
    def transform(self, word0, word1):
        prob_a = self.word_counter[word0]
        prob_b = self.word_counter[word1]
        pair_id = self.get_pair_id(word0, word1)
        prob_pair = self.pair_counter[pair_id]

        if prob_a == 0 or prob_b == 0 or prob_pair == 0:
            return 0

        pmi = np.log(prob_pair / (prob_a * prob_b))

        pmi = np.maximum(pmi, 0.0)
        return pmi
```

这里仿照了模块化计算的要求，首先对所有的文字做基于窗口大小的词语共线性计算，即 PMI 计算，使用 fit 函数完成此项功能。而 transoform 函数的作用是根据共线性的计数计算出对应的 log 函数值（注意：实际上使用直接计算出的共现性值即可，使用 log 函数计算后的值能够更进一步拟合数据空间）。

计算出文本的共现性值之后，下面就是分别做出文本中词-词的关系连接图和词-文本关系连接图。代码如下：

```
#这个是建立单词的图，只涉及单词的图，而单词与句子的连接图使用下面的 combined_graph（代码后段有解释）
def build_word_graph(num_words, pmi_model, embedding_size):
    x = np.random.normal(size = [num_words, embedding_size])    #随机生成一个特征向量，仅做参考，因为实际上节点特征值在本例中并不重要
    edges = []
    edge_weight = []
    for (word0, word1) in pmi_model.pair_counter.keys():
        pmi = pmi_model.transform(word0, word1)
        if pmi > 0:
            edges.append([word0, word1])
            edge_weight.append(pmi)
            edges.append([word1, word0])
            edge_weight.append(pmi)
    edge_index = np.array(edges).T       #注意这里使用了转置函数
    #tfg.Graph 类的使用在此代码段和下一个代码段之后有说明
    return tfg.Graph(x=x, edge_index=edge_index, edge_weight=edge_weight)  #
```

第一段代码实际上就是通过计算 PMI 类生成和计算的字-字之间的共现性，建立对应于字之间关系的共现图，而其中的区中就是经过 log 计算后的共现比率。每个节点的特征向量则使用的 numpy 函数包中的随机向量生成，因为在本例中所有的特征向量仅仅是作为一个可以被计算的值存在，无须提供具体意义。

还有就是，在建立边属性的时候，此处使用了转置，分别将连接的双方分割在 2 个不同的序列中，通过序号对应的方式进行关系的建立。

下面的 build_combined_graph 函数是计算词-句子之间出现频率并构建邻接矩阵的函数，这里需要说明的是，本代码段并没有计算出现的频率，而是使用数字 1 替代，目的是为了简化计算，使用频率计算的函数参看本书配套的本节源码。

```
import tensorflow as tf
```

```
#这个是建立单词与句子之间的
def build_combined_graph(word_graph, sequences, embedding_size):

    num_words = word_graph.num_nodes
    x = tf.Variable(tf.random.truncated_normal(shape = [len(sequences),
embedding_size],stddev=0.02)) #随机生成一个特征向量，仅做参考，因为实际上节点特征值在本例中并不重要

    edges = []
    edge_weight = []
    for i, sequence in enumerate(sequences):
        doc_node_index = num_words + i  #这里就是依次进行编号，把文本也当成节点加进图中，节点增加，图的编号也将固定下来
        for word in sequence:
            edges.append([doc_node_index, word])  #only directed edge
            edge_weight.append(1.0)  #使用数字 1 替代 TF-IDF 计算

    edge_index = np.array(edges).T
    #x = np.concatenate([word_graph.x, x], axis=0)
    x = tf.concat([word_graph.x, x], axis=0)
    edge_index = np.concatenate([word_graph.edge_index, edge_index], axis=1)
  edge_weight = np.concatenate([word_graph.edge_weight, edge_weight], axis=0)
  #tfg.Graph 类的使用在此代码段和下一代码段之后有说明
    return tfg.Graph(x=x, edge_index=edge_index, edge_weight=edge_weight)
```

上段代码使用了 tfg.Graph 函数，其作用是将生成节点特征向量矩阵、边矩阵以及权重矩阵进行一个系统的打包，tfg 的安装如下：

```
pip install tf_geometric
```

使用 import 导入代码后，直接调用 Graph 类进行初始化打包即可。

为了验证代码的打印结果，读者可以使用如下的程序代码直接对结果进行显示。

【程序 5-5】

```
#coding=utf-8
import os
import numpy as np
from collections import Counter
from tqdm import tqdm
import tf_geometric as tfg

class PMIModel(object):

    def __init__(self):
        self.word_counter = None
        self.pair_counter = None

    def get_pair_id(self, word0, word1):
        pair_id = tuple(sorted([word0, word1]))
        return pair_id

    def fit(self, sequences, window_size):
```

```
        self.word_counter = Counter()
        self.pair_counter = Counter()
        num_windows = 0
        for sequence in tqdm(sequences):
            for offset in range(len(sequence) - window_size):
                window = sequence[offset:offset + window_size]
                num_windows += 1
                for i, word0 in enumerate(window):
                    self.word_counter[word0] += 1
                    for j, word1 in enumerate(window[i+1:]):
                        pair_id = self.get_pair_id(word0, word1)
                        self.pair_counter[pair_id] += 1

        for word, count in self.word_counter.items():
            self.word_counter[word] = count / num_windows
        for pair_id, count in self.pair_counter.items():
            self.pair_counter[pair_id] = count / num_windows

    def transform(self, word0, word1):
        prob_a = self.word_counter[word0]
        prob_b = self.word_counter[word1]
        pair_id = self.get_pair_id(word0, word1)
        prob_pair = self.pair_counter[pair_id]

        if prob_a == 0 or prob_b == 0 or prob_pair == 0:
            return 0

        pmi = np.log(prob_pair / (prob_a * prob_b))
        #print(word0, word1, pmi)
        pmi = np.maximum(pmi, 0.0)
        #print(pmi)
        return pmi


    #这个是建立单词的图，这里只涉及单词的图，而单词与句子的连接图使用下面的 combined_graph
    def build_word_graph(num_words, pmi_model, embedding_size):
        x = np.random.normal(size = [num_words, embedding_size])
        edges = []
        edge_weight = []
        for (word0, word1) in pmi_model.pair_counter.keys():
            pmi = pmi_model.transform(word0, word1)
            if pmi > 0:
                edges.append([word0, word1])
                edge_weight.append(pmi)
                edges.append([word1, word0])
                edge_weight.append(pmi)
        edge_index = np.array(edges).T
        return tfg.Graph(x=x, edge_index=edge_index, edge_weight=edge_weight)

import tensorflow as tf
```

```
#这个是建立单词与句子之间的
def build_combined_graph(word_graph, sequences, embedding_size):

    num_words = word_graph.num_nodes
    x = tf.Variable(tf.random.truncated_normal(shape = [len(sequences),
embedding_size],stddev=0.02))
    edges = []
    edge_weight = []
    for i, sequence in enumerate(sequences):
        doc_node_index = num_words + i  #这里是依次进行编号，把文本也当成节点加进图中，
节点增加，图的编号也将固定下来
        for word in sequence:
            edges.append([doc_node_index, word])  #only directed edge
            edge_weight.append(1.0)  #use BOW instaead of TF-IDF

    edge_index = np.array(edges).T
    #x = np.concatenate([word_graph.x, x], axis=0)
    x = tf.concat([word_graph.x, x], axis=0)
    edge_index = np.concatenate([word_graph.edge_index, edge_index], axis=1)
    edge_weight = np.concatenate([word_graph.edge_weight, edge_weight],
axis=0)
    return tfg.Graph(x=x, edge_index=edge_index, edge_weight=edge_weight)


if __name__ == "__main__":
    token_list = [[1,5,3,5,6,6,7,8,5,0],[0,9,8,7,6,5,4,3,2,1],
[1,5,3,5,6,6,2,8,5,1]]

    embedding_size = 312
    num_words = 10

    pmi_model = PMIModel()
    pmi_model.fit(token_list, window_size=4)
    word_graph = build_word_graph(num_words, pmi_model, embedding_size)

    train_combined_graph = build_combined_graph_freq(word_graph,token_list,
embedding_size)
    print(word_graph.x)
    print(word_graph.edge_index)
    print(word_graph.edge_weight)
```

依次打印了字符图的特征向量、边连接以及边之间的权重值。边连接属性和边之间的权重值打印结果如图 5.19 和图 5.20 所示。

```
[[1 5 1 3 3 5 6 7 6 8 7 8 0 9 0 8 0 7 8 9 7 9 3 4 2 4 2 6 2 8]
 [5 1 3 1 5 3 7 6 8 6 8 7 9 0 8 0 7 0 9 8 9 7 4 3 4 2 6 2 8 2]]
```

图 5.19 建立字-字边对应序列

```
[0.6931472  0.6931472  0.8109302  0.8109302  0.4054651  0.4054651
 0.02817088 0.02817088 0.02817088 0.02817088 0.6079894  0.6079894
 2.1972246  2.1972246  0.9444616  0.9444616  0.9444616  0.9444616
 0.9444616  0.9444616  0.9444616  0.9444616  0.4054651  0.4054651
 0.4054651  0.4054651  0.11778303 0.11778303 0.25131443 0.25131443]
```

图 5.20　建立字-字连接对应的权重矩阵

5.3.2　使用图卷积对文本进行分类实战

下面介绍使用图卷积对文本进行分类。

第一步：数据的处理

首先是文本的获取与处理，代码如下：

```
labels = []
context = []
vocab = set()
with open("ChnSentiCorp.txt",mode="r",encoding="UTF-8") as emotion_file:
    for line in emotion_file.readlines():
        line = line.strip().split(",")
        labels.append(int(line[0]))

        text = line[1]
        context.append(text)
        for char in text:vocab.add(char)

voacb_list = list(sorted(vocab))    #3508
print(len(voacb_list))

token_list = []
for text in tqdm(context):
    token = [voacb_list.index(char) for char in text]
    token = [101] + token[:79] + [0]*(79 - len(token))
    token_list.append(token)

token_list = np.array(token_list)
labels = np.array(labels)

np.random.seed(17);np.random.shuffle(token_list)    #重新对数据进行排序
np.random.seed(17);np.random.shuffle(labels)
```

第二步：文本的结构化转换

在获取代表文本的 token_list 后，下一步的工作就是建立文本的字-字邻接矩阵，以及字-句子邻接矩阵，使用第 5.2.1 小节的文本来构建函数，代码如下所示（请读者使用名称对应上一节的函数和类进行学习）：

```
from GCN import gcn_untils

pmi_model = gcn_untils.PMIModel()
pmi_model.fit(token_list, window_size=4)
```

```
    embedding_size = 3508
    num_words = len(voacb_list)
    #首先计算字-字图
    word_graph = gcn_untils.build_word_graph(num_words, pmi_model, embedding_size)
    #依据字-字图的计算结果建立文本的图卷积模型
    train_combined_graph = gcn_untils.build_combined_graph(word_graph,token_list,
embedding_size)

    X = train_combined_graph.x  #(11273, 312)
    print(X.shape)

    A = np.diag([1.] * train_combined_graph.x.shape[0])  #创建邻接矩阵
    x_edge_index = train_combined_graph.edge_index[0]
    y_edge_index = train_combined_graph.edge_index[1]
    for i, j, weight in zip(x_edge_index,
y_edge_index,train_combined_graph.edge_weight):
        A[i][j] = weight
```

代码中 A 就是根据边和连接之间的关系建立的邻接矩阵，并将依据共现性所计算的权重填入对应的矩阵值中。

第三步：邻接矩阵的归一化处理

下面就是对矩阵的归一化进行处理，在这里根据邻接矩阵计算出对应的度矩阵，之后使用度矩阵进行邻接矩阵的归一化计算，本节使用的是加入自身节点信息的邻接矩阵，代码如下（注意，这里的度矩阵计算根据计算机的配置需要耗费一定的时间）：

```
    graph_shape = A.shape
    I = np.eye(graph_shape[0], graph_shape[1])
    A_hat = A + I

    D = np.sum(A_hat, axis= 0)
    D_hat = np.diag(D)
    D_norm = fractional_matrix_power(D_hat, -0.5)        #注意，这里的计算特别消耗时间

    A_norm = D_norm @ A_hat @ D_norm
```

最后生成归一化邻接矩阵的值。

下面就是对数据的切分，由于这里只使用字-词之间关系的邻接矩阵，因此需要将额外的数据提取出来，因此，A_norm 还需要进行如下变换：

```
    A_norm = A_norm[num_words:,:num_words]
```

切割出来的即为需要计算的归一化后的邻接矩阵。

第四步：图卷积模型的建立

图卷积模型的建立代码如下所示：

```
    class Graph:
        def __init__(self):
            self.gcn_dense_1 = tf.keras.layers.Dense(312,activation=tf.nn.relu)
            self.gcn_dense_2 = tf.keras.layers.Dense(2,activation=tf.nn.softmax)
```

```
    def __call__(self, inputs):
        adj_inputs = inputs  #[32,2708]

        embedding = adj_inputs
        embedding = self.gcn_dense_1(embedding) #[32,2708]

        embedding = embedding
        embedding = tf.keras.layers.Dropout(0.3)(embedding)
        logits = self.gcn_dense_2(embedding)

        return logits
```

与上一节类似，这里同样使用了 2 层全连接层作为提取层进行特征的抽取。

第五步：使用图卷积模型进行文本分类训练

使用图卷积模型进行文本分类训练的代码如下：

【程序 5-6】

```
import numpy as np
from tqdm import tqdm
import tensorflow as tf
from scipy.linalg import fractional_matrix_power

labels = []
context = []
vocab = set()
with open("ChnSentiCorp.txt",mode="r",encoding="UTF-8") as emotion_file:
    for line in emotion_file.readlines():
        line = line.strip().split(",")
        labels.append(int(line[0]))

        text = line[1]
        context.append(text)
        for char in text:vocab.add(char)

voacb_list = list(sorted(vocab))    #3508
print(len(voacb_list))

token_list = []
for text in tqdm(context):
    token = [voacb_list.index(char) for char in text]
    token = [101] + token[:79] + [0]*(79 - len(token))
    token_list.append(token)

token_list = np.array(token_list)
labels = np.array(labels)

np.random.seed(17);np.random.shuffle(token_list)
np.random.seed(17);np.random.shuffle(labels)

from GCN import gcn_untils

pmi_model = gcn_untils.PMIModel()
```

```
    pmi_model.fit(token_list, window_size=4)

    embedding_size = 3508
    num_words = len(voacb_list)
    word_graph = gcn_untils.build_word_graph(num_words, pmi_model, embedding_size)
    train_combined_graph =
gcn_untils.build_combined_graph(word_graph,token_list,embedding_size)

    print(word_graph.edge_index)

    X = train_combined_graph.x  #(11273, 312)
    print(X.shape)

    A = np.diag([1.] * train_combined_graph.x.shape[0])  #创建邻接矩阵
    x_edge_index = train_combined_graph.edge_index[0]
    y_edge_index = train_combined_graph.edge_index[1]
    for i, j, weight in zip(x_edge_index,
y_edge_index,train_combined_graph.edge_weight):
        A[i][j] = weight

    print(A.shape)  #(11273, 11273)

    graph_shape = A.shape
    I = np.eye(graph_shape[0], graph_shape[1])
    A_hat = A + I

    D = np.sum(A_hat, axis= 0)
    D_hat = np.diag(D)
    D_norm = fractional_matrix_power(D_hat, -0.5)

    H = X   #因为是邻接与字建立的关系，那么这里的 H 就必须是字本身的 embedding
    A_norm = D_norm @ A_hat @ D_norm

    A = A_norm

    A = A[num_words:,:num_words]


    print(A.shape)


    y = labels
    X = tf.random.shuffle(X,seed=17)
    A = tf.random.shuffle(A,seed=17)
    y = tf.random.shuffle(y,seed=17)

    A_dev = A[-165:]
    y_dev = y[-165:]

    A = A[:7600]
    y = y[:7600]


    class Graph:
       def __init__(self):
```

```
        self.gcn_dense_1 = tf.keras.layers.Dense(312,activation=tf.nn.relu)
        self.gcn_dense_2 = tf.keras.layers.Dense(2,activation=tf.nn.softmax)

    def __call__(self, inputs):
        adj_inputs = inputs

        embedding = adj_inputs
        embedding = self.gcn_dense_1(embedding)

        embedding = embedding
        embedding = tf.keras.layers.Dropout(0.3)(embedding)
        logits = self.gcn_dense_2(embedding)

        return logits

adj_inputs = tf.keras.Input(shape=(3508,))

logits = Graph()(adj_inputs)
model = tf.keras.Model(adj_inputs,logits)
print(model.summary())

model.compile(tf.keras.optimizers.Adam(1e-4),loss=tf.keras.losses.sparse_ca
tegorical_crossentropy,metrics=["accuracy"])
model.fit(x=A,y=y,epochs=50,validation_data=(A_dev,y_dev),shuffle=True)
```

经过 50 次迭代后，数据结果打印如图 5.21 所示。

```
238/238 [==============================] - 1s 3ms/step - loss: 0.0422 - accuracy: 0.9889 - val_loss: 0.7579 - val_accuracy: 0.8061
Epoch 47/50
238/238 [==============================] - 1s 2ms/step - loss: 0.0402 - accuracy: 0.9905 - val_loss: 0.7349 - val_accuracy: 0.8182
Epoch 48/50
238/238 [==============================] - 1s 3ms/step - loss: 0.0387 - accuracy: 0.9891 - val_loss: 0.7594 - val_accuracy: 0.8242
Epoch 49/50
238/238 [==============================] - 1s 3ms/step - loss: 0.0371 - accuracy: 0.9911 - val_loss: 0.7897 - val_accuracy: 0.8182
Epoch 50/50
238/238 [==============================] - 1s 3ms/step - loss: 0.0358 - accuracy: 0.9905 - val_loss: 0.7964 - val_accuracy: 0.8242
```

图 5.21 50 次迭代后的文本分类准确率

从图 5.21 可以看到，经过 50 次迭代后，文本分类在测试集上的准确率达到了 0.8242。

5.3.3 图卷积模型的改进

下面介绍对图卷积模型进行文本分类的改进，共有 3 种改进方法。

1. 改进 1：将节点信息带入图卷积模型计算

在程序 5-6 中可以看到，作为计算的图卷积模型依旧没有考虑节点的特性信息，在这里如果将节点信息带入计算，那么其结果应该如何呢？

```
H = X   #因为是邻接与字建立的关系，所以这里的 H 就必须是字本身的 embedding
A = A_norm @ H
```

使用上面代码段对模型进行修正，经过 50 次迭代后结果打印如图 5.22 所示。

```
238/238 [==============================] - 1s 2ms/step - loss: 0.0535 - accuracy: 0.9804 - val_loss: 2.0413 - val_accuracy: 0.5333
Epoch 47/50
238/238 [==============================] - 1s 2ms/step - loss: 0.0463 - accuracy: 0.9795 - val_loss: 2.2401 - val_accuracy: 0.5394
Epoch 48/50
238/238 [==============================] - 1s 2ms/step - loss: 0.0541 - accuracy: 0.9797 - val_loss: 2.1436 - val_accuracy: 0.5212
Epoch 49/50
238/238 [==============================] - 1s 2ms/step - loss: 0.0533 - accuracy: 0.9796 - val_loss: 2.3556 - val_accuracy: 0.5091
Epoch 50/50
238/238 [==============================] - 1s 3ms/step - loss: 0.0527 - accuracy: 0.9787 - val_loss: 2.5350 - val_accuracy: 0.5273
```

图 5.22　经过 50 次迭代后的文本分类准确率

此次加入节点信息后文本分类结果的准确率下降了，这可能是由于词向量的生成较为简陋，而所有的词向量具有很强的相似性，因此影响了模型的分辨率。

至于改进方法，读者可以参考前面章节中 word embedding 中加载其他已有的预训练词向量进行向量初始化，具体请自行完成。

2. 改进 2：剔除第一个全连接层的激活函数

剔除第一个全连接层的激活函数实际上就是对第一个全连接层做修正，修正后能够达到更加优异的成绩，请读者自行完成。

3. 改进 3：加载字-文本共现频率函数构建邻接矩阵

在程序 5-6 中，为了简化，实际上并没有使用字在文本中的出现频率，即并没有使用 TFIDF 去计算字相对于句子的频率。下面对其进行改进，即使用 TFIDF 的计算值作为字-句子的权重。代码如下所示：

```
def build_combined_graph_freq(word_graph, token_list, embedding_size):
    token_length = len(token_list)
    num_words = len(word_graph.x)
    word_doc_list = {}  #每个 word 在哪些文本中出现过
    word_doc_freq = {}  #每个 word 在所有文本中出现的次数
    doc_word_freq = {}

    for i in range(token_length):
        tokens = token_list[i]
        for tok in tokens:
            doc_word_str = str(i) + "," + str(tok)
            if doc_word_str in doc_word_freq:
                doc_word_freq[doc_word_str] += 1
            else:
                doc_word_freq[doc_word_str] = 1

            if tok in word_doc_freq:
                word_doc_freq[tok] += 1
            else:
                word_doc_freq[tok] = 1

    x = np.zeros([len(token_list), embedding_size])
    edge = []
    edge_weight = []

    for i in range(token_length):
```

```
            tokens = token_list[i]
            doc_word_set = set()
            for tok in tokens:
                if tok in doc_word_set:
                    continue
                key = str(i) + "," + str(tok)
                freq = doc_word_freq[key]

                idf = np.log(1.0 * len(token_list) /
                        word_doc_freq[tok])
                weight = freq * idf
                edge.append([num_words + i, tok])
                edge_weight.append(weight)

                doc_word_set.add(tok)

        edge_index = np.array(edge).T

        x = np.concatenate([word_graph.x, x], axis=0)
        edge_index = np.concatenate([word_graph.edge_index, edge_index], axis=1)
        edge_weight = np.concatenate([word_graph.edge_weight, edge_weight],
axis=0)
        return tfg.Graph(x=x, edge_index=edge_index, edge_weight=edge_weight)
```

此处结果请读者自行替换验证。

5.4　本章小结

本章向读者介绍了另一种文本分类的方法——图卷积，这也是目前自然语言处理一个最前沿的研究方向，不仅使用了文本特征，而且将相互之间的链接带入计算进行处理。本章也演示了图卷积神经网络传播和计算图、图卷积对 Cora 数据集进行文本分类以及图卷积情感分类的例子。在使用图卷积进行处理的时候，如何分配节点和如何建立节点之间的链接是一个非常重要的内容，也是最烦琐的地方。本章只是起了一个抛砖引玉的作用，毕竟图卷积是一个新兴的研究方法，希望读者能够在掌握基本的图卷积模型和数据处理的基础上获得更好的成就。

第 6 章

实战自然语言处理——编码器

本章将要介绍的编码器，通俗来讲就是一个翻译的过程。从技术术语方面，encoder（编码器）的作用是要构造一种能够存储字符（词）的若干个特征的表达方式（虽然这个特征具体是什么我们也不知道，但这样做就行了），如图 6.1 所示。

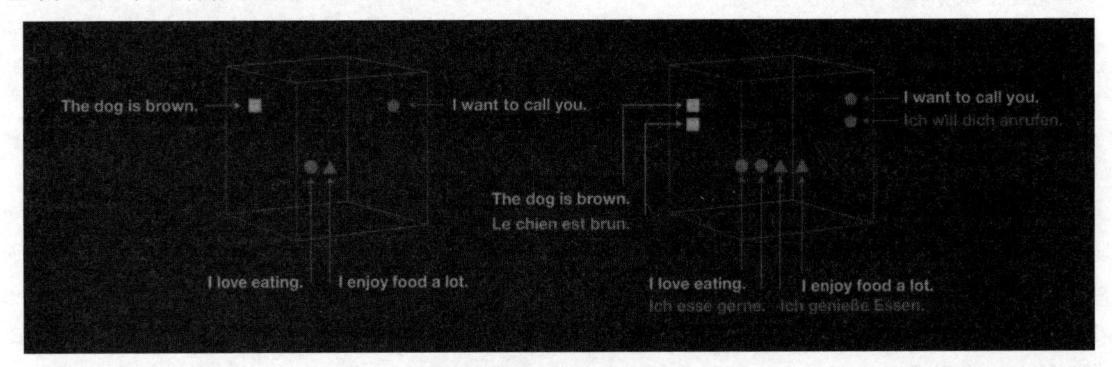

图 6.1　编码器将文本进行投影

本章案例就是编码器的实现，其中涉及的基础理论包括：

- 注意力模型
- transformer 架构
- 多投自注意力
- LayerNormalization

6.1　编码器理论基础

编码器的作用是对输入的字符序列进行编码处理，从而获得特定的词向量结果。为了简便起见，我们直接使用 transformer 的编码器方案，这也是目前最常用的编码器架构方案。编码器的结构如图 6.2 所示。

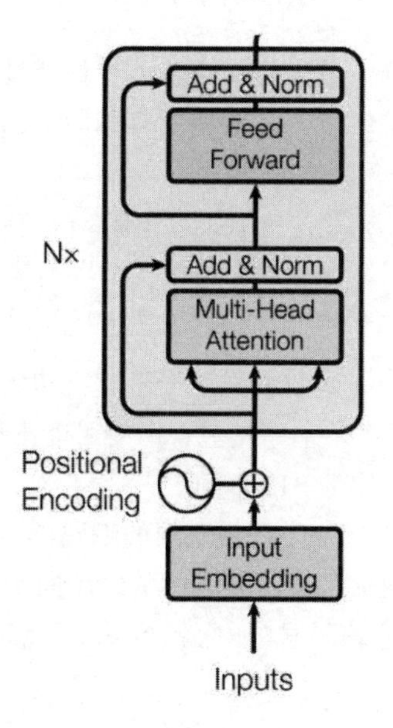

图 6.2　编码器结构示意图

从图 6.2 可见，其编码器的结构是由以下模块构成：

- 初始词向量层（Input Embedding）。
- 位置编码器层（Positional Encoding）。
- 多头自注意力层（Multi-Head Attention）。
- 前馈层（Feed Forward）。

实际上，编码器的构成模块并不具有固定和特定的形式，transformer 的编码器架构是目前最为常用的，因此本章将以此为例。首先介绍编码器的核心内容：注意力模型和架构，并以此为主来对整个编码器进行介绍。

6.1.1　输入层——初始词向量层和位置编码器层

初始词向量层和位置编码器层是数据输入的最初层，作用是将输入的序列通过计算组合成向量矩阵，如图 6.3 所示。

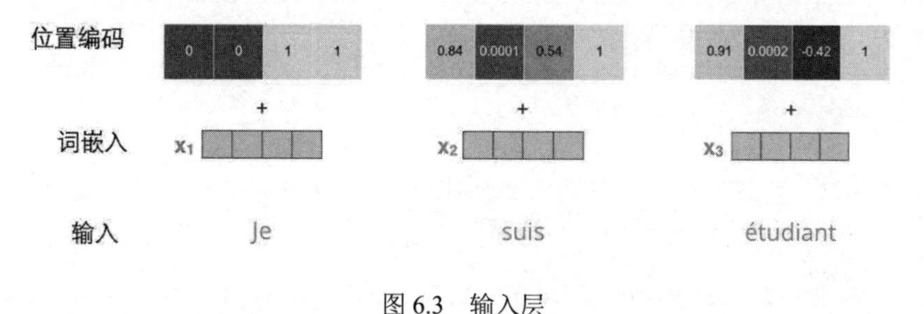

图 6.3　输入层

下面对初始词向量和位置编码器层依次进行讲解。

1. 第一层：初始词向量层

如同大多数的向量构建方法一样，首先将每个输入单词通过词嵌入算法转换为词向量。

其中每个词向量被设定为固定的维度，后面将所有词向量的维度设置为 312，具体代码如下：

```
#请注意代码段的下方代码解释
    word_embedding_table = tf.keras.layers.Embedding(encoder_
vocab_size,embedding_size)
    encoder_embedding = word_embedding_table(inputs)
```

首先使用 tf.keras.layers.Embedding 函数创建了一个随机初始化的向量矩阵，encoder_vocab_size 是字库的个数。一般而言，在编码器中，字库是包含所有可能出现的“字”的集合。embedding_size 用于定义词向量的维度，这里使用通用的 312 即可。

词向量初始化在 TensorFlow 2 中只发生在最底层的编码器中。顺便说一句，所有的编码器都有一个相同的特点，即它们接收一个向量列表，列表中的每个向量大小为 312 维。在底层（最开始）编码器中，它就是词向量，但是在其他编码器中，它就是下一层编码器的输出（也是一个向量列表）。

2. 第二层：位置编码

位置编码是非常重要而又有创新性的结构输入。一般自然语言处理使用的是一个连续的长度序列，因此为了使用输入的顺序信息，需要将序列对应的相对以及绝对位置信息注入模型中。

位置编码和词向量可以设置成同样的维度，都是 312 维，因此两者在计算时可以直接相加。目前，位置编码的具体形式有两种，即可训练的参数形式和直接公式计算后的固定值：

- 通过模型训练所得。
- 根据特定公式计算所得（使用不同频率的 sine 和 cosine 函数直接计算）。

因此，在实际操作中，模型插入位置编码的方式可以设计一个可以随模型训练的层，也可以使用一个计算好的矩阵直接插入序列的位置函数，公式如下：

$$\mathrm{PE}(\mathrm{pos},2i)=\sin(\mathrm{pos}/10000^{2i/d\,\mathrm{model}})$$

$$\mathrm{PE}(\mathrm{pos},2i+1)=\cos(\mathrm{pos}/10000^{2i/d\,\mathrm{model}})$$

序列中任意一个位置都可以用三角函数表示，pos 是输入序列的最大长度，i 是序列中依次的各个位置，d_{model} 是设定的与词向量相同的位置 312，具体代码如下：

```
def positional_encoding(position=512, d_model=embedding_size):
    def get_angles(pos, i, d_model):
        angle_rates = 1 / np.power(10000, (2 * (i // 2)) / np.float32(d_model))
        return pos * angle_rates

    angle_rads = get_angles(np.arange(position)[:, np.newaxis],
np.arange(d_model)[np.newaxis, :], d_model)

    angle_rads[:, 0::2] = np.sin(angle_rads[:, 0::2])
```

```
    angle_rads[:, 1::2] = np.cos(angle_rads[:, 1::2])

    pos_encoding = angle_rads[np.newaxis, ...]

    return tf.cast(pos_encoding, dtype=tf.float32)
```

这种位置编码函数的写法有些过于复杂，读者直接使用即可。那么最终将词向量矩阵和位置编码组合如图 6.4 所示。

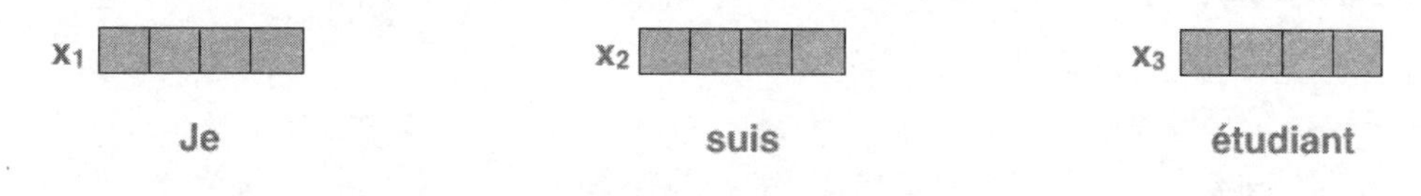

图 6.4　初始词向量

6.1.2　自注意力层

自注意力层不仅是本节的重点，而且是本书的重要内容（然而实际上它非常简单）。

注意力层是使用注意力机制构建的、能够脱离距离的限制建立相互关系的一种计算机制。注意力机制最早是在视觉图像领域提出来的，来自于 2014 年“谷歌大脑”团队的论文“Recurrent Models of Visual Attention”，其在 RNN 模型上使用了注意力机制进行图像分类。

随后，Bahdanau 等人在论文“Neural Machine Translation by Jointly Learning to Align and Translate”中使用类似注意力的机制，在机器翻译任务上同时进行翻译和对齐，实际上是第一个将注意力机制应用到 NLP 领域中。

接下来，注意力机制被广泛应用在基于 RNN/CNN 等神经网络模型的各种 NLP 任务中。2017 年，Google 机器翻译团队发表的“Attention is all you need”中大量使用了自注意力（Self-Attention）机制来学习文本表示。自注意力机制也成为大家近期研究的热点，并在各种自然语言处理任务中进行探索。

自然语言中的自注意力机制通常指的是不使用其他额外的信息，仅仅使用自我注意力的形式关注本身，进而从句子中抽取相关信息。自注意力又称作内部注意力，它在很多任务上都有十分出色的表现，比如阅读理解、文本继承、自动文本摘要等。

下面我们介绍自注意力机制。

本章的学习建议是：读者第一次先通读一遍，等完整阅读完本章后，结合实战代码部分重新阅读 2 遍以上。

第一步：自注意力中的 query、key 和 value

自注意力机制是进行自我关注从而抽取相关信息的机制。从具体实现上来看，注意力函数的本质可以被描述为一个查询（Query）到一系列键-值对的映射，它们被作为一种抽象的向量，主要目的是用来进行计算和辅助自注意力，如图 6.5 所示。

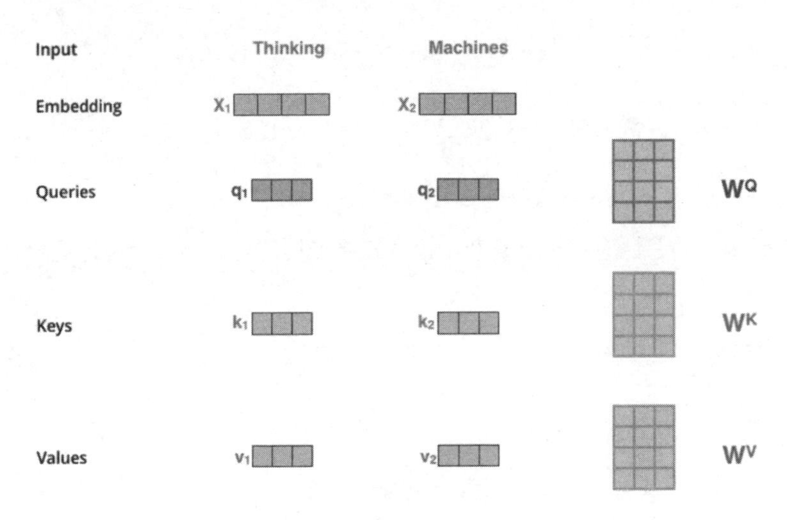

图 6.5　自注意力机制

一个单词 Thinking 经过向量初始化后，经过 3 个不同全连接层重新计算后获取特定维度的值，即看到的 q_1，而 q_2 的来历也是如此。对单词 Machines 经过 Embedding 向量初始化后，经过与上一个单词相同的全连接层计算，之后依次将 q_1 和 q_2 连接起来，组成一个新的连接后的二维矩阵 W^Q，被定义成 Query。

```
WQ= concat([q1, q2],axis = 0)
```

由于是“自注意力机制”，Key 和 Value 的值与 Query 相同（仅在自注意力架构中，Query、Key、Value 的值相同，如图 6.6 所示）。

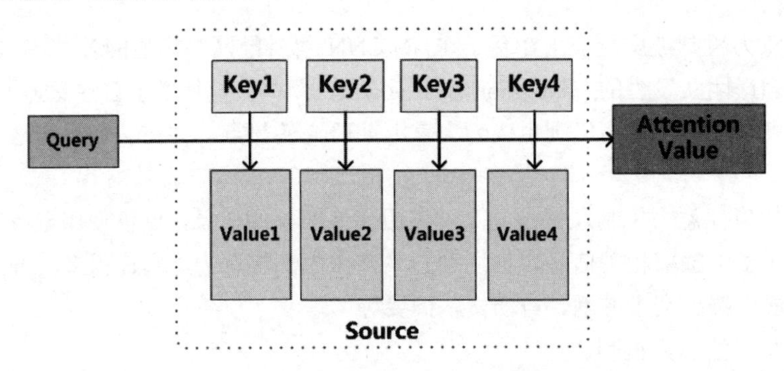

图 6.6　自注意力机制

第二步：　使用 Query、Key 和 Value 计算自注意力的值

下面使用 Query、Key 和 Value 计算自注意力的值，其过程如下：

（1）将 Query 和每个 Key 进行相似度计算得到权重，常用的相似度函数有点积、拼接、感知机等，这里使用的是点积计算，如图 6.7 所示。

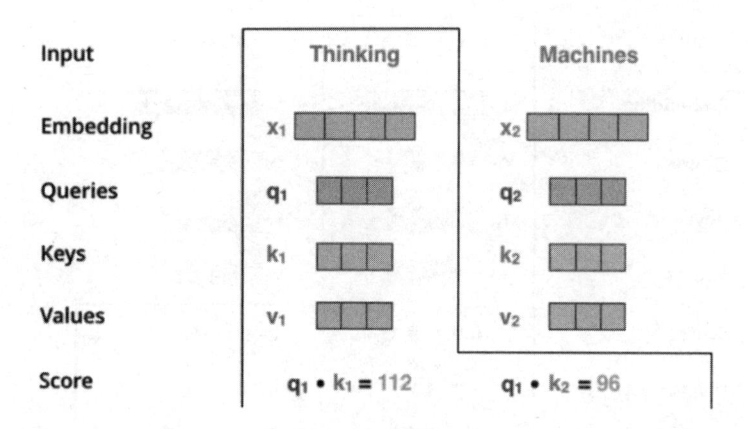

图 6.7　点积计算

（2）使用一个 softmax 函数对这些权重进行归一化。

softmax 函数的作用是计算不同输入之间的权重“分数”，又称为权重系数。例如，正在考虑 Thinking 这个词，就用它的 q_1 去乘以每个位置的 k_1，随后将得分加以处理，再传递给 softmax，然后通过 softmax 计算，其目的是使分数归一化（见图 6.8）。

这个 softmax 计算分数决定了每个单词

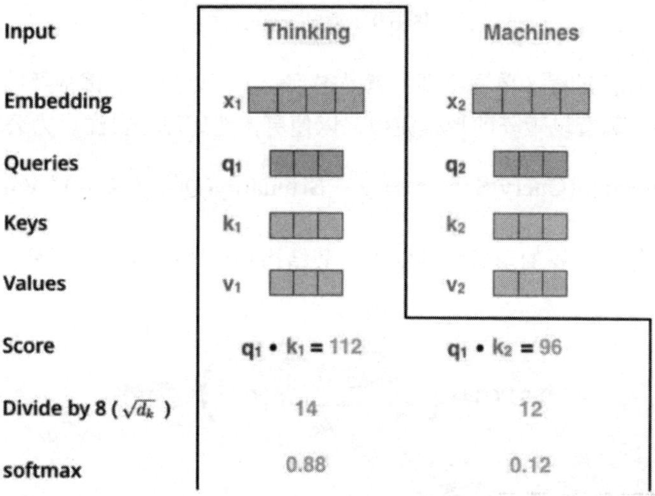

Input　Thinking　Machines
Embedding　x1　x2
Queries　q1　q2
Keys　k1　k2
Values　v1　v2
Score　q1 • k1 = 112　q1 • k2 = 96
Divide by 8 ($\sqrt{d_k}$)　14　12
softmax　0.88　0.12

图 6.8　使用 softmax 函数

softmax 的分数决定了当前单词在每个句子中每个单词位置的表示程度。很明显，当前单词对应句子中此单词所在位置的 softmax 的分数最高，但是，有时 attention 机制也能关注到此单词外的其他单词。

（3）每个 Value 向量乘以 softmax 后的得分（见图 6.9）。

最后一步为累加计算相关向量。这会在此位置产生 Self-Attention 层的输出（对于第一个单词），即最后将权重和相应的键值 Value 进行加权求和，得到最后的注意力值。

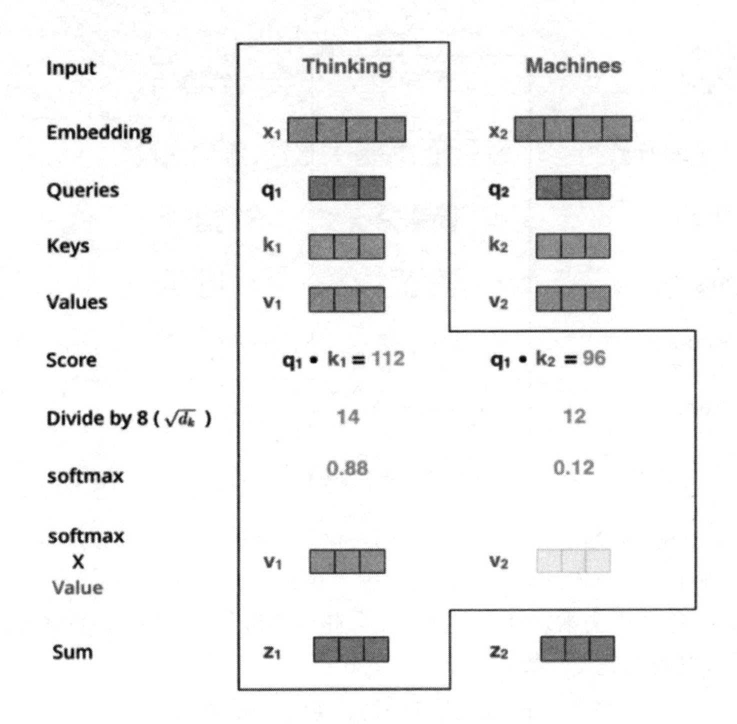

图 6.9 乘以 softmax

总结自注意力的计算过程（单词级别）就是得到一个可以放到前馈神经网络的向量。然而在实际的实现过程中，该计算会以矩阵的形式完成，以便更快地处理。自注意力公式如下：

$$\text{Attention}(\text{Query},\text{Source}) = \sum_{i=1}^{Lx} \text{Similarity}(\text{Query},\text{Key}_i) * \text{Value}_i$$

换成更为通用的矩阵点积的形式将其实现，其结构和形式如图 6.10 所示。

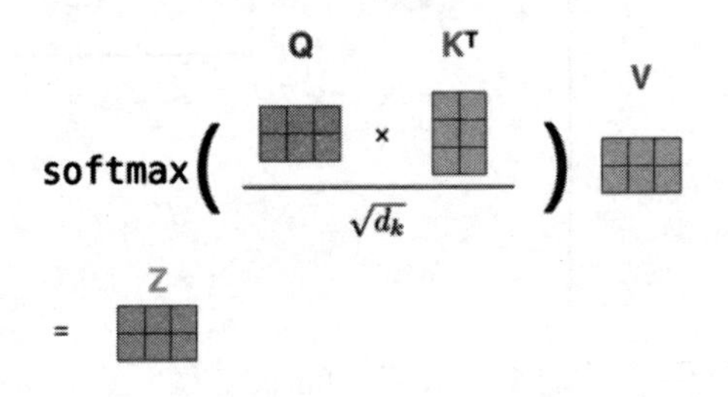

图 6.10 矩阵点积

第三步：自注意力计算的代码实现

实际上通过前面两步的讲解，自注意力模型的基本架构其实并不复杂，基本代码如下（仅供演示）：

【程序 6-1】

```
import tensorflow as tf

#创建一个输入 embedding 值
```

```
input_embedding = tf.keras.Input(shape=[32,312])

#对输入的 input_embedding 进行修正，这里进行了简写
query = tf.keras.layers.Dense(312)(input_embedding)
key = tf.keras.layers.Dense(312)(input_embedding)
value = tf.keras.layers.Dense(312)(input_embedding)

#计算 query 与 key 之间的权重系数
attention_prob = tf.matmul(query,key,transpose_b=True)

#使用 softmax 对权重系数进行归一化计算
attention_prob = tf.nn.softmax(attention_prob)

#计算权重系数与 value 的值从而获取注意力值
attention_score = tf.matmul(attention_prob,value)

print(attention_score)
```

核心代码实现起来很简单，这里读者只需掌握这些核心代码即可。

换个角度，从概念上对注意力机制进行解释，注意力机制可以理解为从大量信息中有选择地筛选出少量重要信息，并聚焦到这些重要信息上，忽略大多不重要的信息，这种思路仍然成立。聚焦的过程体现在权重系数的计算上，权重越大，越聚焦于其对应的 Value 值上，即权重代表了信息的重要性，而权重与 Value 的点积是其对应的最终信息。

完整的代码如下：

【程序 6-2】

```
class Attention(tf.keras.layers.Layer):
    def __init__(self,embedding_size = 312):
        self.embedding_size = embedding_size
        super(Attention, self).__init__()

    def build(self, input_shape):
        self.dense_query = 
tf.keras.layers.Dense(units=self.embedding_size,activation=tf.nn.relu)
        self.dense_key = 
tf.keras.layers.Dense(units=self.embedding_size,activation=tf.nn.relu)
        self.dense_value = 
tf.keras.layers.Dense(units=self.embedding_size,activation=tf.nn.relu)

        self.layer_norm = tf.keras.layers.LayerNormalization() 
#LayerNormalization 层在下一节中会介绍
        super(Attention, self).build(input_shape)  #一定要在最后调用它

    def call(self, inputs):
        query,key,value,mask = inputs#输入的 query、key、value 值，mask 是“掩模层”
        shape = tf.shape(query)

        query_dense = self.dense_query(query)
        key_dense = self.dense_query(key)
        value_dense = self.dense_query(value)

        attention = tf.matmul(query_dense,key_dense,transpose_b=True)/
```

```
tf.math.sqrt(tf.cast(embedding_size,tf.float32))    #计算出的 query 与 key 的点积还需要
除以一个常数

        attention += mask*-1e9   #在自注意力权重基础上加上掩模值
        attention = tf.nn.softmax(attention)

        attention = tf.keras.layers.Dropout(0.1)(attention)
        attention = tf.matmul(attention,value_dense)

        attention = self.layer_norm((attention + query)) #LayerNormalization
层在下一节中会介绍

        return attention
```

具体结果请读者自行打印查阅。

6.1.3 ticks 和 LayerNormalization

上一节通过 TensorFlow 2.X 自定义层的形式编写了注意力模型的代码。但是与自定义编写的代码不同的是，在正式的自注意力层中还额外加入了 mask 值，即掩码层。掩码层的作用就是获取输入序列的“有意义的值”，而忽视本身用作填充或填充序列的值。一般用 0 表示有意义的值，用 1 表示填充值（这点并不固定，0 和 1 的意思可以互换）。

```
[2,3,4,5,5,4,0,0,0] -> [0,0,0,0,0,0,1,1,1]
```

掩码计算的代码如下所示：

```
def create_padding_mark(seq):
    #获取为 0 的 padding 项
    seq = tf.cast(tf.math.equal(seq, 0), tf.float32)

    #扩充维度以便用于 attention 矩阵
    return seq[:, np.newaxis, np.newaxis, :] #(batch_size,1,1,seq_len)
```

此外，计算出的 Query 与 Key 的点积还需要除以一个常数，其作用是缩小点积的值，方便进行 softmax 计算。这常常被称为 ticks，即采用一点点小的技巧使得模型训练能够更加准确和便捷。LayerNormalization 函数也是如此。下面对其详细介绍。

LayerNormalization 函数是专门用作对序列进行整形的函数，其目的是为了防止字符序列在计算过程中发散，从而使得神经网络在拟合的过程中受到影响。TensorFlow 2 中对 LayerNormalization 的使用准备高级 API，调用如下：

```
layer_norm = tf.keras.layers.LayerNormalization()#调用 LayerNormalization 函数
embedding = layer_norm(embedding)   #使用 layer_norm 对输入数据进行处理
```

图 6.11 展示 LayerNormalization 函数与 BatchNormalization 函数的不同，可以看到，BatchNormalization 是对一个 batch 中不同序列中处于同一位置的数据进行归一化计算，而 LayerNormalization 是对同一序列中不同位置的数据进行归一化处理。

有兴趣的读者可以查找相关资料展开学习，这里就不再过多阐述了。

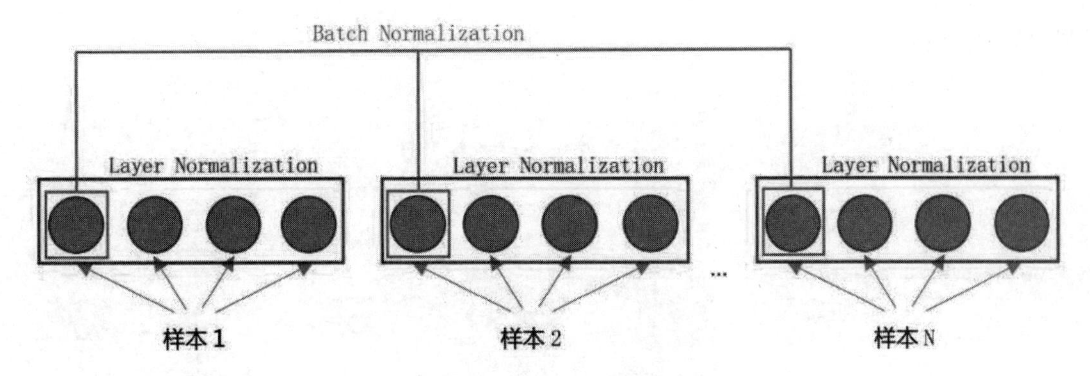

图 6.11　LayerNormalization 函数与 BatchNormalization 的不同

6.1.4　多头自注意力

6.1.2 小节的最后，我们实现了使用 TensorFlow 2.X 自定义层编写了自注意力模型。从中可以看到，除了使用自注意力核心模型以外，还额外加入了掩码层和点积的除法运算，以及为了整形所使用的 LayerNormalization 函数。实际上，这些都是为了使得整体模型在训练时更加简易和便捷而做出的优化。

前面无论是“掩码”计算、“点积”计算还是使用 LayerNormalization 函数，都是在一些细枝末节上进行修补，那么有没有可能对注意力模型做一个比较大的结构调整，能够更加适应模型的训练？

本小节将在此基础上介绍一种比较大型的 ticks，即多头自注意力结构，在原始的自注意力模型的基础上做出了较大的优化。

多头自注意力结构如图 6.12 所示，Query、Key、Value 首先经过线性变换，之后计算相互之间的注意力值。相对于原始自注意力计算方法，注意这里的计算要做 h 次（h 为“头”的数目），其实也就是所谓的多头，每一次算一个头。而每次 Query、Key、Value 进行线性变换的参数 W 是不一样的。

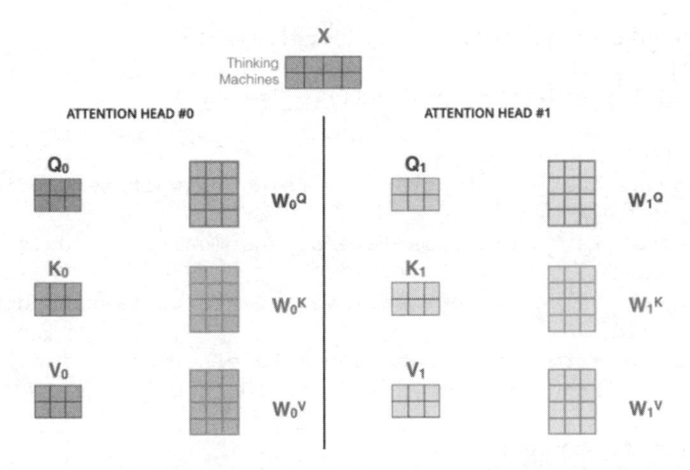

图 6.12　多头注意力（Multi-head attention）结构

将 h 次放缩点积注意力值的结果进行拼接，再进行一次线性变换，得到的值作为多头注意力的结果，如图 6.13 所示。

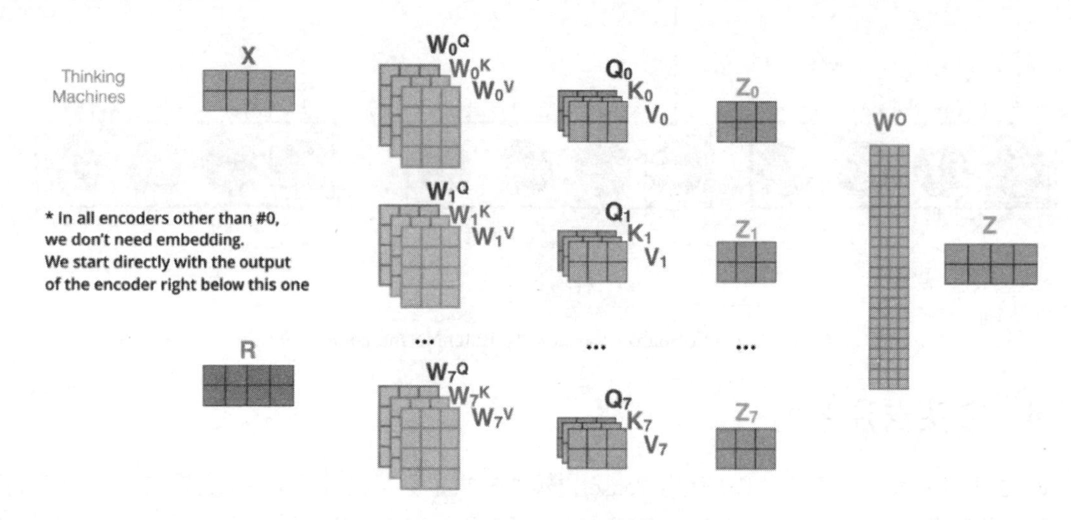

图 6.13　多头注意力的结果

从图 6.13 可以看到，这样计算得到的多头注意力值的不同之处在于进行了 h 次计算，而不仅仅计算一次，好处是可以允许模型在不同的表示子空间中学习到相关的信息，并且相对于单独的注意力模型的计算复杂度，多头模型的计算复杂度被大大降低了。拆分多头模型的代码如下：

```
def splite_tensor(tensor):
    shape = tf.shape(tensor)
    tensor = tf.reshape(tensor, shape=[shape[0], -1, n_head, embedding_size //
n_head])
    tensor = tf.transpose(tensor, perm=[0, 2, 1, 3])
    return tensor
```

在此基础上，可以对注意力模型进行修正，新的多头注意力层代码如下：

【程序 6-3】

```
class MultiHeadAttention(tf.keras.layers.Layer):
    def __init__(self):
        super(MultiHeadAttention, self).__init__()

    def build(self, input_shape):
        self.dense_query = tf.keras.layers.Dense(units=embedding_size,
activation=tf.nn.relu)
        self.dense_key = tf.keras.layers.Dense(units=embedding_size,
activation=tf.nn.relu)
        self.dense_value = tf.keras.layers.Dense(units=embedding_size,
activation=tf.nn.relu)
        self.layer_norm = tf.keras.layers.LayerNormalization()
        super(MultiHeadAttention, self).build(input_shape)  #一定要在最后调用它

    def call(self, inputs):
        query,key,value,mask = inputs
        shape = tf.shape(query)

        query_dense = self.dense_query(query)
```

```
        key_dense = self.dense_query(key)
        value_dense = self.dense_query(value)

        query_dense = splite_tensor(query_dense)
        key_dense = splite_tensor(key_dense)
        value_dense = splite_tensor(value_dense)

        attention = tf.matmul(query_dense,key_dense,transpose_b=True)/
tf.math.sqrt(tf.cast(embedding_size,tf.float32))

        attention += mask*-1e9
        attention = tf.nn.softmax(attention)

        attention = tf.keras.layers.Dropout(0.1)(attention)
        attention = tf.matmul(attention,value_dense)

        attention = tf.transpose(attention,[0,2,1,3])
        attention = tf.reshape(attention,[shape[0],shape[1],embedding_size])

        attention = self.layer_norm((attention + query))

        return attention
```

相比较单一的注意力模型，多头注意力模型能够简化计算，并且在更多维的空间对数据进行整合。最新的研究表明，使用“多头”注意力模型，每个“头”所关注的内容并不一致，有的“头”关注相邻之间的序列，而有的“头”会关注更远处的单词。

图 6.14 展示了一个 8 头注意力模型的架构，具体请读者自行实现。

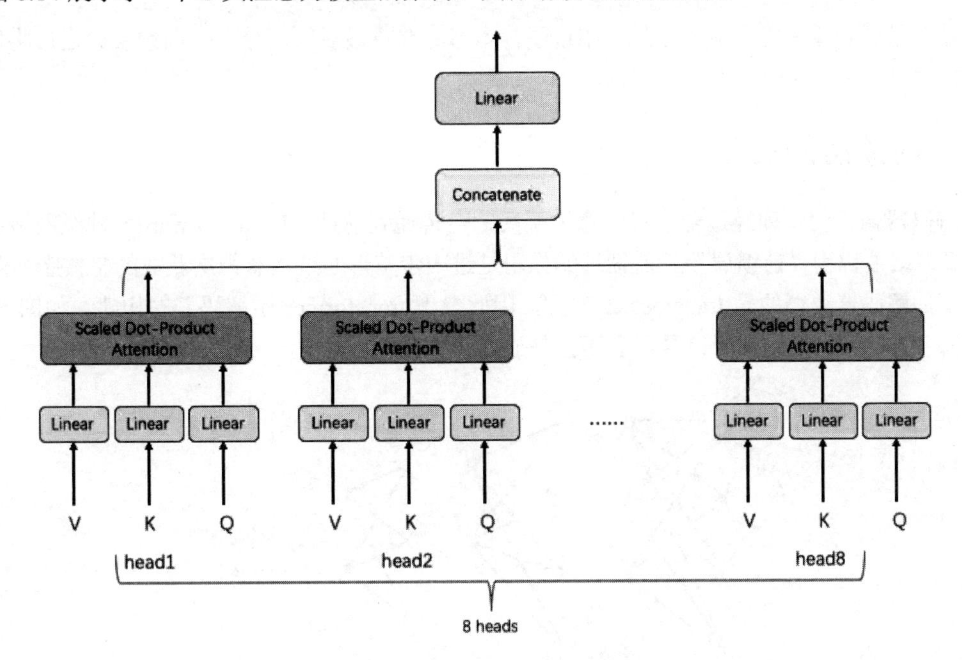

图 6.14　8 头注意力模型架构

6.2 案例实战：简单的编码器

在前面的章节中，我们对编码器的核心部件——注意力模型做了介绍，并且也对输入端的词嵌入初始化方法和位置编码做了介绍。本章将使用 transformer 的编码器方案去构建，这是目前最常用的架构方案。

从图 6.15 可以看到，一个编码器的构造分成三部分：初始向量层、注意力层和前馈层。

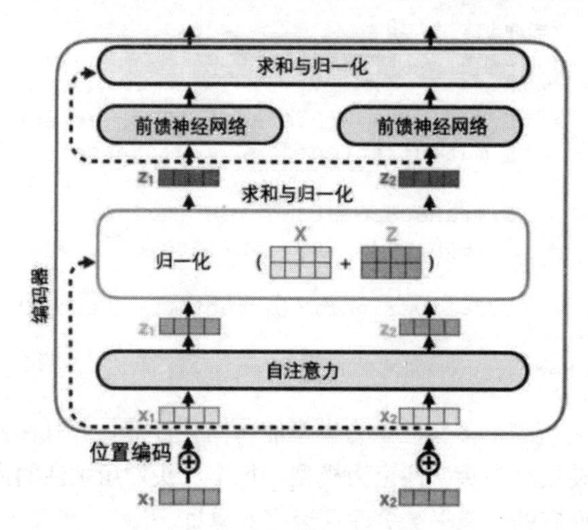

图 6.15 编码器的构造

初始向量层和注意力层前面已经介绍过了，本节将介绍最后一部分——前馈层。之后将使用这三部分构建出本书所使用的编码器架构。

6.2.1 前馈层的实现

从编码器输入的序列经过一个自注意力层后，会传递到前馈（Feed Forward）神经网络中，这一层神经网络被称为“前馈层”。前馈层的作用是进一步整形通过注意力层获取的整体序列向量。

本书的解码器遵循的是 transformer 架构，因此参考 transformer 中解码器的构建，如图 6.16 所示。相信读者看到图一定会很诧异，会不会是放错了？并没有。

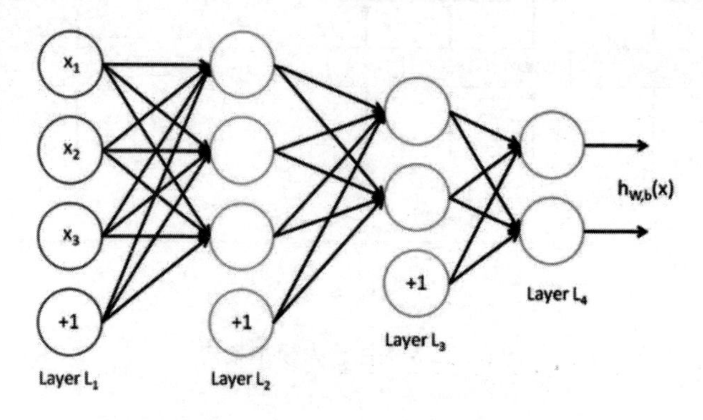

图 6.16 transformer 中解码器的构建

所谓“前馈神经网络”，实际上就是加载了激活函数的全连接层神经网络（或者使用一维卷积实现的神经网络，这一点不在此处介绍）。

既然了解了前馈神经网络，其实现方法也很简单，代码如下：

【程序 6-4】

```
    class FeedForWard(tf.keras.layers.Layer):
        def __init__(self):
            super(FeedForWard, self).__init__()

        def build(self, input_shape):
            #两个全连接层实现前馈神经网络
            self.dense_1 = tf.keras.layers.Dense(embedding_size*4,
activation=tf.nn.relu)
            self.dense_2 = tf.keras.layers.Dense(embedding_size,
activation=tf.nn.relu)
            self.layer_norm = tf.keras.layers.LayerNormalization()
            super(FeedForWard, self).build(input_shape)  #一定要在最后调用它

        def call(self, inputs):
            output = self.dense_1(inputs)
            output = self.dense_2(output)
            output = tf.keras.layers.Dropout(0.1)(output)
            output = self.layer_norm((inputs + output))
            return output
```

代码很简单，需要提醒读者的是，在上文中使用了两个全连接神经实现“前馈神经网络”，然而实际上为了减少参数，减轻运行负担，可以使用一维卷积或者“空洞卷积”替代全连接层来实现前馈神经网络。使用一维卷积实现的前馈神经网络如下：

```
    class FeedForWard(tf.keras.layers.Layer):
        def __init__(self):
            super(FeedForWard, self).__init__()

        def build(self, input_shape):
            self.conv_1 = tf.keras.layers.Conv1D(filters=embedding_size*4,
kernel_size=1,activation=tf.nn.relu)
            self.conv_2 = tf.keras.layers.Conv1D(filters=embedding_size,
kernel_size=1,activation=tf.nn.relu)
            self.layer_norm = tf.keras.layers.LayerNormalization()
            super(FeedForWard, self).build(input_shape)  #一定要在最后调用它

        def call(self, inputs):
            output = self.conv_1(inputs)
            output = self.conv_2(output)
            output = tf.keras.layers.Dropout(0.1)(output)
            output = self.layer_norm((inputs + output))
            return output
```

6.2.2 编码器的实现

经过前面的分析可以看到，实现一个 transformer 架构的编码器并不困难，只需要按架构依次将

其组合在一起即可。下面按照步骤提供代码，读者可参考注释。

（1）引入包，设置超参数

```
#引入 Python 包
import tensorflow as tf
import numpy as np
#设定超参数，设置 embedding 的大小为 312，头的个数为 8
embedding_size = 312
n_head = 8
```

（2）拆分头函数

```
#拆分头函数
def splite_tensor(tensor):
    shape = tf.shape(tensor)
    tensor = tf.reshape(tensor, shape=[shape[0], -1, n_head, embedding_size //
n_head])
    tensor = tf.transpose(tensor, perm=[0, 2, 1, 3])
    return tensor
```

（3）位置编码

```
#位置编码函数
def positional_encoding(position=512, d_model=embedding_size):
    def get_angles(pos, i, d_model):
        angle_rates = 1 / np.power(10000, (2 * (i // 2)) / np.float32(d_model))
        return pos * angle_rates

    angle_rads = get_angles(np.arange(position)[:, np.newaxis],
np.arange(d_model)[np.newaxis, :], d_model)

    #apply sin to even indices in the array; 2i
    angle_rads[:, 0::2] = np.sin(angle_rads[:, 0::2])

    #apply cos to odd indices in the array; 2i+1
    angle_rads[:, 1::2] = np.cos(angle_rads[:, 1::2])

    pos_encoding = angle_rads[np.newaxis, ...]

    return tf.cast(pos_encoding, dtype=tf.float32)
```

（4）掩码

```
#创建掩码函数
def create_padding_mask(seq):
    seq = tf.cast(tf.math.equal(seq, 0), tf.float32)

    #add extra dimensions to add the padding
    #to the attention logits.
    return seq[:, tf.newaxis, tf.newaxis, :]  #(batch_size, 1, 1, seq_len)
```

（5）多头注意力层

```
#多头注意力层
class MultiHeadAttention(tf.keras.layers.Layer):
```

```
    def __init__(self):
        super(MultiHeadAttention, self).__init__()

    def build(self, input_shape):
        self.dense_query = tf.keras.layers.Dense(units=embedding_size,
activation=tf.nn.relu)
        self.dense_key = tf.keras.layers.Dense(units=embedding_size,
activation=tf.nn.relu)
        self.dense_value = tf.keras.layers.Dense(units=embedding_size,
activation=tf.nn.relu)
        self.layer_norm = tf.keras.layers.LayerNormalization()
        super(MultiHeadAttention, self).build(input_shape)  #一定要在最后调用它

    def call(self, inputs):
        query,key,value,mask = inputs
        shape = tf.shape(query)

        query_dense = self.dense_query(query)
        key_dense = self.dense_query(key)
        value_dense = self.dense_query(value)

        query_dense = splite_tensor(query_dense)
        key_dense = splite_tensor(key_dense)
        value_dense = splite_tensor(value_dense)

        attention = tf.matmul(query_dense,key_dense,transpose_b=True)/
tf.math.sqrt(tf.cast(embedding_size,tf.float32))

        attention += mask*-1e9
        attention = tf.nn.softmax(attention)

        attention = tf.keras.layers.Dropout(0.1)(attention)
        attention = tf.matmul(attention,value_dense)

        attention = tf.transpose(attention,[0,2,1,3])
        attention = tf.reshape(attention,[shape[0],shape[1],embedding_size])
        attention = self.layer_norm((attention + query))

        return attention
```

（6）前馈层

```
#编码器的实现
#创建前馈层
class FeedForWard(tf.keras.layers.Layer):
    def __init__(self):
        super(FeedForWard, self).__init__()

    def build(self, input_shape):
        self.conv_1 = tf.keras.layers.Conv1D(filters=embedding_size*4,
kernel_size=1,activation=tf.nn.relu)
        self.conv_2 = tf.keras.layers.Conv1D(filters=embedding_size,
kernel_size=1,activation=tf.nn.relu)
        self.layer_norm = tf.keras.layers.LayerNormalization()
        super(FeedForWard, self).build(input_shape)  #一定要在最后调用它
```

```
    def call(self, inputs):
        output = self.conv_1(inputs)
        output = self.conv_2(output)
        output = tf.keras.layers.Dropout(0.1)(output)
        output = self.layer_norm((inputs + output))
        return output
```

（7）编码器

```
class Encoder(tf.keras.layers.Layer):
    #参数设置了输入字库的个数和输出字库的个数，这是为了实战演示使用，在做测试时可将其设置成
一个大小相同的常数即可，例如都设成 1024
    def __init__(self,encoder_vocab_size,target_vocab_size):
        super(Encoder, self).__init__()
        self.encoder_vocab_size = encoder_vocab_size
        self.target_vocab_size = target_vocab_size
        self.word_embedding_table =
tf.keras.layers.Embedding(encoder_vocab_size,embedding_size)
        self.position_embedding = positional_encoding()

    def build(self, input_shape):
        self.multiHeadAttention = MultiHeadAttention()
        self.feedForWard = FeedForWard()
        self.last_dense = tf.keras.layers.Dense(units=self.target_vocab_size,
activation=tf.nn.softmax)  #分类器的作用在下一节介绍
        super(Encoder, self).build(input_shape)  #一定要在最后调用它

    def call(self, inputs):
        encoder_embedding = self.word_embedding_table(inputs)
        position_embedding =
tf.slice(self.position_embedding,[0,0,0],[1,tf.shape(inputs)[1],-1])
        encoder_embedding = encoder_embedding + position_embedding
        encoder_mask = create_padding_mask(inputs)
        encoder_embedding =
self.multiHeadAttention([encoder_embedding,encoder_embedding,encoder_embedding,
encoder_mask])
        encoder_embedding = self.feedForWard(encoder_embedding)

        output = self.last_dense(encoder_embedding) #分类器的作用在下一节介绍
        return output
```

对代码进行测试也很简单，只需要创建一个虚拟输入函数，即可打印出模型架构和参数，代码如下：

```
encoder_input = tf.keras.Input(shape=(48,))
output = Encoder(1024,1024)(encoder_input)
model = tf.keras.Model(encoder_input,output)
print(model.summary())
```

这里设置了输入字库的个数和输出字库的个数，均为常数 1024，打印结果如图 6.17 所示。可以看到，真正实现一个编码器，从理论和架构上来说并不困难，只需要细心即可。

```
Model: "model"
_________________________________________________________________
Layer (type)                 Output Shape              Param #
=================================================================
input_1 (InputLayer)         [(None, 48)]              0
_________________________________________________________________
encoder (Encoder)            (None, 48, 2048)          1839728
=================================================================
Total params: 1,839,728
Trainable params: 1,839,728
Non-trainable params: 0
_________________________________________________________________
None
```

图 6.17　打印结果

6.3　案例实战：汉字拼音转化模型

本节将结合前面两节的内容使用编码器完成一个训练——汉字与拼音的转化，类似图 6.18 所示的效果。

图 6.18　拼音和汉字

6.3.1　汉字拼音数据集处理

首先是数据集的准备和处理，在本例中准备了 15 万条汉字和拼音对应的数据。

第一步：数据集展示

汉字拼音数据集如下所示：

A11_0 lv4 shi4 yang2 chun1 yan1 jing3 da4 kuai4 wen2 zhang1 de di3 se4 si4 yue4 de lin2 luan2 geng4 shi4 lv4 de2 xian1 huo2 xiu4 mei4 shi1 yi4 ang4 ran2 绿 是 阳 春 烟 景 大 块 文 章 的 底 色 四 月 的 林 峦 更 是 绿 得 鲜 活 秀 媚 诗 意 盎 然

A11_1 ta1 jin3 ping2 yao1 bu4 de li4 liang4 zai4 yong3 dao4 shang4 xia4 fan1 teng2 yong3 dong4 she2 xing2 zhuang4 ru2 hai3 tun2 yi1 zhi2 yi3 yi1 tou2 de you1 shi4 ling3 xian1 他 仅 凭 腰 部 的 力 量 在 泳 道 上 下 翻 腾 蛹 动 蛇 行 状 如 海 豚 一 直 以 一 头 的 优 势 领 先

A11_10 pao4 yan3 da3 hao3 le zha4 yao4 zen3 me zhuang1 yue4 zheng4 cai2 yao3 le yao3 ya2 shu1 de tuo1 qu4 yi1 fu2 guang1 bang3 zi chong1 jin4 le shui3 cuan4 dong4 炮 眼 打 好 了 炸 药 怎 么 装 岳 正 才 咬 了 咬 牙 倏 地 脱 去 衣 服 光 膀 子 冲 进 了 水 窜 洞

A11_100 ke3 shei2 zhi1 wen2 wan2 hou4 ta1 yi1 zhao4 jing4 zi zhi3 jian4 zuo3 xia4 yan3 jian3 de xian4 you4 cu1 you4 hei1 yu3 you4 ce4 ming2 xian3 bu4 dui4 cheng1 可 谁 知 纹 完 后 她 一 照 镜 子 只 见 左 下 眼 睑 的 线 又 粗 又 黑 与 右 侧 明 显 不 对 称

简单做一下介绍。数据集中的数据分成 3 部分，每部分使用特定空格键隔开：

A11_10 … … … ke3 shei2 … … …可 谁 … … …

- 第一部分 A11_i 为序号，表示了序列的条数和行号。
- 其次是拼音编号，这里使用的是汉语拼音，而与真实的拼音标注不同的是去除了拼音原始标注，而使用数字 1、2、3、4 做替代，分别代表当前读音的第一声到第四声。
- 最后一部分是汉字的序列，这里是与第二部分的拼音部分一一对应。

第二步：获取字库和训练数据

获取数据集中字库的个数是一个非常重要的问题，一个非常好的办法是：使用 set 格式的数据读取全部字库中的不同字符。

创建字库和训练数据的完整代码如下：

```
with open("zh.tsv", errors="ignore", encoding="UTF-8") as f:
    context = f.readlines()                                  #读取内容
    for line in context:
        line = line.strip().split("  ")                      #切分每行中的不同部分
        pinyin = ["GO"] + line[1].split(" ") + ["END"]   #处理拼音部分，在头尾加上起止符号
hanzi = ["GO"] + line[2].split(" ") + ["END"]        #处理汉字部分，在头尾加上起止符号
        for _pinyin, _hanzi in zip(pinyin, hanzi):   #创建字库
            pinyin_vocab.add(_pinyin)
hanzi_vocab.add(_hanzi)

        pinyin_list.append(pinyin)                       #创建拼音列表
hanzi_list.append(hanzi)                                 #创建汉字列表
```

这里做一个说明，首先 context 读取了全部数据集中的内容，之后根据空格将其划分 3 部分。对

于拼音和汉字部分，将其转化成一个序列，并在前后分别加上起止符 GO 和 END。这实际上可以不用加，为了明确地描述起止关系，从而加上起止标注。

然后，还需要加上一个特定符号 PAD，这是为了对单行序列进行填充，最终的数据如下：

```
['GO', 'liu2', 'yong3' , ……… , 'gan1', ' END', 'PAD', 'PAD' , ………]
['GO', '柳', '永' , ……… , '感', ' END', 'PAD', 'PAD' , ………]
```

pinyin_list 和 hanzi_list 分别是两个列表，分别用来存放对应的拼音和汉字训练数据。最后不要忘记在字库中加上 PAD 符号。

```
pinyin_vocab = ["PAD"] + list(sorted(pinyin_vocab))
hanzi_vocab = ["PAD"] + list(sorted(hanzi_vocab))
```

第三步：根据字库生成 Token 数据

获取的拼音标注和汉字标注的训练数据并不能直接用于模型训练，模型需要转化成 token 的一系列数字列表，代码如下：

```
def get_dataset():
    pinyin_tokens_ids = []        #新的拼音 token 列表
    hanzi_tokens_ids = []         #新的汉字 token 列表

    for pinyin,hanzi in zip(tqdm(pinyin_list),hanzi_list):
    #获取新的拼音 token
        pinyin_tokens_ids.append([pinyin_vocab.index(char) for char in pinyin])

    #获取新的汉字 token
        hanzi_tokens_ids.append([hanzi_vocab.index(char) for char in hanzi])


    return pinyin_vocab,hanzi_vocab,pinyin_tokens_ids,hanzi_tokens_ids
```

代码中创建了两个新的列表，分别对拼音和汉字的 token 进行存储，而获取根据字库序号编号后新的序列 token。

6.3.2 汉字拼音转化模型的确定

实际上，单纯使用 6.2 节提供的模型也是可以的，但是一般需要对其进行修正。单纯使用一层编码器对数据进行编码，在效果上可能没有多层的准确率高，因此一个简单的方法是：增加更多层的编码器对数据进行编码。

使用自注意力机制的编码器架构如图 6.19 所示。

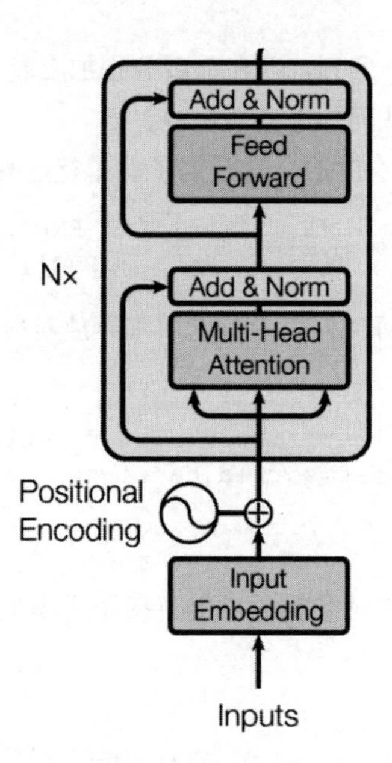

图 6.19　使用自注意力机制的编码器架构

其实现代码如下所示：

【程序 6-5】

```
import tensorflow as tf
import numpy as np

embedding_size = 312
n_head = 8

def splite_tensor(tensor):
    shape = tf.shape(tensor)
    tensor = tf.reshape(tensor, shape=[shape[0], -1, n_head, embedding_size //
n_head])
    tensor = tf.transpose(tensor, perm=[0, 2, 1, 3])
    return tensor

def positional_encoding(position=512, d_model=embedding_size):
    def get_angles(pos, i, d_model):
        angle_rates = 1 / np.power(10000, (2 * (i // 2)) / np.float32(d_model))
        return pos * angle_rates

    angle_rads = get_angles(np.arange(position)[:, np.newaxis],
np.arange(d_model)[np.newaxis, :], d_model)

    #apply sin to even indices in the array; 2i
    angle_rads[:, 0::2] = np.sin(angle_rads[:, 0::2])

    #apply cos to odd indices in the array; 2i+1
    angle_rads[:, 1::2] = np.cos(angle_rads[:, 1::2])

    pos_encoding = angle_rads[np.newaxis, ...]
```

```
        return tf.cast(pos_encoding, dtype=tf.float32)


    def create_padding_mask(seq):
        seq = tf.cast(tf.math.equal(seq, 0), tf.float32)

        #add extra dimensions to add the padding
        #to the attention logits.
        return seq[:, tf.newaxis, tf.newaxis, :]  #(batch_size, 1, 1, seq_len)


    class MultiHeadAttention(tf.keras.layers.Layer):
        def __init__(self):
            super(MultiHeadAttention, self).__init__()

        def build(self, input_shape):
            self.dense_query = tf.keras.layers.Dense(units=embedding_size,
activation=tf.nn.relu)
            self.dense_key = tf.keras.layers.Dense(units=embedding_size,
activation=tf.nn.relu)
            self.dense_value = tf.keras.layers.Dense(units=embedding_size,
activation=tf.nn.relu)
            self.layer_norm = tf.keras.layers.LayerNormalization()
            super(MultiHeadAttention, self).build(input_shape)  #一定要在最后调用它

        def call(self, inputs):
            query,key,value,mask = inputs
            shape = tf.shape(query)

            query_dense = self.dense_query(query)
            key_dense = self.dense_query(key)
            value_dense = self.dense_query(value)

            query_dense = splite_tensor(query_dense)
            key_dense = splite_tensor(key_dense)
            value_dense = splite_tensor(value_dense)

            attention = tf.matmul(query_dense,key_dense,transpose_b=True)/
tf.math.sqrt(tf.cast(embedding_size,tf.float32))

            attention += mask*-1e9
            attention = tf.nn.softmax(attention)

            attention = tf.keras.layers.Dropout(0.1)(attention)
            attention = tf.matmul(attention,value_dense)

            attention = tf.transpose(attention,[0,2,1,3])
            attention = tf.reshape(attention,[shape[0],shape[1],embedding_size])

            attention = self.layer_norm((attention + query))

            return attention

    class FeedForWard(tf.keras.layers.Layer):
        def __init__(self):
```

```
            super(FeedForWard, self).__init__()

        def build(self, input_shape):
            self.conv_1 = tf.keras.layers.Conv1D(filters=embedding_size*4,
kernel_size=1,activation=tf.nn.relu)
            self.conv_2 = tf.keras.layers.Conv1D(filters=embedding_size,
kernel_size=1,activation=tf.nn.relu)
            self.layer_norm = tf.keras.layers.LayerNormalization()
            super(FeedForWard, self).build(input_shape)  #一定要在最后调用它

        def call(self, inputs):
            output = self.conv_1(inputs)
            output = self.conv_2(output)
            output = tf.keras.layers.Dropout(0.1)(output)
            output = self.layer_norm((inputs + output))
            return output

    class Encoder(tf.keras.layers.Layer):
        def __init__(self,encoder_vocab_size,target_vocab_size):
            super(Encoder, self).__init__()
            self.encoder_vocab_size = encoder_vocab_size
            self.target_vocab_size = target_vocab_size
            self.word_embedding_table =
tf.keras.layers.Embedding(encoder_vocab_size,embedding_size)
            self.position_embedding = positional_encoding()

    def build(self, input_shape):
            #额外增加了多头的注意力的个数
            self.multiHeadAttentions = [MultiHeadAttention() for _ in range(8)]
            #额外增加了前馈层的个数
            self.feedForWards = [FeedForWard() for _ in range(8)]
            self.last_dense = tf.keras.layers.Dense(units=self.target_vocab_size,
activation=tf.nn.softmax)
            super(Encoder, self).build(input_shape)  #一定要在最后调用它

        def call(self, inputs):
            encoder_embedding = self.word_embedding_table(inputs)
            position_embedding = tf.slice(self.position_embedding,[0,0,0],
[1,tf.shape(inputs)[1],-1])
            encoder_embedding = encoder_embedding + position_embedding
            encoder_mask = create_padding_mask(inputs)

            #使用多层自注意力层和前馈层做编码器的编码设置
            for i in range(8):
                encoder_embedding = self.multiHeadAttentions[i]([encoder_embedding,
encoder_embedding,encoder_embedding,encoder_mask])
                encoder_embedding = self.feedForWards[i](encoder_embedding)

            output = self.last_dense(encoder_embedding)
            return output
```

这里相对于 6.2.2 小节中的编码器构建示例，使用了多层的自注意力层和前馈层。需要注意的是，这里仅仅是在编码器层中加入了更多层的“多头注意力层”和“前馈层”，而不是直接加载了更多的“编码器”。

6.3.3 模型训练部分的编写

剩下的就是模型训练部分的编写。这里我们采用简单的模型训练方式来完成代码的编写。

首先需要导入数据集和创建数据的生成函数以获取数据。由于模型在训练过程中不可能一次性将所有的数据导入，因此需要创建一个数据“生成器”，将获取的数据按批次发送给训练模型，这部分代码如下：

【程序 6-6】

```
pinyin_vocab,hanzi_vocab,pinyin_tokens_ids,hanzi_tokens_ids = 
get_data.get_dataset()

def generator(batch_size=32):
    #计算 batch_num 的值
    batch_num = len(pinyin_tokens_ids)//batch_size

    #while 1 表示循环不需要终止，起止时刻由 TensorFlow 2.0 框架决定
    while 1:
        for i in range(batch_num):
            start_num = batch_size*i
            end_num = batch_size*(i+1)

            pinyin_batch = pinyin_tokens_ids[start_num:end_num]
            hanzi_batch = hanzi_tokens_ids[start_num:end_num]

            #进行 PAD 操作，是数据填充到固定的长度 64
            pinyin_batch = tf.keras.preprocessing.sequence.pad_
sequences(pinyin_batch,maxlen=64,padding='post', truncating='post')
            hanzi_batch = tf.keras.preprocessing.sequence.pad_
sequences(hanzi_batch,maxlen=64,padding='post', truncating='post')

            yield pinyin_batch,hanzi_batch
```

这一段代码是数据的生成工作，按既定的 batch_size 大小生成数据 batch，而 while 1:表示数据的生成由模型框架确定，而非手动确定。

训练模型的代码如下：

【程序 6-7】

```
encoder_input = tf.keras.Input(shape=(64,))
output = untils.Encoder(1154, 4462)(encoder_input)
model = tf.keras.Model(encoder_input, output)

#设定优化器，设定损失函数和比较函数
model.compile(tf.optimizers.Adam(1e-4),tf.losses.categorical_crossentropy,m
etrics=["accuracy"])
batch_size = 32
#设定模型训练参数的载入模型
model.fit_generator(generator(batch_size),steps_per_epoch=(154988//batch_si
ze + 1),epochs=10,verbose=2,shuffle=True)
#创建存储函数
model.save_weights("./saver/model")
```

通过将训练代码部分和模型组合在一起，即可完成模型的训练。

6.3.4 推断函数的编写

推断式预测函数可以使用同样的编码器模型进行设计，代码如下：

【程序 6-8】

```
import tensorflow as tf
import get_data
import untils

pinyin_vocab,hanzi_vocab,pinyin_tokens_ids,hanzi_tokens_ids = 
get_data.get_dataset()

def label_smoothing(inputs, epsilon=0.1):
   K = inputs.get_shape().as_list()[-1] #number of channels
   return ((1-epsilon) * inputs) + (epsilon / K)

#创建数据的“生成器”
def generator(batch_size=32):
   batch_num = len(pinyin_tokens_ids)//batch_size

   while 1:
      for i in range(batch_num):
         start_num = batch_size*i
         end_num = batch_size*(i+1)

         pinyin_batch = pinyin_tokens_ids[start_num:end_num]
         hanzi_batch = hanzi_tokens_ids[start_num:end_num]

         pinyin_batch = tf.keras.preprocessing.sequence.pad_sequences
(pinyin_batch,maxlen=64,padding='post', truncating='post')
         hanzi_batch = tf.keras.preprocessing.sequence.pad_sequences
(hanzi_batch,maxlen=64,padding='post', truncating='post')

         hanzi_batch = label_smoothing(tf.one_hot(hanzi_batch,4462))

         yield pinyin_batch

print("pinyin_vocab 大小为:",len(pinyin_vocab)) #pinyin_vocab 大小为: 1154
print("hanzi_vocab 大小为:",len(hanzi_vocab))   #hanzi_vocab 大小为: 4462

#创建预测模型
input = tf.keras.Input(shape=(None,))
output = untils.Encoder(encoder_vocab_size=1154, 
target_vocab_size=4462)(input)
model = tf.keras.Model(input,output)
#载入预训练模型的训练存档
model.load_weights("./saver/model")

#进行预测
output = model.predict_generator(generator(),steps=128//32)
output = tf.argmax(output,axis=-1)
```

```
#逐行打印预测结果
for line in output:
index_list = [hanzi_vocab[index] for index in line]
text = "".join(index_list)
#删除起止符和占位符
text = text.replace("GO","").replace("END","").replace("PAD","")
print(text)
```

使用与训练过程类似的代码，即可完成模型的预测工作。需要注意的是，模型预测过程的数据输入既可以按照 batch 的方式一次性输入，又可以按照数据“生成器”的模式填入数据。

6.4　本章小结

首先需要说明的是，本章的模型设计并没有完全遵守 transformer 中编码器的设计，而是仅仅建立了多层注意力层和前馈层，这是与真实的 transformer 中的解码器不一致的地方。

其次，对于数据的设计，这里设计了直接将不同字符或者拼音作为独立的字符进行存储，这样做的好处在于可以使数据的最终生成更加简单，但是增加了字符个数，增大了搜索空间，因此对训练要求更高。还有一种划分方法，即将拼音拆开，使用字母和音标分离的方式进行处理，有兴趣的读者可以尝试一下。

笔者在写作本章时发现，对于输入的数据来说，这里输入的值是 Embedding 和位置编码的和，如果读者尝试了只使用单一的 Embedding，就可以发现相对于使用叠加的 Embedding 值，单一的 Embedding 对于同音字的分辨会产生问题，即：

```
qu4 na3 去哪 去拿
```

qu4 na3 的相同发音无法分辨出到底是“去哪”还是“去拿”。有兴趣的读者可以做一个测试，或者深入此方面进行研究。

本章内容就是这些，但是相对于 transformer 架构来说，仅有编码器是不完整的，在编码器的基础上还存在一个对应的“解码器”，有兴趣的读者可以自己编写一下试试。

第 7 章

实战 BERT——中文文本分类

上一章介绍了一种新的基于注意力模型的编码器，我们在学习上一章的内容时注意到，作为编码器的 encoder_layer 与作为分类使用的 dense_layer（全连接层）可以分开独立使用，那么一个自然而然的想法就是能否将编码器层和全连接层分开，利用训练好的模型作为编码器独立使用，并且可以根据具体项目接上不同的“尾端”，以便在预训练好的编码器基础上通过“微调”的方式进行训练。

本章的案例就是实现这样一个预训练模型，其理论基础包括：

- BERT 架构
- 预训练任务
- Fine-Tuning

7.1 BERT 理论基础

BERT（Bidirectional Encoder Representations from Transformers）是 2018 年 10 月由 Google AI 研究院提出的一种预训练模型。其使用了我们在第 6 章中介绍的编码器结构的层级和构造方法，最大的特点是抛弃了传统的循环神经网络和卷积神经网络，通过“注意力模型”将任意位置的两个单词的距离转换成 1，有效地解决了自然语言处理中棘手的文本长期依赖问题。BERT 的 Logo 如图 7.1 所示。

图 7.1　BERT

BERT 实际上是一种替代了 word embedding 的新型文字编码方案，是一种目前计算文字在不同文本中的语境而“动态编码”的最优方法。BERT 被用来学习文本句子的语义信息，比如经典的词向量表示。BERT 包括句子级别的任务（如句子推断、句子间的关系），还有字符级别的任务（如实体识别）。

7.1.1　BERT 基本架构与应用

BERT 的模型架构是一个多层的双向注意力结构的 encoder 部分。本节先来看看 BERT 输入，再复习前面介绍的 BERT 模型架构。

1. BERT 的输入

BERT 的输入的编码向量（长度是 512）是 3 个嵌入特征的单位，如图 7.2 所示。

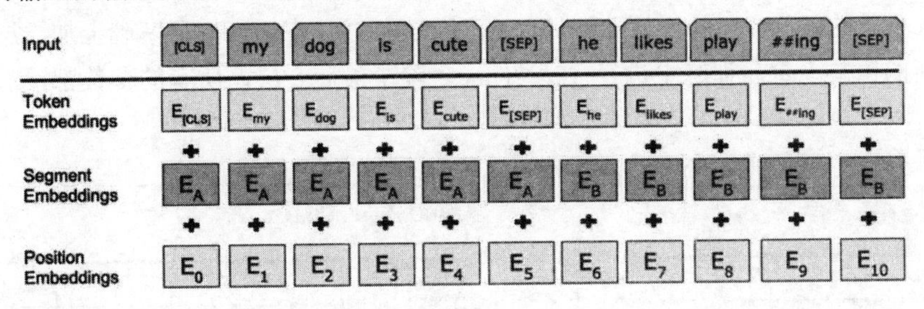

图 7.2　BERT 的输入

- 词嵌入（Token Embedding）：根据每个字符在“字表”中的位置赋予一个特定的 embedding 值。
- 位置嵌入（Position Embedding）：是指将单词的位置信息编码成特征向量，是向模型中引入单词位置关系的至关重要的一环。
- 分割嵌入（Segment Embedding）：用于区分两个句子，例如 B 是否是 A 的下文（对话场景，问答场景等）。对于句子对，第一个句子的特征值是 0，第二个句子的特征值是 1。

2. BERT 的模型架构

与第 6 章中介绍的编码器结构相似，BERT 实际上由多个 encoder block 叠加而成的，通过使用“注意力”模型的多个层次来获得文本的特征提取，如图 7.3 所示。

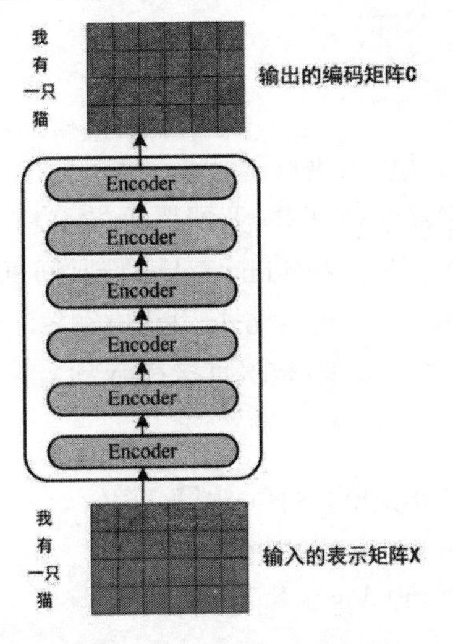

图 7.3　BERT 的模型架构

7.1.2 BERT 预训练任务与 Fine-Tuning

在介绍 BERT 的预训练任务方案时，首先介绍一下 BERT 的使用思路，即 BERT 在训练过程中将自己的训练任务和可替换的微调系统（Fine-Tuning）分离。

1. 开创性的预训练任务方案

Fine-Tuning 的目的是根据具体任务的需求替换不同的后端接口，即在已经训练好的语言模型的基础上，加入少量的任务专门的属性。例如，对于分类问题，在语言模型基础上加一层 softmax 网络，然后在新的语料上重新训练来进行 Fine-Tune。除了最后一层，所有的参数都没有变化，如图 7.4 所示。

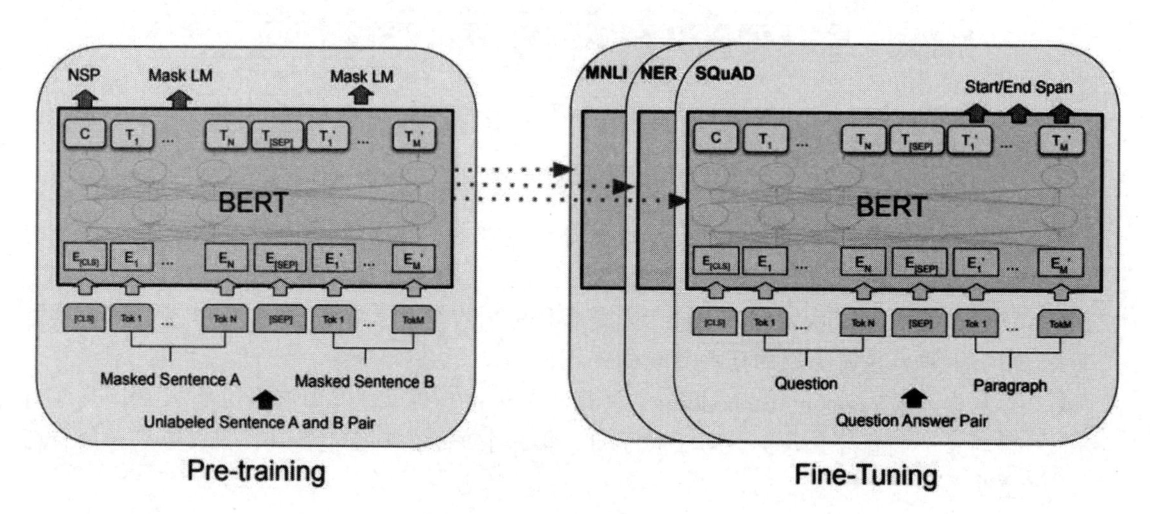

图 7.4　Fine-Tuning

BERT 在设计时将其作为预训练模型进行训练任务，为了最好地让 BERT 掌握预言的含义和方法，BERT 采用了多任务的方式，包括遮蔽语言模型（Masked Language Model，MLM）和下一个句子预测（Next Sentence Prediction，NSP）。

2. 任务 1：MLM

MLM 是指在训练的时候随机从输入语料上遮蔽一些单词，然后通过上下文预测该单词，类似于完形填空。正如传统的语言模型算法和 RNN 匹配那样，MLM 的这个性质和 Transformer 的结构非常匹配。在 BERT 的实验中，15%的 Embedding Token 会被随机 Mask 掉。在训练模型时，一个句子会被多次喂到模型中用于参数学习，但是 Google 并没有在每次都 Mask 掉这些单词，而是在确定要 Mask 掉的单词之后按一定比例进行处理：80%直接替换为[Mask]，10%替换为其他任意单词，10%保留原始 Token。

- 80%:　my dog is hairy -> my dog is [mask]
- 10%:　my dog is hairy -> my dog is apple
- 10%:　my dog is hairy -> my dog is hairy

这么做的原因是如果句子中的某个 Token100%被 Mask，那么在 Fine-Tuning 的时候模型就会有一些没有见过的单词，如图 7.5 所示。

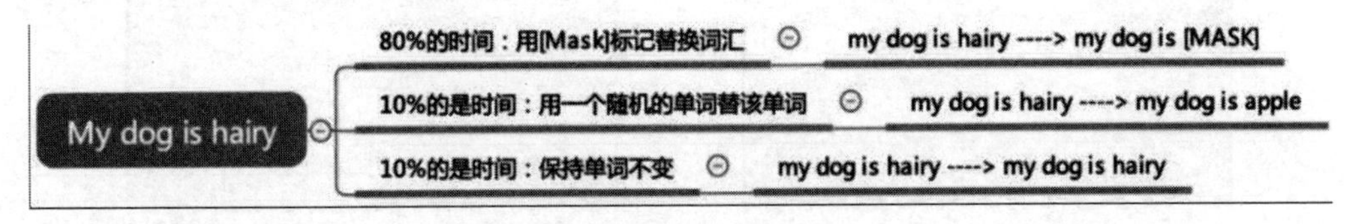

图 7.5　MLM

加入随机 token 的原因是因为 Transformer 要保持对每个输入 token 的分布式表征，否则模型就会记住这个[mask]是 token 'hairy'。至于单词带来的负面影响，因为一个单词被随机替换掉的概率只有 15%×10% =1.5%，所以这个负面影响其实是可以忽略不计的。

3. 任务 2：NSP

NSP 的任务是判断句子 B 是否是句子 A 的下文。如果是的话就输出'IsNext'，否则输出'NotNext'。训练数据的生成方式是从平行语料中随机抽取的连续两句话，其中 50%保留抽取的两句话，符合 IsNext 关系；剩下的 50%随机从语料中提取，它们的关系是 NotNext 的。这个关系保存在图 7.6 所示的[CLS]符号中。

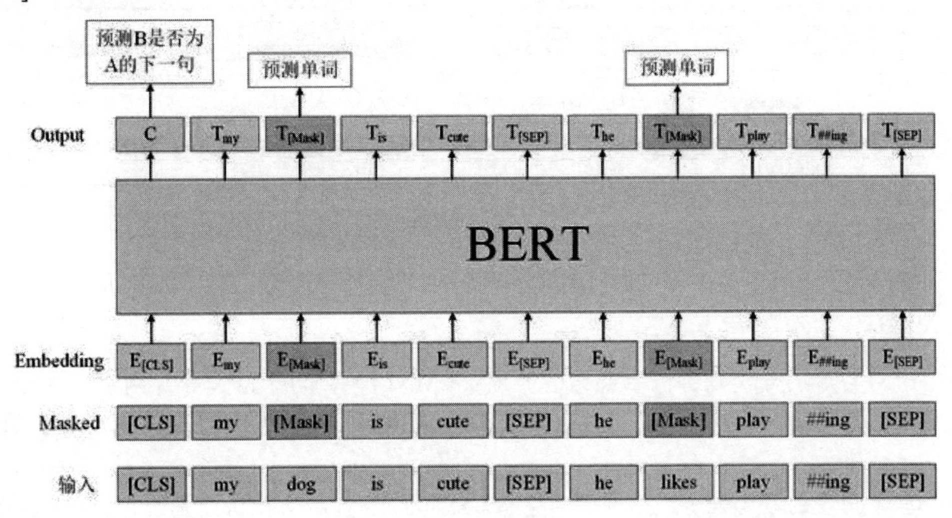

图 7.6　NSP

4. BERT 用于具体 NLP 任务（Fine-Tuning）

在海量单语料上训练完 BERT 之后，便可以将其应用到 NLP 的各个任务中了。对于其他任务来说，我们也可以根据 BERT 的输出信息做出对应的预测。图 7.7 展示了 BERT 在 11 个不同任务中的模型，它们只需要在 BERT 的基础上再添加一个输出层，便可以完成对特定任务的微调。这些任务类似于我们做过的文科试卷，其中有选择题、简答题等。

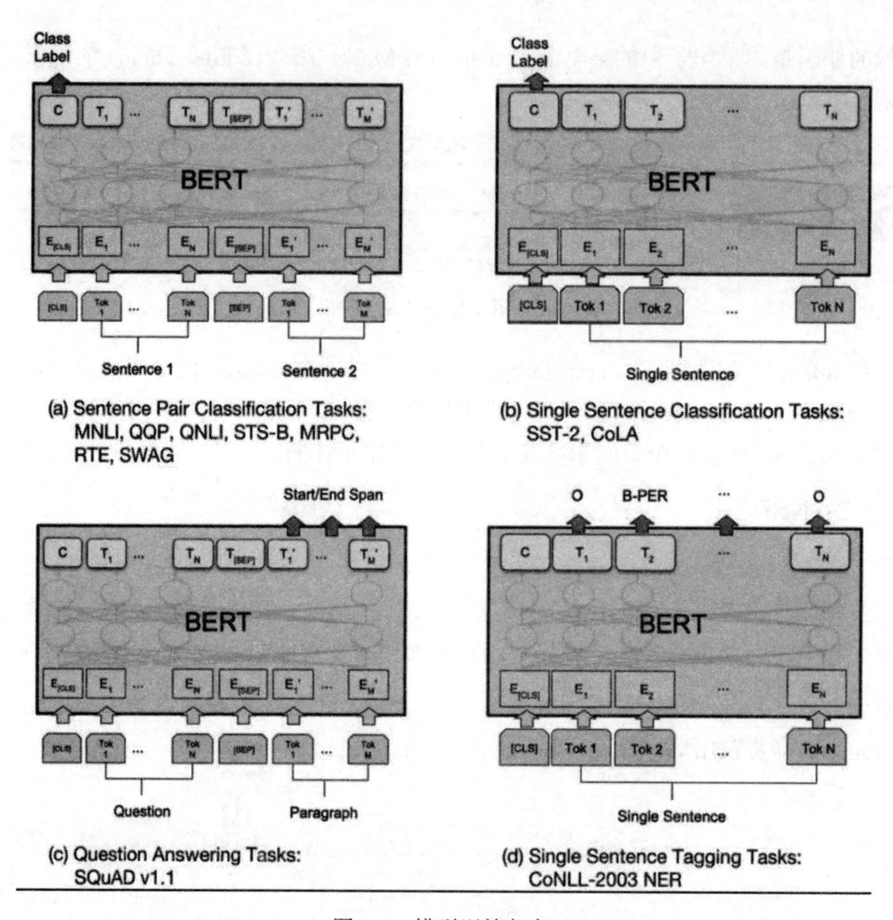

图 7.7　模型训练任务

预训练得到的 BERT 模型可以在后续用于执行 NLP 任务时进行微调（Fine-Tuning），主要涉及以下几个内容：

- 一对句子的分类任务：自然语言推断（MNLI）、句子语义等价判断（QQP）等，如图 7.7（a）所示，需要将两个句子传入 BERT，然后使用[CLS]的输出值 C 进行句子对分类。
- 单个句子的分类任务：句子情感分析（SST-2）、判断句子语法是否可以接受（CoLA）等，如图 7.7（b）所示。只需要输入一个句子，无须使用[SEP]标志，然后使用[CLS]的输出值 C 进行分类。
- 问答任务：SQuAD v1.1 数据集，样本是语句对（Question, Paragraph）。其中，Question 表示问题；Paragraph 是一段来自 Wikipedia 的文本，包含了问题的答案。训练的目标是在 Paragraph 中找出答案的起始位置（Start，End）。如图 7.7（c）所示，将 Question 和 Paragraph 传入 BERT，然后 BERT 根据 Paragraph 所有单词的输出预测 Start 和 End 的位置。
- 单个句子的标注任务：命名实体识别（NER）等。输入单个句子，然后根据 BERT 对每个单词的输出 T，来预测这个单词的类别是属于 Person、Organization、Location、Miscellaneous 还是 Other（非命名实体）。

7.2　案例实战：中文文本分类

前面介绍了 BERT 的结构与应用，本节我们将实战 BERT 的文本分类。

7.2.1　使用 Hugging Face 获取 BERT 预训练模型

BERT 是一个预训练模型，其基本架构和存档都有相应的服务公司提供下载服务，而 Hugging Face 是一家目前专门免费提供自然语言处理预训练模型的公司。

Hugging Face 是一家总部位于纽约的聊天机器人初创服务商，开发的应用在青少年中颇受欢迎，相比于其他公司，Hugging Face 更加注重产品带来的情感以及环境因素。其在 GitHub 上开源的自然语言处理、预训练模型库 Transformers，提供了 NLP 领域大量优秀的预训练语言模型结构的模型和调用框架。

第一步：安装依赖

安装 Hugging Face 依赖的方法很简单，命令如下：

```
pip install transformers
```

待安装完成后即可使用 Hugging Face 提供的预训练模型 BERT。

第二步：使用 Hugging Face 的 BERT 代码编写

使用 Hugging Face 提供的代码格式进行 BERT 的引入与使用。代码如下：

```
#导入 Hugging face 提供的 transformers 工具包
from transformers import AutoTokenizer, AutoModelForMaskedLM
#引入编码器和编码器模型
tokenizer = AutoTokenizer.from_pretrained("bert-base-chinese")
model = TFAutoModel.from_pretrained("bert-base-chinese")
```

等待下载完成后就可以直接使用 BERT。下面的代码演示了使用 BERT 编码器获取对应文本的 token。

【程序 7-1】

```
from transformers import AutoTokenizer, TFAutoModel

tokenizer = AutoTokenizer.from_pretrained("bert-base-chinese")

model = TFAutoModel.from_pretrained("bert-base-chinese")

input_ids = tokenizer.encode('春眠不觉晓', return_tensors='tf')
print(input_ids)

inputs = tokenizer('春眠不觉晓', return_tensors="tf")
print(inputs)
```

打印结果如下所示。

```
tf.Tensor([[ 101 3217 4697  679 6230 3236  102]], shape=(1, 7), dtype=int32)
{'input_ids': <tf.Tensor: shape=(1, 7), dtype=int32, numpy=array([[ 101, 3217, 4697,  679, 6230, 3236,  102]])>,
```

第一行是使用 encode 函数获取的 token，第二行是直接对其加码获取到的 3 个不同的 token 表示，对应上一节笔者说明的 BERT 输入，请读者验证学习。

我们输入的是 5 个字符“春眠不觉晓”，而在加码后变成了 7 个字符，这是因为 BERT 默认会在单独的文本中加入[CLS]和[SEP]作为特定的分隔符。

如果想打印使用 BERT 计算的对应文本的 Embedding 值，可以使用如下代码。

【程序 7-2】

```
from transformers import AutoTokenizer, TFAutoModel

tokenizer = AutoTokenizer.from_pretrained("bert-base-chinese")

model = TFAutoModel.from_pretrained("bert-base-chinese")

input_ids = tokenizer.encode('春眠不觉晓', return_tensors='tf')

embedding = model(input_ids)

print(embedding)
```

打印结果如图 7.8 所示。最终获得一个维度为[1,7,768]大小的矩阵，用以表示输入的文本。

```
TFBaseModelOutputWithPooling(last_hidden_state=<tf.Tensor: shape=(1, 7, 768), dtype=float32, numpy=
array([[[-5.8505493e-01,  7.3750365e-01, -5.0689518e-01, ...,
          2.5306910e-01, -3.4374273e-01, -1.2907203e-01],
        [-3.6748028e-01,  5.7344550e-01, -1.7764141e-01, ...,
         -7.4843580e-01, -4.7334033e-01,  3.9220172e-01],
        [ 7.4338263e-01, -8.9703500e-01, -6.6481000e-01, ...,
         -1.3766173e-01, -1.9935641e-01,  3.8517401e-01],
        ...,
        [ 9.1104978e-01, -5.9462719e-02, -1.2946248e+00, ...,
          2.0500661e-01, -3.4421524e-01,  2.0282263e-01],
```

图 7.8 打印结果

7.2.2 BERT 实战文本分类

我们先回顾一下 1.2 节中的案例，使用深度学习进行文本的情感分类，其结果如图 7.9 所示。

```
7765/7765 - 5s - loss: 0.1538 - accuracy: 0.9397
Epoch 7/10
7765/7765 - 5s - loss: 0.1333 - accuracy: 0.9428
Epoch 8/10
7765/7765 - 5s - loss: 0.1173 - accuracy: 0.9540
Epoch 9/10
7765/7765 - 5s - loss: 0.0946 - accuracy: 0.9624
Epoch 10/10
7765/7765 - 5s - loss: 0.0844 - accuracy: 0.9668
```

图 7.9 文本分类结果

可以看到经过 10 个 epoch 后，最终结果的准确率是 0.9668，这是一个非常好的结果，但是我们希望进一步地提高这个成绩，也就是尝试使用 BERT 作为编码器层，重新演示这个实战结果，通过对比获得一个直观的认识。

第一步：数据的准备

与 1.2 节类似，这里使用同一份酒店评论的数据集，如图 7.10 所示。

```
1,绝对是超三星标准，地处商业区，购物还是很方便的，对门有家羊杂店，绝对正宗。除了价格稍贵，总体还是很满意的
1,"1.设施一般,在北京不算好.2.服务还可以.3.出入还是比较方便的."
1,总的来说可以，总是再这里住，公司客人还算满意。就是离公司超近，上楼上班下楼回家
1,房间设施难以够得上五星级，服务还不错，有送水果。
0,标准间太差房间还不如3星的而且设施非常陈旧.建议酒店把老的标准间从新改善.
0,服务态度极其差，前台接待好象没有受过培训，连基本的礼貌都不懂，竟然同时接待几个客人；大堂副理更差，跟客人辩解个没
0,我住的是靠马路的标准间。房间内设施简陋，并且的房间玻璃窗户外还有一层幕墙玻璃，而且不能打开，导致房间不能自然通风，
```

图 7.10　一份酒店评论的数据集

这里由英文逗号将一个文本分成两部分，分别是情感分类和评价主体。其中标记为数字“1”的是正面评论，而标注为数字“0”的是负面评论。

第二步：数据的处理

这里使用 BERT 自带的 tokenizer 函数，将文本转化成需要的 token。完整代码如下所示。

```
import numpy as np
from tqdm import tqdm
from transformers import AutoTokenizer, TFAutoModel

#导入预训练模型 BERT 的 tokenizer
tokenizer = AutoTokenizer.from_pretrained("bert-base-chinese")

labels = []
token_list = []
with open("ChnSentiCorp.txt",mode="r",encoding="UTF-8") as emotion_file:
    for line in tqdm(emotion_file.readlines()): #读取 txt 文件
        line = line.strip().split(",")          #将每行数据以“，”进行分隔
        labels.append(int(line[0]))             #读取分类 label

        text = line[1]                          #获取每行的文本
        #进行文本编码
        token = tokenizer.encode(text)
        #转化成相同的长度
        token = token[:80] + [0] * (80 - len(token)) #以 80 个字符长度截取句子
        token_list.append(token)

labels = np.array(labels)
token_list = np.array(token_list)
#打印结果
print(len(labels))
print(token_list.shape)
```

最终打印结果如下所示。

```
7764
(7764, 80)
```

7764 的意义是文本的总长度，也是标签的长度，第二行打印出的是经过 tokenizer 处理后全部 token 的维度。

第三步：模型的设计

与 1.2 节案例的不同之处在于，这里使用 BERT 作为文本的特征提取器，而在后方仅仅使用了一个二分类层作为分类函数，代码如下：

```
import tensorflow as tf
#导入预训练 BERT 模型
model = TFAutoModel.from_pretrained("bert-base-chinese")

input_token = tf.keras.Input(shape=(80,),dtype=tf.int32)
#使用 BERT 模型作为特征抽取层
embedding = model(input_token)[0]

embedding = tf.keras.layers.Flatten()(embedding)
output = tf.keras.layers.Dense(2,activation=tf.nn.softmax)(embedding)
model = tf.keras.Model(input_token,output)
```

第四步：模型的训练

完整代码如下所示。

【程序 7-3】

```
import numpy as np
from tqdm import tqdm
from transformers import AutoTokenizer, TFAutoModel

tokenizer = AutoTokenizer.from_pretrained("bert-base-chinese")

labels = []
token_list = []
with open("ChnSentiCorp.txt",mode="r",encoding="UTF-8") as emotion_file:
    for line in tqdm(emotion_file.readlines()):     #读取 txt 文件
        line = line.strip().split(",")              #将每行数据以“，”进行分隔
        labels.append(int(line[0]))                 #读取分类 label

        text = line[1]                              #获取每行的文本
        token = tokenizer.encode(text)

        token = token[:80] + [0] * (80 - len(token))  #以 80 个字符长度截取句子
        token_list.append(token)

labels = np.array(labels)
token_list = np.array(token_list)


import tensorflow as tf
model = TFAutoModel.from_pretrained("bert-base-chinese")
```

```
    input_token = tf.keras.Input(shape=(80,),dtype=tf.int32)

    #注意 model 生成的 embedding 格式
    embedding = model(input_token)[0]

    embedding = tf.keras.layers.Flatten()(embedding)
    output = tf.keras.layers.Dense(2,activation=tf.nn.softmax)(embedding)
    model = tf.keras.Model(input_token,output)

    model.compile(optimizer=tf.keras.optimizers.Adam(1e-5),
loss=tf.keras.losses.sparse_categorical_crossentropy, metrics=['accuracy'])

    #模型拟合，即训练，需要注意这里的 batch_size 的设置
    model.fit(token_list, labels,batch_size=9,epochs=10)
```

上面的代码比较简单，就不再过多阐述了。需要注意的是，我们使用 BERT 预训练模型生成 embedding 格式，为了提取对应的值而采用如下写法：

```
embedding = model(input_token)[0]
```

另外，使用 BERT 增大了显存的消耗，因此 batch_size 被设置成 9。最终的结果如图 7.11 所示。

```
863/863 [==============================] - 104s 111ms/step - loss: 0.4945 - accuracy: 0.7774
Epoch 2/10
863/863 [==============================] - 96s 111ms/step - loss: 0.2312 - accuracy: 0.9024
Epoch 3/10
863/863 [==============================] - 96s 111ms/step - loss: 0.1189 - accuracy: 0.9531
Epoch 4/10
863/863 [==============================] - 95s 110ms/step - loss: 0.0711 - accuracy: 0.9728
Epoch 5/10
863/863 [==============================] - 94s 109ms/step - loss: 0.0543 - accuracy: 0.9805
Epoch 6/10
863/863 [==============================] - 94s 109ms/step - loss: 0.0369 - accuracy: 0.9894
Epoch 7/10
863/863 [==============================] - 94s 109ms/step - loss: 0.0276 - accuracy: 0.9922
Epoch 8/10
863/863 [==============================] - 94s 109ms/step - loss: 0.0252 - accuracy: 0.9904
Epoch 9/10
863/863 [==============================] - 94s 109ms/step - loss: 0.0224 - accuracy: 0.9927
Epoch 10/10
863/863 [==============================] - 94s 109ms/step - loss: 0.0199 - accuracy: 0.9941
```

图 7.11　10 个 epoch 的过程

这里展示了全部 10 个 epoch 的过程，最终的准确率达到惊人的 0.9941。另外，第 4 个 epoch 结束后的准确率达到 0.9728，超过了我们在一开始展示的分类准确率。

> **注　意**
>
> 这里的时间从原有的 4s 被延长到了 94s，因此读者在使用时需要权衡时间的花费和准确率之间的要求。

第五步：模型的训练（补充）

在每个文本输入的起始，都使用一个特定的字符串[CLS]添加到开始位置，用于表示整个文本

序列，那么能否使用[CLS]表示的字符意义替代全部文本的 embedding 表示来进行训练呢？代码如下所示。

【程序 7-4】

```
import numpy as np
from tqdm import tqdm
from transformers import AutoTokenizer, TFAutoModel

tokenizer = AutoTokenizer.from_pretrained("bert-base-chinese")

labels = []
token_list = []
with open("ChnSentiCorp.txt",mode="r",encoding="UTF-8") as emotion_file:
    for line in tqdm(emotion_file.readlines()):     #读取 txt 文件
        line = line.strip().split(",")              #将每行数据以“，”进行分隔
        labels.append(int(line[0]))                 #读取分类 label

        text = line[1]                              #获取每行的文本
        token = tokenizer.encode(text)

        token = token[:80] + [0] * (80 - len(token))  #以 80 个字符长度截取句子

        token_list.append(token)

labels = np.array(labels)
token_list = np.array(token_list)

import tensorflow as tf
model = TFAutoModel.from_pretrained("bert-base-chinese")

input_token = tf.keras.Input(shape=(80,),dtype=tf.int32)

#注意 model 生成的 embedding 格式
embedding = model(input_token)[0]

#使用第一个字符替代全文本表示，并在下面删除了 flatten 函数
embedding = embedding[:,0,:]

output = tf.keras.layers.Dense(2,activation=tf.nn.softmax)(embedding)
model = tf.keras.Model(input_token,output)

model.compile(optimizer=tf.keras.optimizers.Adam(1e-5),
loss=tf.keras.losses.sparse_categorical_crossentropy, metrics=['accuracy'])

#模型拟合，即训练
model.fit(token_list, labels,batch_size=9,epochs=10)
```

最终结果如图 7.12 所示。可以看到，使用第一个字符所代表的含义，同样可以获取一个较高的准确率，但是相对于使用全文本序列得到的准确率来说，结果还是有所欠缺的。

```
Epoch 6/10
863/863 [==============================] - 96s 111ms/step - loss: 0.0460 - accuracy: 0.9826
Epoch 7/10
863/863 [==============================] - 97s 112ms/step - loss: 0.0473 - accuracy: 0.9815
Epoch 8/10
863/863 [==============================] - 95s 110ms/step - loss: 0.0359 - accuracy: 0.9879
Epoch 9/10
863/863 [==============================] - 96s 111ms/step - loss: 0.0412 - accuracy: 0.9843
Epoch 10/10
863/863 [==============================] - 97s 112ms/step - loss: 0.0268 - accuracy: 0.9911
```

图 7.12　使用[CLS]

7.3　拓展：更多的预训练模型

Hugging Face 提供了 BERT 预训练模型下载之外，还提供了更多的预训练模型下载，打开 Hugging Face 主页，如图 7.13 所示。

图 7.13　Hugging Face 主页

单击页面顶端的 Models 菜单之后，可以出现预训练模型的选择界面，如图 7.14 所示。

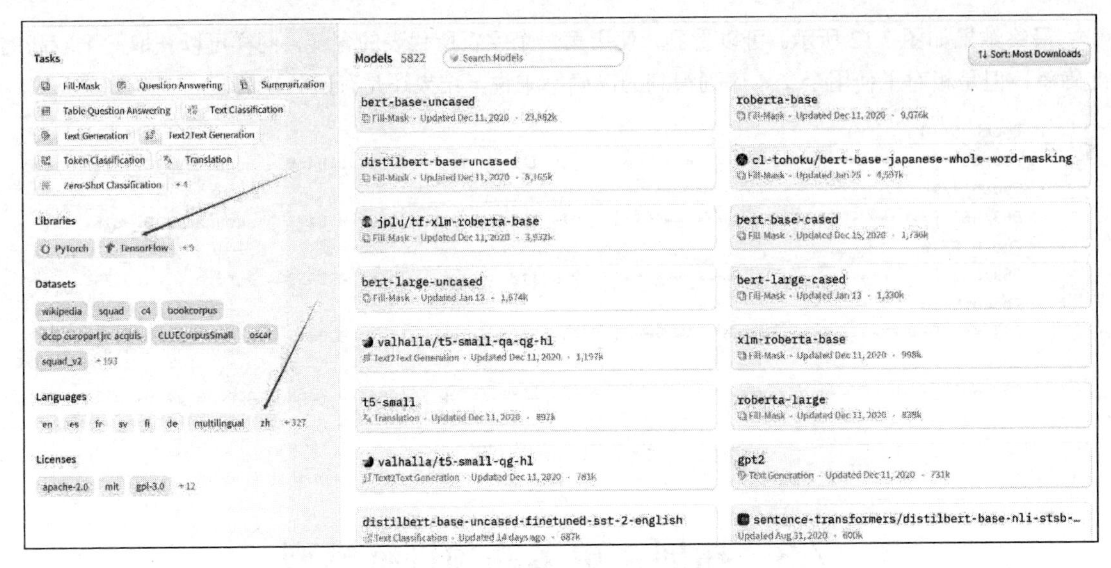

图 7.14　预训练模型的选择

左侧依次是“任务选择”“使用框架”“训练数据集”以及“模型语言”选项，这里选择我们使用的 TensorFlow 与 zh 标签，即使用 TensorFlow 构建的中文数据集，右边会呈现对应的模型，如图 7.15 所示。

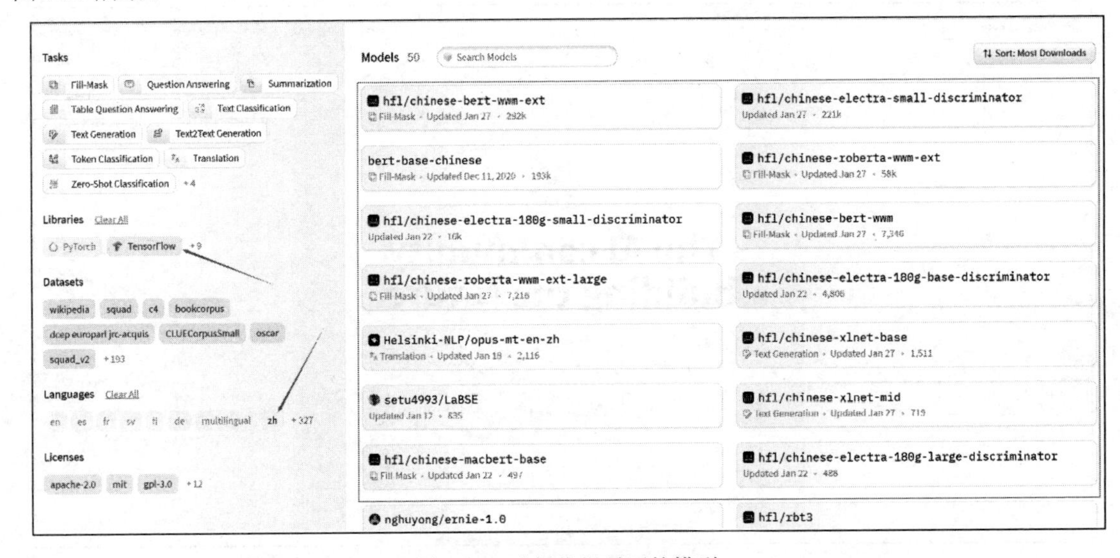

图 7.15　选择我们需要的模型

图 7.15 右边为 Hugging Face 提供的基于 TensorFlow 框架的中文预训练模型，刚才我们所使用的 BERT 模型也在其中。我们可以选择另外一个模型进行模型训练，比如使用基于“全词遮掩”的 BERT 模型进行训练，如图 7.16 所示。

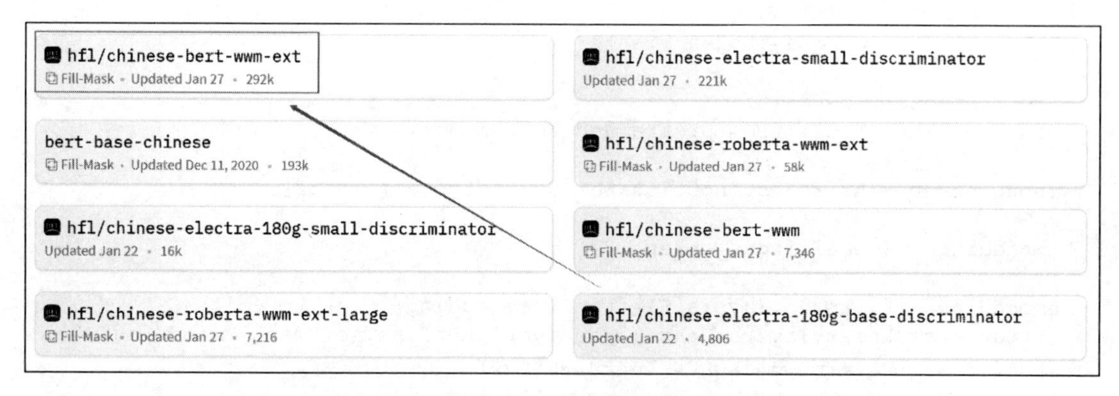

图 7.16　选择基于“全词遮掩”的 BERT 模型

这里首先复制 Hugging Face 所提供的预训练模型全名：

```
hfl/chinese-bert-wwm-ext
```

注意，需要保留“/”和前后的名称。替换不同的预训练模型也仅仅需要替换说明字符，代码如下：

```
import tensorflow as tf
from transformers import AutoTokenizer, TFBertModel

#输入 BERT 选择的名称
bert_model = "hfl/chinese-bert-wwm"
model = TFBertModel.from_pretrained(bert_model)
```

使用新的预训练模型的文本分类代码如下：

【程序 7-5】

```
import numpy as np
from tqdm import tqdm
from transformers import AutoTokenizer, TFAutoModel

#设置不同的预训练名称
bert_model = "hfl/chinese-bert-wwm-ext"
tokenizer = AutoTokenizer.from_pretrained(bert_model)

labels = []
token_list = []
with open("ChnSentiCorp.txt",mode="r",encoding="UTF-8") as emotion_file:
    for line in tqdm(emotion_file.readlines()):      #读取 txt 文件
        line = line.strip().split(",")               #将每行数据以“，”进行分隔
        labels.append(int(line[0]))              #读取分类 label

        text = line[1]                       #获取每行的文本
        token = tokenizer.encode(text)

        token = token[:80] + [0] * (80 - len(token))  #以 80 个字符长度截取句子

        token_list.append(token)

labels = np.array(labels)
```

```
    token_list = np.array(token_list)

    import tensorflow as tf
    model = TFAutoModel.from_pretrained(bert_model)

    input_token = tf.keras.Input(shape=(80,),dtype=tf.int32)

    embedding = (model(input_token)[0])

    embedding = tf.keras.layers.Flatten()(embedding)
    output = tf.keras.layers.Dense(2,activation=tf.nn.softmax)(embedding)
    model = tf.keras.Model(input_token,output)

    model.compile(optimizer=tf.keras.optimizers.Adam(1e-5),
loss=tf.keras.losses.sparse_categorical_crossentropy, metrics=['accuracy'])

    #模型拟合，即训练
    model.fit(token_list, labels,batch_size=9,epochs=10)
```

最终结果如图 7.17 所示。

```
863/863 [==============================] - 97s 112ms/step - loss: 0.0522 - accuracy: 0.9823
Epoch 7/10
863/863 [==============================] - 98s 113ms/step - loss: 0.0416 - accuracy: 0.9860
Epoch 8/10
863/863 [==============================] - 96s 111ms/step - loss: 0.0338 - accuracy: 0.9895
Epoch 9/10
863/863 [==============================] - 96s 112ms/step - loss: 0.0394 - accuracy: 0.9883
Epoch 10/10
863/863 [==============================] - 100s 115ms/step - loss: 0.0279 - accuracy: 0.9908
```

图 7.17　训练结果

最终结果略差于普通的 BERT 预训练模型，原因可能是多种多样的，这不在本书的评判范围，有兴趣的读者可以自行研制更多的模型使用方法。

7.4　本章小结

本章介绍了预训练模型的使用，以最经典的预训练模型 BERT 为例演示了使用预训练 BERT 进行文本分类的方法。

除此之外，对于使用的预训练模型来说，使用每个序列中的第一个 token，可以较好地达到表示完整序列的功能，这在某些任务中有较好的作用。

Hugging Face 提供了很多预训练模型下载，这里也介绍了其他预训练模型的使用方法，欢迎有兴趣的读者自行学习和比较。

第 8 章

实战自然语言处理——多标签文本分类

多标签文本分类是不同于多类别分类的一种自然语言处理任务。相对于单标签文本分类任务中每一个样本只有一个相关的标签，多标签文本分类中每个文本往往包含多个不同的标签类别。多标签分类问题很常见，比如一部电影可以同时被分为动作片和喜剧片，一则新闻可以同时属于政治和法律，还有生物学中的基因功能预测问题、场景识别问题、疾病诊断等。

多标签文本分类一般采用单标签文本分类的模型，但是在分类层的设定上，会根据任务的不同选用不同的分类函数。

本章案例将使用多标签进行文本分类，其需要的理论基础包括：

- 多标签分类的概念
- 激活函数 sigmoid

8.1 多标签分类理论基础

在前面的文本分类任务中，我们完成了文本分类任务，这实际上也是一种二分类任务。所谓二分类问题，指的是 y 值一共有两个类别，每个样本的 y 值只能属于其中的一个类别。但是对于多分类问题而言，每个样本的 y 值可能不仅仅属于一个类别。

举个简单的例子，我们平时在给新闻贴标签的时候，就有可能把一篇文章分为经济和文化两个类别。因此，多标签问题在我们的日常生活中也是很常见的。

对于多标签问题，业界还没有很成熟的解决方法，主要是因为标签之间可能会存在复杂的依赖关系，这种依赖关系现阶段还没有成熟的模型来解决。我们在解决多标签问题的时候，一种办法是认为标签之间互相独立，然后把该问题转化为我们熟悉的二（多）分类问题。

8.1.1 多标签分类不等于多分类

在多标签分类的问题中，模型的训练集由实例组成，每个实例可以被分配多个类别，表示为一组目标标签，最终任务是准确预测测试数据的标签集。例如：

- 文本可以同时涉及宗教、政治、金融或教育，也可以不属于其中任何一个。

- 电影按其抽象内容可分为动作片、喜剧片和浪漫片。电影有可能属于多种类型，比如周星驰的《大话西游》，同时属于浪漫片与喜剧片。

那么读者可能会问：多标签和多分类有什么区别？在多分类中，每个样本被分配到一个且只有一个标签：水果可以是苹果或梨，但不能同时是苹果和梨。而对于天气来说，某一日的天气可以却在多个天气属性中选择，如图 8.1 所示。

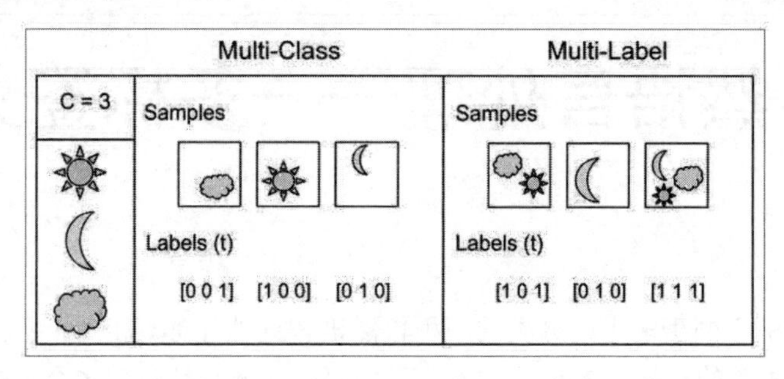

图 8.1 多个天气属性

8.1.2 多标签分类的激活函数——sigmoid

在前面进行文本分类时，作为分类器的全连接层使用的激活函数一般是 softmax，而在多标签文本分类时推荐使用 sigmoid 作为分类函数，其区别参见表 8.1。

表8.1 softmax和sigmoid的区别

函 数	说 明
softmax	适用于互斥的单标签分类
sigmoid	适用于非互斥的多标签分类

sigmoid 的公式如下：

$$S(x) = \frac{1}{1 + e^{-x}}$$

sigmoid 构成的图形如图 8.2 所示。

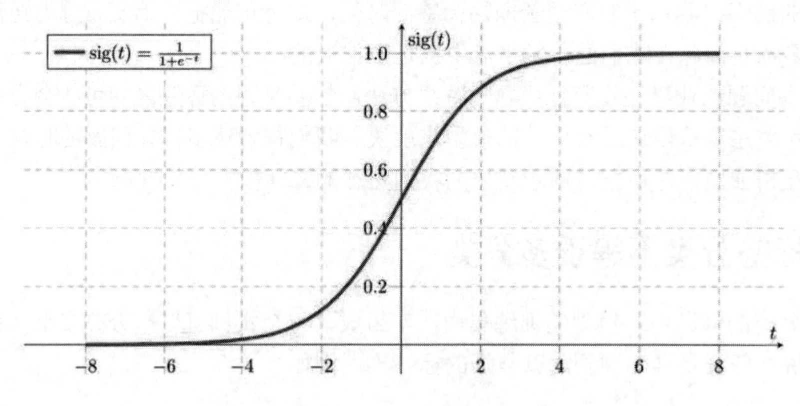

图 8.2 sigmoid 函数

sigmoid 激活函数的定义域能够取任何范围的实数，返回的输出值在 0~1 范围内。sigmoid 函数也被称为 S 型函数，因为其函数曲线类似于 S 型。

更多的 sigmoid 函数的细节，请有兴趣的读者自行查找相关资料学习。

8.2　案例实战：多标签文本分类

本节将进行多标签文本实战的工作。相对于前面介绍的单文本分类任务，多标签文本分类在模型设计、损失函数以及预测模型中都有不同之处，下面分步对其进行介绍。

8.2.1　第一步：数据的获取与处理

使用“体育影视明星”数据集作为训练集使用，其对应的文本结构如图 8.3 所示。

", "type": "property"}}]}, {"text": "《爱一个人》是叶秉桓演唱的歌曲，由叶秉桓及Cooper填词、谱曲，收录于叶秉桓2016年1月17日发行的迷你专辑《日子这样就好》中", "new_spo_list": [{"s": {"entity": "爱一个人", "type": "song"}, "p": {"entity": "所属专辑", "type": "_rel"}, "o": {"entity": "日子这样就好", "type": "album"}}, {"s": {"entity": "爱一个人", "type": "song"}, "p": {"entity": "歌手", "type": "_rel"}, "o": {"entity": "叶秉桓", "type": "people"}}, {"s": {"entity": "爱一个人", "type": "song"}, "p": {"entity": "作曲", "type": "_rel"}, "o": {"entity": "叶秉桓", "type": "people"}}, {"s": {"entity": "爱一个人", "type": "song"}, "p": {"entity": "作词", "type": "_rel"}, "o": {"entity": "叶秉桓", "type": "people"}}]}, {"text": "个人简介姓名：奥斯瓦尔多·洛伦科·费里奥　身高：169厘米　体重：68公斤　惯用脚：右脚　出生地：福塔莱萨(巴西)　代表国家队：出场0次，进0球　欧洲三大杯：出场0次，进0球　欧洲冠军联赛：出场0次，进0球职业生涯1", "new_spo_list": [{"s": {"entity": "奥斯瓦尔多·洛伦科·费里奥", "type": "people"}, "p": {"entity": "身高", "type": "_rel"}, "o": {"entity": "169厘米", "type": "property"}}, {"s": {"entity": "奥斯瓦尔多·洛伦科·费里奥", "type": "people"}, "p": {"entity": "国籍", "type": "_rel"}, "o": {"entity": "巴西", "type": "property"}}]}, {"text": "《反正我不管》是歌手赖伟锋2016年自己创作的歌曲，收录在专辑《最差不过是孤独》中，发行2016年7月8日", "new_spo_list": [{"s": {"entity": "反正我不管", "type": "song"}, "p": {"entity": "歌手", "type": "_rel"}, "o": {"entity": "赖伟锋", "type": "people"}}, {"s": {"entity": "反正我不管", "type": "song"}, "p": {"entity": "作曲", "type": "_rel"}, "o": {"entity": "赖伟锋", "type": "people"}}, {"s": {"entity": "反正我不管", "type": "song"}, "p": {"entity": "所属专辑", "type": "_rel"}, "o": {"entity": "最差不过是孤独", "type": "album"}}]}]

图 8.3　训练集文本结构

通过观察可以看到，每个文本中蕴含着不同的标签，即含有一定关系意义的标签。本任务的目标就是提取出文本中蕴含的意义标签。

相对于二分类数据处理的多标签文本分类，第一步就是抽取出标签列表，在此直接给出了全部 32 种标签：

```
p_entitys = ['丈夫', '上映时间', '主持人', '主演', '主角', '作曲', '作者', '作词', '出品公司', '出生地', '出生日期', '创始人', '制片人', '号', '嘉宾', '国籍', '妻子', '字', '导演', '所属专辑', '改编自', '朝代', '歌手', '母亲', '毕业院校', '民族', '父亲', '祖籍', '编剧', '董事长', '身高', '连载网站']
```

获取数据集的完整代码如下所示。

```
import json
import numpy as np
from tqdm import tqdm

#注意选择的 token 编码
bert_model = " bert-base-chinese"
from transformers import AutoTokenizer

#为了便于统一作者选用了预训练模型 BERT 的文本编码方式
tokenizer = AutoTokenizer.from_pretrained(bert_model)

p_entitys = ['丈夫', '上映时间', '主持人', '主演', '主角', '作曲', '作者', '作词', '出品公司', '出生地', '出生日期', '创始人', '制片人', '号', '嘉宾', '国籍', '妻子', '字', '导演', '所属专辑', '改编自', '朝代', '歌手', '母亲', '毕业院校', '民族', '父亲', '祖籍', '编剧', '董事长', '身高', '连载网站']
```

```
    #设置每个文本的最大长度为 300
    max_length = 300

    token_list = []
    p_entity_label_list = []
    with open('./data/train_data.json', 'r',encoding="UTF-8") as f:
        data = json.load(f)

        for line in tqdm(data):
            text = line["text"]
            new_spo_list = line["new_spo_list"]
            label = [0.] * len(p_entitys)

            for spo in new_spo_list:
                s_entity = spo["s"]["entity"]
                p_entity = spo["p"]["entity"]
                o_entity = spo["o"]["entity"]
                label[p_entitys.index(p_entity)] = 1.

                kg_json = "{" + "source: '{}', target: '{}', 'rela': '{}', type: 
'resolved'".format(s_entity,o_entity,p_entity) +"},"

            token = tokenizer.encode(text)
            token = token + [0] * (max_length - len(token))
            token_list.append((token))
            p_entity_label_list.append(label)

    token_list = np.array(token_list)
    p_entity_label_list = np.array(p_entity_label_list)
```

首先，为了便于统一起见，这里选用了预训练模型 BERT 的文本编码方式；其次，为了对文本的长度进行统一，设置了最大长度为 300；最后，numpy.array 函数目的是将生产的数据集整合成一个统一的数据格式，有兴趣的读者可以自行打印查看。

同时为了验证数据的训练结果，笔者提供了一个单独分离的验证数据集，获取其代码如下：

```
    val_token_list = []
    val_p_entity_label_list = []
    with open('./data/valid_data.json', 'r', encoding="UTF-8") as f:
        data = json.load(f)

        for line in tqdm(data):
            text = line["text"]
            new_spo_list = line["new_spo_list"]
            label = [0.] * len(p_entitys)

            for spo in new_spo_list:
                s_entity = spo["s"]["entity"]
                p_entity = spo["p"]["entity"]
                o_entity = spo["o"]["entity"]
                label[p_entitys.index(p_entity)] = 1.

                kg_json = "{" + "source: '{}', target: '{}', 'rela': '{}', type: 
'resolved'".format(s_entity, o_entity,p_entity) + "},"
```

```
        token = tokenizer.encode(text)
        token = token + [0] * (max_length - len(token))
        val_token_list.append((token))
        val_p_entity_label_list.append(label)


val_token_list = np.array(val_token_list)
val_p_entity_label_list = np.array(val_p_entity_label_list)
```

generator 函数是为了拆分数据集，将数据分批喂给模型进行训练，代码如下：

```
train_length = len(p_entity_label_list)
def generator(batch_size = 12):
    batch_num = train_length//batch_size

    #下面 2 个 shuffle 不能省略，才能保证 shuffle 的结果一样
    seed = int(np.random.random()*5217)
    np.random.seed(seed);np.random.shuffle(token_list)
    np.random.seed(seed);np.random.shuffle(p_entity_label_list)

    while 1:
        for i in range(batch_num):
            start = batch_size * i
            end = batch_size * (i + 1)

            yield token_list[start:end],p_entity_label_list[start:end]
```

为了每次对输入的数据集进行“重拍”操作，这里使用了 NumPy 中 seed 和 shuffle 操作，并且显式地调用两次 seed 操作，以保证最终的 shuffle 数据一样。

【程序 8-1】

```
import json
import numpy as np
from tqdm import tqdm

#注意选择的 token 编码
bert_model = " bert-base-chinese"

from transformers import AutoTokenizer

#为了便于统一作者选用了预训练模型 BERT 的文本编码方式
tokenizer = AutoTokenizer.from_pretrained(bert_model)

#确定分类标签
p_entitys = ['丈夫', '上映时间', '主持人', '主演', '主角', '作曲', '作者', '作词', '出品公司', '出生地', '出生日期', '创始人', '制片人', '号', '嘉宾', '国籍', '妻子', '字', '导演', '所属专辑', '改编自', '朝代', '歌手', '母亲', '毕业院校', '民族', '父亲', '祖籍', '编剧', '董事长', '身高', '连载网站']
max_length = 300
token_list = []
p_entity_label_list = []

#获取训练集
```

```
with open('./data/train_data.json', 'r',encoding="UTF-8") as f:
    data = json.load(f)

    for line in tqdm(data):
        text = line["text"]
        new_spo_list = line["new_spo_list"]
        label = [0.] * len(p_entitys)

        for spo in new_spo_list:
            s_entity = spo["s"]["entity"]
            p_entity = spo["p"]["entity"]
            o_entity = spo["o"]["entity"]
            label[p_entitys.index(p_entity)] = 1.

        token = tokenizer.encode(text)
        token = token + [0] * (max_length - len(token))
        token_list.append((token))
        p_entity_label_list.append(label)

token_list = np.array(token_list)
p_entity_label_list = np.array(p_entity_label_list)

val_token_list = []
val_p_entity_label_list = []
#获取验证集
with open('./data/valid_data.json', 'r', encoding="UTF-8") as f:
    data = json.load(f)

    for line in tqdm(data):
        text = line["text"]
        new_spo_list = line["new_spo_list"]
        label = [0.] * len(p_entitys)

        for spo in new_spo_list:
            s_entity = spo["s"]["entity"]
            p_entity = spo["p"]["entity"]
            o_entity = spo["o"]["entity"]
            label[p_entitys.index(p_entity)] = 1.

        token = tokenizer.encode(text)
        token = token + [0] * (max_length - len(token))
        val_token_list.append((token))
        val_p_entity_label_list.append(label)

val_token_list = np.array(val_token_list)
val_p_entity_label_list = np.array(val_p_entity_label_list)

train_length = len(p_entity_label_list)
def generator(batch_size = 12):
    batch_num = train_length//batch_size

    seed = int(np.random.random()*5217)
    np.random.seed(seed);np.random.shuffle(token_list)
    np.random.seed(seed);np.random.shuffle(p_entity_label_list)
```

```
    while 1:
        for i in range(batch_num):
            start = batch_size * i
            end = batch_size * (i + 1)

            yield token_list[start:end],p_entity_label_list[start:end]
```

8.2.2 第二步：选择特征抽取模型

模型的构建实际上并没有什么难度，而其中最重要的是特征抽取器 Encoder 的选择。

特征抽取器的选择有两种以下：

- 使用自定义的特征抽取模型。
- 使用预训练模型。

读者可以根据自己的硬件配置选择合适的特征抽取。相应的使用预训练模型可能会耗费更多的硬件资源和训练时间，而使用自定义的特征抽取模型比较适合硬件资源一般的用户。结果的不同在上一章已经做了说明，选择何种特征抽取模型还要用户自己斟酌。

说　明

在后面的过程中将以自定义特征抽取为例进行讲解，有兴趣的读者可以自行替换成预训练模型进行验证。

1. 使用自定义模型构建特征抽取模块

使用预训练模型作为特征抽取模型可以参考第 6 章实战编码器中提供的 Encoder 模型，其作用是对输入的文本序列进行编码以及抽取特定的特征。代码如下所示（请注意 IDCNN 类的初始化参数）：

```
class IDCNN(tf.keras.layers.Layer):
    def __init__(self, d_model=312, filter_num=128, kernel_size=3, n_layer=4,
dilation_rates=[1, 3, 5]):
        self.d_model = d_model
        self.filter_num = filter_num
        self.filter_width = 3
        self.kernel_size = kernel_size
        self.n_layer = n_layer
        self.dilation_rates = dilation_rates
        super(IDCNN, self).__init__()

    def build(self, input_shape):
        self.seq_length = input_shape[1]

        self.input_embedding_conv2d = tf.keras.layers.Conv2D(
filters= self.filter_num,
kernel_size=[1, self.filter_width], padding="SAME")

        self.dilation_convs = []
        self.layer_norms = []
```

```
        for i in range(len(self.dilation_rates)):
            self.dilation_convs.append(
                tf.keras.layers.SeparableConv2D(filters=self.filter_num,
kernel_size=[1, self.filter_width], padding="SAME",

dilation_rate=self.dilation_rates[i]))
            self.layer_norms.append(tf.keras.layers.LayerNormalization())

        self.last_dense = tf.keras.layers.Dense(units=128,
activation=tf.nn.relu)

        super(IDCNN, self).build(input_shape)  #一定要在最后调用它


    def call(self, inputs):
        embedding = inputs  #[bs,32,312]    bs=batch_size
        embedding = tf.expand_dims(embedding, axis=1)  #[bs,1,32,312]

        embedding = self.input_embedding_conv2d(embedding)  #[bs,1,32,128]

        final_out_from_layers = []
        total_width_for_last_dim = 0

        for i in range(self.n_layer):
            for j in range(len(self.dilation_rates)):
                embedding = self.dilation_convs[j](embedding)
            final_out_from_layers.append(embedding)
            total_width_for_last_dim += self.filter_num

        final_out = tf.concat(final_out_from_layers, axis=3)  #[bs,1,32,128X4]
        final_out = tf.squeeze(final_out, axis=1)
        final_out = tf.keras.layers.Dropout(0.17)(final_out)
        final_out = self.last_dense(final_out)

        return final_out
```

这里使用了 IDCNN 作为自定义的特征抽取模块

2. 使用预训练模型构建特征抽取模块

对于使用预训练模型的构建特征抽取模型，其代码如下：

```
from transformers import AutoTokenizer, TFBertModel
bert_model = "bert-base-chinese"

#输入 BERT 选择的名称
model = TFBertModel.from_pretrained(bert_model)
```

可以看到，使用预训练模型构建特征抽取模型非常简单，仅仅需要一行代码，这也从一个侧面反映了预训练模型的简洁易用性。

8.2.3 第三步：训练模型的建立

模型的建立是基于特征抽取的基础上，这里使用自定义的特征抽取模块进行模型建立，代码如

下：

```
import tensorflow as tf
import idcnn

input_token = tf.keras.Input(shape=(300,),dtype=tf.int32)
embedding =
tf.keras.layers.Embedding(input_dim=21128,output_dim=256)(input_token)
embedding = idcnn.IDCNN()(embedding)

embedding = tf.keras.layers.BatchNormalization()(embedding)

embedding = tf.keras.layers.Flatten()(embedding)
embedding = tf.keras.layers.Dropout(0.217)(embedding)
output = tf.keras.layers.Dense(32)(embedding)      #这里没有使用激活函数
model = tf.keras.Model(input_token,output)
```

代码中使用了自定义的idcnn作为特征抽取库，之后使用了一个全连接层作为分类器。

注　意
最后的分类层并没有使用任何激活函数，分类器仅仅起到一个修正输出维度的作用。

使用预训练模型实现的多标签文本分类模型如下所示。

```
import tensorflow as tf
from tqdm import tqdm
from transformers import AutoTokenizer, TFBertModel
bert_model = "bert-base-chinese"

#输入BERT选择的名称
tokenizer = AutoTokenizer.from_pretrained(bert_model)
model = TFBertModel.from_pretrained(bert_model)

input_token = tf.keras.Input(shape=(300,),dtype=tf.int32)
embedding = (model(input_token)[0])

embedding = tf.keras.layers.Flatten()(embedding)
#这里没有激活函数
output = tf.keras.layers.Dense(32)(embedding)
model = tf.keras.Model(input_token,output)
```

代码中使用了BERT预训练模型，需要注意的是，选择的预训练模型需要与文本编码的预训练编码类型相一致。

8.2.4　第四步：多标签文本分类的训练与预测

多标签文本分类的训练和预测与普通的单文本分类不同，首先是损失函数的确定，在模型中使用了全连接层作为分类器层，而对此的损失函数选用了tf.nn.sigmoid_cross_entropy_with_logits用于损失函数的计算。对应的损失优化函数如下所示。

```
model.compile(optimizer=tf.keras.optimizers.Adam(2e-5),loss=tf.nn.sigmoid_
cross_entropy_with_logits,metrics=["accuracy"])
```

其中，tf.keras.optimizers.Adam(2e-5)是损失函数，2e-5 是学习率，而 loss 对应的作者设定的损失函数，并以准确率作为验证标准进行对比。

完整的训练函数如下所示。

【程序 8-2】

```
import tensorflow as tf
import idcnn          #引入的特征抽取模型

input_token = tf.keras.Input(shape=(300,),dtype=tf.int32)

#根据字数建立的 wordEmbedding 函数
embedding = tf.keras.layers.Embedding(input_dim=21128,
output_dim=256)(input_token)

embedding = idcnn.IDCNN()(embedding)
embedding = tf.keras.layers.BatchNormalization()(embedding)

embedding = tf.keras.layers.Flatten()(embedding)
embedding = tf.keras.layers.Dropout(0.217)(embedding)
output = tf.keras.layers.Dense(32)(embedding)
model = tf.keras.Model(input_token,output)
model.load_weights("./saver/model.h5")

model.compile(optimizer=tf.keras.optimizers.Adam(2.17e-5),loss=
tf.nn.sigmoid_cross_entropy_with_logits,metrics=["accuracy"])

import get_data
batch_size = 256

for i in range(10):
    model.fit(get_data.generator(batch_size),steps_per_epoch=get_data.
train_length//batch_size,epochs=5,
validation_data=(get_data.val_token_list,get_ data.val_p_entity_label_list))
    model.save_weights("./saver/model.h5")
```

请读者自行完成多标签文本分类的训练部分。需要注意的是，这里选用的是一个比较困难的数据集，需要耗费大量的时间进行训练，推荐一般训练时间不要超过 24 小时，具体还请读者自行考虑。

对于根据训练结果预测新数据的代码，读者可以仿照下面的代码段完成。

【程序 8-3】

```
import tensorflow as tf
import idcnn

input_token = tf.keras.Input(shape=(300,),dtype=tf.int32)
embedding = tf.keras.layers.Embedding(input_dim=21128,
output_dim=256)(input_token)
embedding = idcnn.IDCNN()(embedding)

embedding = tf.keras.layers.BatchNormalization()(embedding)

embedding = tf.keras.layers.Flatten()(embedding)
embedding = tf.keras.layers.Dropout(0.217)(embedding)
```

```
output = tf.keras.layers.Dense(32)(embedding)
model = tf.keras.Model(input_token,output)
model.load_weights("./saver/model.h5")

import get_data

result = model.predict(get_data.val_token_list)
result = tf.nn.sigmoid(result)
result = tf.cast(tf.greater_equal(result,0.5),tf.float32)
for line,gold_label in zip(result,get_data.val_p_entity_label_list):
   print("标准值:",gold_label)
print("预测值:",line.numpy())
print("----------------------")
```

最终的结果输出如图 8.4 所示。

```
标准值: [0. 0. 0. 1. 0. 0. 0. 0. 0. 0. 0. 0. 0. 0. 0. 0. 0. 0. 1. 0. 0. 0. 0. 0.
 0. 0. 0. 0. 0. 0. 0. 0.]
预测值: [0. 0. 0. 1. 0. 0. 0. 0. 0. 0. 0. 0. 0. 0. 0. 0. 0. 0. 1. 0. 0. 0. 0. 0.
 0. 0. 0. 0. 0. 0. 0. 0.]
----------------------
标准值: [0. 0. 0. 0. 0. 0. 1. 0. 0. 0. 0. 0. 0. 0. 0. 0. 0. 0. 0. 0. 0. 0. 0. 0.
 0. 0. 0. 0. 0. 0. 0. 0.]
预测值: [0. 0. 0. 0. 0. 0. 1. 0. 0. 0. 0. 0. 0. 0. 0. 0. 0. 0. 0. 0. 0. 0. 0. 0.
 0. 0. 0. 0. 0. 0. 0. 0.]
----------------------
标准值: [0. 0. 0. 0. 0. 0. 1. 0. 0. 0. 0. 0. 0. 0. 0. 0. 0. 0. 0. 0. 0. 0. 0. 0.
 0. 0. 0. 0. 0. 0. 0. 0.]
预测值: [0. 0. 0. 0. 0. 0. 1. 0. 0. 0. 0. 0. 0. 0. 0. 0. 0. 0. 0. 0. 0. 0. 0. 0.
 0. 0. 0. 0. 0. 0. 0. 0.]
----------------------
```

图 8.4　预测结果

第一行是标准值，而第二行是模型预测的值，通过对比可以看到，模型还是得到了较好的预测结果。

对于使用预训练模型的多标签文本分类训练，读者可以参考如下函数。

【程序 8-4】

```
import tensorflow as tf
from transformers import AutoTokenizer, TFBertModel
bert_model = "bert-base-chinese"

#输入 BERT 选择的名称
tokenizer = AutoTokenizer.from_pretrained(bert_model)
model = TFBertModel.from_pretrained(bert_model)

input_token = tf.keras.Input(shape=(300,),dtype=tf.int32)
embedding = (model(input_token)[0])

embedding = tf.keras.layers.Flatten()(embedding)
#这里没有激活函数
output = tf.keras.layers.Dense(32)(embedding)
model = tf.keras.Model(input_token,output)
```

```
    model.compile(optimizer=tf.keras.optimizers.Adam(1e-5),loss=
tf.nn.sigmoid_cross_entropy_with_logits,metrics=["accuracy"])

    import get_data
    batch_size = 10

    saver = tf.keras.callbacks.ModelCheckpoint(filepath="./saver/model.h5",
save_freq=1,save_weights_only=True)
    model.fit(get_data.generator(batch_size),steps_per_epoch=get_data.train_len
gth//batch_size,epochs=1024,validation_data=(get_data.val_token_list,get_data.v
al_p_entity_label_list),callbacks=[saver])
```

读者可以比较采用预训练模型的训练过程与采用自定义模型的训练过程有何不同。

8.3 本章小结

本章主要演示了多标签文本训练的解决方法。相对于互斥的单文本分类，多标签文本分类是一个新的自然语言处理领域，与单文本分类在激活函数、损失函数和预测函数的选择上千差万别，只有深入了解任务目的、知晓文本对应的标签是否具有独立性和相关性，才能更好地应用文本训练和预测任务。

本章介绍了 sigmoid 函数的用法以及与其配对的损失函数和预测函数的写法，这一点在应用时不能变化。有兴趣的读者可以多做研究。

在模型的特征抽取部分，我们分别使用了预训练模型以及自定义模型作为特征抽取模块，对于相同的任务，也可以选择不同的特征抽取模型作为特征抽取模块。在此，我们仅仅使用了 2 个模型作为特征抽取，对此有兴趣的读者可以使用更多的特征抽取模型，比如在第 6 章中使用的注意力模型的特征抽取模块。

第9章

实战 MTCNN——人脸检测

人脸检测（Face Detection）是人脸识别的一项基础性工作。相对于人脸识别（Face Recognition），人脸检测的任务更加明确，即对于任意一幅给定的图像，采用一定的策略对其进行搜索以确定其中是否含有人脸，如果含有人脸，就返回一张脸的位置、大小和姿态。

在一组图片中找到人脸的位置是本章的重点内容。人脸检测就是使用计算机技术识别数字图像中的人脸，也是指在视觉场景中定位人脸的过程。

人脸检测（见图 9.1）是人脸识别系统中的关键环节。早期的人脸识别研究主要针对具有较强约束条件的人脸图像（如无背景的图像），往往假设人脸位置一直不变或者很容易获得，因此人脸检测问题在当时并未受到重视。

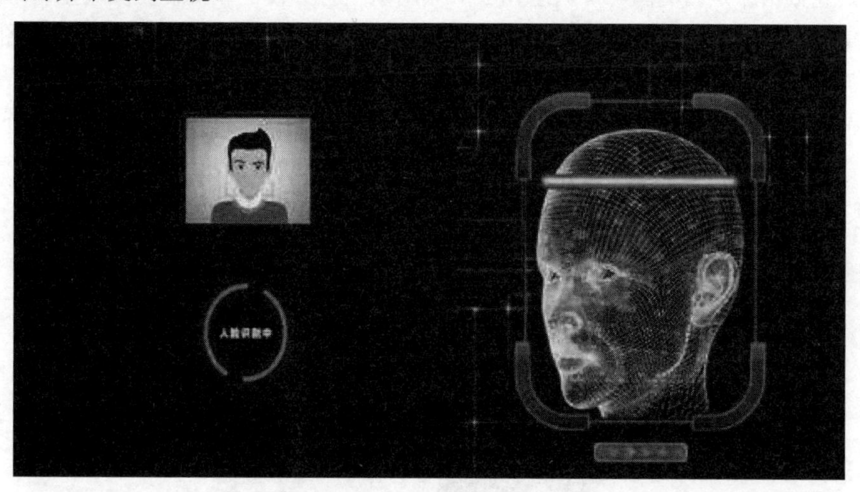

图 9.1　人脸检测

随着电子商务等应用的发展，人脸识别成为最有潜力的、通过生物特征进行身份验证的手段，这类应用背景要求人脸识别系统能够对一般图像具有人脸识别能力，由此引发的一系列问题使得人脸检测作为一个独立的课题受到研究者的重视。今天，人脸检测的应用已经远远超出了人脸识别系统的范畴，在基于内容的检索、数字视频处理、视频检测等方面有着重要的应用价值。

本章的目的是使用 MTCNN 模型实现人脸检测的案例，其理论基础包括：

- LFW 数据集
- Dlib 库
- OpenCV 图像处理
- MTCNN 模型

9.1 人脸检测基础

在使用深度学习进行人脸检测之前，需要先介绍一下基于传统的 Python 库进行人脸检测的方法以及使用的数据集。本节主要使用 LFW（Labled Faces in the Wild）人脸数据集和 Python 的 Dlib 开源库来实现检测图像中是否存在人脸的程序。

9.1.1 LFW 数据集简介

LFW 人脸数据集是目前人脸识别的常用测试集，该数据集中提供的人脸图像均来源于生活中的自然场景，识别难度大，因为识别会受到多姿态、光照、表情、年龄、遮挡等因素影响，即使同一人，在不同照片中人脸图像的差别也很大，并且有些照片中可能不止一个人脸出现（对这些多人脸图像，仅选择中心坐标的人脸作为目标，其他区域的人脸则视为干扰背景）。LFW 数据集共有 13233 幅人脸图像，每幅图像均给出对应的人名，共有 5749 人，且绝大部分人仅有一幅图片。每幅图片的尺寸为 250×250 像素，绝大部分照片为彩色图像，但也有少许黑白人脸图像。

LFW 人脸数据库是由美国马萨诸塞州立大学阿默斯特分校计算机视觉实验室整理完成的数据集，主要用来研究非受限情况下的人脸识别问题。LFW 数据库主要是从互联网上搜集图像，而不是实验室，一共含有 13000 多幅人脸图像，每幅图像都被标识出对应的人的名字，其中有 1680 人对应不只一幅图像，即大约 1680 幅图像包含两个以上的人脸。数据集中的图像如图 9.2 所示。

图 9.2 LFW 数据集

LFW 数据集主要测试人脸识别的准确率，该数据库从中随机选择了 6000 对人脸组成了人脸辨识图片对，其中 3000 对属于同一个人两幅人脸照片，3000 对属于不同的人，每人一幅人脸照片。在测试过程中，LFW 给出一对照片，询问测试中的系统两幅照片是不是同一个人，系统给出“是”

或“否”的答案。通过 6000 对人脸测试结果的系统答案与真实答案的比值，可以得到人脸识别的准确率。

9.1.2 Dlib 库简介

在介绍完 LFW 数据库后，下面介绍 Dlib 这一常用的 Python 库。Dlib 是一个机器学习的开源库，包含了机器学习的很多算法，使用起来很方便，直接包含头文件即可，并且它不依赖于其他库（自带图像编解码库源码）。目前，Dlib 被广泛地用在行业和学术领域，包括机器人、嵌入式设备、移动电话和大型高性能计算环境。

Dlib 是一个使用现代 C++技术编写的跨平台通用库，遵守 Boost 开放软件协议（Boost Software licence），主要特点如下：

- 完善的文档：每个类、每个函数都有详细的文档，并且提供了大量的示例代码，如果我们发现文档描述不清晰或者没有文档，可以告诉作者，作者一般会很快添加。
- 可移植代码：代码符合 ISO C++标准，不需要第三方库支持，支持 Win32、Linux、Mac OS X、Solaris、HPUX、BSD 和 POSIX 系统。
- 线程支持：提供简单的可移植的线程 API。
- 网络支持：提供简单的可移植的 Socket API 和一个简单的 HTTP 服务器。
- 图形用户界面：提供线程安全的 GUI API。
- 数值算法：支持矩阵、大整数、随机数运算等。

除了人脸检测之外，Dlib 库还包含其他多种工具（见图 9.3），例如检测数据压缩和完整性算法：CRC32、MD5 以及不同形式的 PPM 算法；用于测试的线程安全的日志类和模块化的单元测试框架以及各种测试 assert 支持的工具；一般工具类的 XML 解析、内存管理、类型安全的 Big/Little Endian 转换、序列化支持和容器类等。

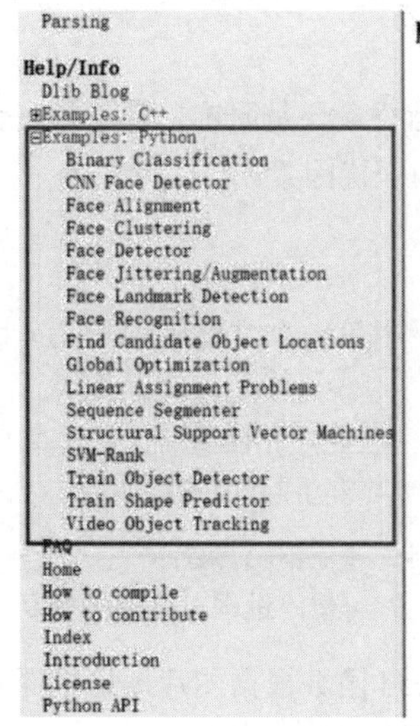

图 9.3 Dlib 支持的函数

9.1.3 OpenCV 简介

OpenCV 是一个重要的 Python 常用库。对于 Python 用户来说，OpenCV 可能是最常用的图像处理工具，OpenCV 是一个基于 BSD 许可（开源）发行的跨平台计算机视觉和机器学习软件库，可以运行在 Linux、Windows、Android 和 Mac OS 操作系统上。

OpenCV 用 C++语言编写，轻量级而且高效——由一系列 C 函数和少量 C++类构成，同时提供了 C++、Python、Ruby、Java 和 MATLAB 等编程语言的接口，实现了图像处理和计算机视觉方面的很多通用算法。OpenCV 主要支持实时视觉应用，支持 MMX 和 SSE 指令，如今也提供对 C#、Ch、Ruby、GO 的支持。

OpenCV 不是本书的重点内容，因此对于 OpenCV 就不再展开介绍了，而对于本书涉及的使用 OpenCV 对图像进行处理的部分函数，会给出提示性说明，更多的 OpenCV 函数请有兴趣的读者自行查找相关资料学习。

9.1.4 使用 Dlib 做出图像中的人脸检测

下面使用 Dlib 实现图像中的人脸检测，从下载的 LFW 数据集中随机选择一幅图片，如图 9.4 所示。

图 9.4 LFW 数据集中的一幅图片

图中是一位成年男性的图片，对于计算机视觉来说，无论是背景还是服饰，都不是目标，重点是图片中的人脸。因为人脸所在的位置背景和服饰都可能会成为干扰因素。

第一步：使用 OpenCV 读取图片

使用 OpenCV 读取图片的代码如下，在这里使用 LFW 文件夹中第一个文件夹中的第一幅图片。

```
import cv2

image = cv2.imread("./dataset/lfw-deepfunneled/Aaron_Eckhart/
Aaron_Eckhart_0001.jpg")    #使用 openCV 读取图片
cv2.imshow("image",image)                              #展示图片结果
cv2.waitKey(0)                                         #暂停进程，按空格恢复
```

上面代码展示了使用 OpenCV 读取图片并展示的过程，imread 函数根据图片地址把图片读取到内存中，imshow 函数展示图片，而 waitKey 函数用于设置进程暂停的时间。

第二步：加载 Dlib 的检测器

Dlib 检测器的作用就是对图像中的人脸目标进行检测，代码如下：

```
import cv2
import dlib

image = cv2.imread("./dataset/lfw-deepfunneled/Aaron_Eckhart/
Aaron_Eckhart_0001.jpg")

detector = dlib.get_frontal_face_detector()    #Dlib 创建的检测器
boundarys = detector(image, 2)                 #对人脸图片进行检测，找到人脸的位置框
print(list(boundarys))                         #打印位置框内容
```

其中的 dlib.get_frontal_face_detector 函数用于创建对人脸检测的检测器，之后使用 detector 对人脸的位置进行检测，并将找到的位置以列表的形式存储，若未找到，则返回一个空列表。打印结果如下所示：

```
[rectangle(78,89,171,182)]
```

列表中是一个 rectangle 格式的数据元组，框体的位置说明如下：

- 框体上方：rectangle[1]，使用函数 rectangle.top()获取。
- 框体下方：rectangle[3]，使用函数 rectangle. bottom()获取。
- 框体左方：rectangle[0]，使用函数 rectangle. left()获取。
- 框体右方：rectangle[2]，使用函数 rectangle. right()获取。

获取并打印框体位置的代码如下所示：

```
import cv2
import dlib
import numpy as np

image = cv2.imread("./dataset/lfw-deepfunneled/Aaron_Eckhart/
Aaron_Eckhart_0001.jpg")

detector = dlib.get_frontal_face_detector() #Dlib 创建的切割器
boundarys = detector(image, 2)              #找到人脸框的坐标，没有则返回空集
print(list(boundarys))                      #打印结果

draw = image.copy()

rectangles = list(boundarys)

for rectangle in rectangles:
    top = np.int(rectangle.top())   #idx = 1
    bottom = np.int(rectangle.bottom()) #idx = 3
    left = np.int(rectangle.left()) #idx = 0
    right = np.int(rectangle.right())   #idx = 2

print([left,top,right,bottom])
```

打印结果如下所示：

```
[rectangle(78,89,171,182)]
[78, 89, 171, 182]
```

第三步：使用 Dlib 进行人脸检测

输入检测到的人脸框图，OpenCV 提供了专门用于画框图的函数 rectangle()，将 OpenCV 与 Dlib 结合在一起，就可以很好地达到人脸检测的需求，代码如下：

```
    import cv2
    import dlib
    import numpy as np

    image = cv2.imread("./dataset/lfw-deepfunneled/Aaron_Eckhart/
Aaron_Eckhart_0001.jpg")

    detector = dlib.get_frontal_face_detector() #切割器
    boundarys = detector(image, 2)

    rectangles = list(boundarys)

    draw = image.copy()
    for rectangle in rectangles:
       top = np.int(rectangle.top())   #idx = 1
       bottom = np.int(rectangle.bottom()) #idx = 3
       left = np.int(rectangle.left()) #idx = 0
       right = np.int(rectangle.right())   #idx = 2

       W = -int(left) + int(right)      #获取人脸框体的宽度
       H = -int(top) + int(bottom)      #获取人脸框体的高度
       paddingH = 0.01 * W
       paddingW = 0.02 * H
       #将人脸的图片单独“切割出来”
       crop_img = image[int(top + paddingH):int(bottom - paddingH), int(left -
paddingW):int(right + paddingW)]
       #进行人脸框体描绘
       cv2.rectangle(draw, (int(left), int(top)), (int(right), int(bottom)), (255,
0, 0), 1)

       cv2.imshow("test", draw)
       c = cv2.waitKey(0)
```

这里使用了图像截取，crop_img 的作用是将图片矩阵按大小进行截取，而 cv2.rectangle 是使用 OpenCV 在图片上画出了框体线。最终结果如图 9.5 所示。

从图 9.5 可以清楚地看到，使用 Dlib 和 OpenCV 可以很好地解决人脸定位问题，切割出的图片显示如图 9.6 所示。

图 9.5　画出人脸框的图片

图 9.6　切割的图片

图 9.6 中看到图片的右侧边缘有一条明显的竖线，这是因为图片的尺寸过小，从而影响了 OpenCV 的画图，此时将切割图片的大小重新进行缩放即可，代码如下所示：

```
import cv2
import dlib
import numpy as np

image = cv2.imread("./dataset/lfw-deepfunneled/Aaron_Eckhart/
Aaron_Eckhart_0001.jpg")

detector = dlib.get_frontal_face_detector() #切割器
boundarys = detector(image, 2)
print(list(boundarys))

draw = image.copy()

rectangles = list(boundarys)

for rectangle in rectangles:
    top = np.int(rectangle.top())   #idx = 1
    bottom = np.int(rectangle.bottom()) #idx = 3
    left = np.int(rectangle.left()) #idx = 0
    right = np.int(rectangle.right())   #idx = 2

    W = -int(left) + int(right)
    H = -int(top) + int(bottom)
    paddingH = 0.01 * W
    paddingW = 0.02 * H
    crop_img = image[int(top + paddingH):int(bottom - paddingH), int(left -
paddingW):int(right + paddingW)]

    #进行切割放大
    crop_img = cv2.resize(crop_img,dsize=(128,128))
    cv2.imshow("test", crop_img)
    c = cv2.waitKey(0)
```

读者可自行验证上述代码的执行结果。

9.1.5 使用 Dlib 和 OpenCV 建立人脸检测数据集

由于 LFW 数据集在创建时并没有专门整理人脸框体的位置数据，因此需要借助 Dlib 和 OpenCV 建立自己的人脸检测数据集。

第一步：LFW 数据集中的所有图片

找到 LFW 数据集中所有图片的位置，使用 pathlib 库对数据库地址进行查找，代码如下所示：

```
path = "./dataset/lfw-deepfunneled/"
path = Path(path)
file_dirs = [x for x in path.iterdir() if x.is_dir()]

for file_dir in tqdm(file_dirs):
    image_path_list = list(Path(file_dir).glob('*.jpg'))
```

这里 file_dirs 查找当前路径中所有的文件夹，之后 for 循环后又调用 glob 函数将符合对应后缀名的所有文件找到。最后生成一个 image_path_list 列表，并存储所有找到的对应后缀名的文件。

这里顺便说一下 tqdm 的作用，tqdm 是一个可视化进程运行函数，可将路径的进程予以可视化显示。

结合 Dlib 进行人脸框的查找并存储结果，完整的代码如下所示。

【程序 9-1】

```
from pathlib import Path
import dlib
import cv2
import numpy as np

from tqdm import tqdm
detector = dlib.get_frontal_face_detector() #人脸检测器

path = "./dataset/lfw-deepfunneled/"
path = Path(path)
file_dirs = [x for x in path.iterdir() if x.is_dir()]

rec_box_list = []
counter = 0
for file_dir in tqdm(file_dirs):
    image_path_list = list(Path(file_dir).glob('*.jpg'))
    for image_path in image_path_list:
        image_path = "./" + str(image_path)
        image = (cv2.imread(image_path))
        draw = image.copy()

        boundarys = detector(image, 2)
        rectangle = list(boundarys)
         #为了简便起见，作者限定每幅图片中只有一个人的图
        if len(rectangle) == 1:
            rectangle = rectangle[0]
            top = np.int(rectangle.top())  #idx = 1
            bottom = np.int(rectangle.bottom())  #idx = 3
            left = np.int(rectangle.left())  #idx = 0
```

```
            right = np.int(rectangle.right())  #idx = 2

            if rectangle is not None:
                W = -int(left) + int(right)
                H = -int(top) + int(bottom)
                paddingH = 0.01 * W
                paddingW = 0.02 * H
                crop_img = image[int(top + paddingH):int(bottom - paddingH),
int(left - paddingW):int(right + paddingW)]
                cv2.rectangle(draw, (int(left), int(top)), (int(right),
int(bottom)), (255, 0, 0), 1)

            rec_box = [top,bottom,left,right]

            rec_box_list.append(rec_box)

            new_path = "./dataset/lfw/" + str(counter) + ".jpg"
            cv2.imwrite(new_path, image)
            counter += 1

    np.save("./dataset/lfw/rec_box_list.npy",rec_box_list)
```

这段代码的作用就是读取 LFW 数据集中不同文件夹中的图片，获取其面部坐标框之后存储在特定的列表中。这里为了简单起见，限定了每幅图中只有一个人脸进行检测。

最后可以对其进行验证，这里随机获取一幅图片的 id，使用 Dlib 即时获取对应的人脸框，打印存储的人脸列表内容进行验证，代码如下所示：

```
import dlib
import cv2
import numpy as np

detector = dlib.get_frontal_face_detector() #切割器

img_path = "./dataset/lfw/10240.jpg"
image = (cv2.imread(img_path))

boundarys = detector(image, 2)
print(list(boundarys))

rec_box_list = np.load("./dataset/lfw/rec_box_list.npy")
print(rec_box_list[10240])
```

打印结果请读者自行验证。

9.2　案例实战：基于 MTCNN 模型的人脸检测

上一节使用了基于 Dlib 库的方法对人脸检测，本节将使用深度学习的方法实现一个在人脸检测中应用较广的算法——MTCNN（Multi-task Cascaded Convolutional Networks，多任务级联卷积网络），相比于传统的算法，MTCNN 算法的性能更好、检测速度更快。

9.2.1 MTCNN 模型简介

MTCNN 是 2016 年中国科学院深圳研究院提出的、用于人脸检测任务的多任务神经网络模型，该模型主要采用了三个级联的网络，采用候选框加分类器的思想，进行快速高效的人脸检测。这三个级联的网络分别是快速生成候选窗口的 P-Net、进行高精度候选窗口过滤选择的 R-Net 和生成最终边界框与人脸关键点的 O-Net。与很多处理图像问题的卷积神经网络模型一样，该模型也用到了图像金字塔、交并比（IOU）和非极大值抑制（NMS）等技术。

从模型架构上来看，MTCNN 主要是通过 CNN 模型级联实现了多任务学习网络。整个模型分为三个阶段：第一阶段通过一个浅层的 CNN 网络快速产生一系列的候选窗口；第二阶段通过一个能力更强的 CNN 网络，过滤掉绝大部分非人脸候选窗口；第三阶段通过一个能力更加强的网络找到人脸上面的人脸框。

完整的 MTCNN 模型级联如图 9.7 所示。

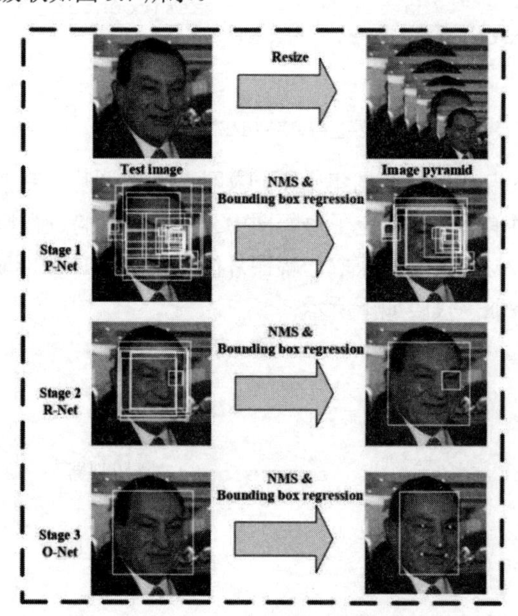

图 9.7 MTCNN 级联架构

从图 9.7 的级联结构可以看到，第一个 resize 就是对同一幅图片进行缩放操作，之后通过 P-Net 对图片进行第一次人脸框位置的查找和截取，在能够确认有人脸存在的图片中，将这个图片重新通过 resize 调整成一幅固定大小的图片供下一级使用；在获得固定大小的图片之后，R-Net 的作用就是对这个固定大小的图片进行第二次人脸框进行二次精确查找和截取；最后一层 O-Net 的作用就是对 R-Net 的结果进行第三次的查找和截取，从而获得最终的人脸框位置。

三阶段的代码如下所示。

1. P-Net 阶段

```
    from tensorflow.keras.layers import Conv2D, Input,MaxPool2D,
Reshape,Activation,Flatten, Dense, Permute

    from tensorflow.keras.models import Model, Sequential
```

```
import tensorflow as tf
import numpy as np
import utils
import cv2
#-----------------------------#
#粗略获取人脸框
#输出 bbox 位置和是否有人脸
#-----------------------------#
def create_Pnet(weight_path):
    #注意这里输入的维度为 None
    input = Input(shape=[None, None, 3])

    x = Conv2D(10, (3, 3), strides=1, padding='valid', name='conv1')(input)
    x = tf.nn.relu(x)
    x = MaxPool2D(pool_size=2)(x)

    x = Conv2D(16, (3, 3), strides=1, padding='valid', name='conv2')(x)
    x = tf.nn.relu(x)

    x = Conv2D(32, (3, 3), strides=1, padding='valid', name='conv3')(x)
    x = tf.nn.relu(x)

    classifier = Conv2D(2, (1, 1), activation='softmax', name='conv4-1')(x)
    #无激活函数，线性。
    bbox_regress = Conv2D(4, (1, 1), name='conv4-2')(x)

    model = Model([input], [classifier, bbox_regress])
    model.load_weights(weight_path, by_name=True)
    return model
```

2. R-Net 阶段

```
#-----------------------------#
#MTCNN 的第二段
#精修框
#-----------------------------#
def create_Rnet(weight_path):
    input = Input(shape=[24, 24, 3])
    #24,24,3 -> 11,11,28
    x = Conv2D(28, (3, 3), strides=1, padding='valid', name='conv1')(input)
    x = tf.nn.relu(x)
    x = MaxPool2D(pool_size=3,strides=2, padding='same')(x)

    #11,11,28 -> 4,4,48
    x = Conv2D(48, (3, 3), strides=1, padding='valid', name='conv2')(x)
    x = tf.nn.relu(x)
    x = MaxPool2D(pool_size=3, strides=2)(x)

    #4,4,48 -> 3,3,64
    x = Conv2D(64, (2, 2), strides=1, padding='valid', name='conv3')(x)
    x = tf.nn.relu(x)
    #3,3,64 -> 64,3,3
    x = Permute((3, 2, 1))(x)
    x = Flatten()(x)
    #576 -> 128
```

```
    x = Dense(128, name='conv4')(x)
    x = tf.nn.relu(x)
    #128 -> 2 128 -> 4
    classifier = Dense(2, activation='softmax', name='conv5-1')(x)
    bbox_regress = Dense(4, name='conv5-2')(x)
    model = Model([input], [classifier, bbox_regress])
    model.load_weights(weight_path, by_name=True)
    return model
```

3. O-Net 阶段

```
#-----------------------------#
#MTCNN 的第三段
#除了精修人像外框外，还获得 5 个脸部特征的标点
#-----------------------------#
def create_Onet(weight_path):
    input = Input(shape = [48,48,3])
    #48,48,3 -> 23,23,32
    x = Conv2D(32, (3, 3), strides=1, padding='valid', name='conv1')(input)
    x = tf.nn.relu(x)
    x = MaxPool2D(pool_size=3, strides=2, padding='same')(x)
    #23,23,32 -> 10,10,64
    x = Conv2D(64, (3, 3), strides=1, padding='valid', name='conv2')(x)
    x = tf.nn.relu(x)
    x = MaxPool2D(pool_size=3, strides=2)(x)
    #8,8,64 -> 4,4,64
    x = Conv2D(64, (3, 3), strides=1, padding='valid', name='conv3')(x)
    x = tf.nn.relu(x)
    x = MaxPool2D(pool_size=2)(x)
    #4,4,64 -> 3,3,128
    x = Conv2D(128, (2, 2), strides=1, padding='valid', name='conv4')(x)
    x = tf.nn.relu(x)
    #3,3,128 -> 128,12,12

    x = tf.transpose(x,[0,3,2,1])
    #1152 -> 256
    x = Flatten()(x)
    x = Dense(256, name='conv5') (x)
    x = tf.nn.relu(x)

    #鉴别
    #256 -> 2 256 -> 4 256 -> 10
    classifier = Dense(2, activation='softmax',name='conv6-1')(x)
    bbox_regress = Dense(4,name='conv6-2')(x)
    landmark_regress = Dense(10,name='conv6-3')(x)

    model = Model([input], [classifier, bbox_regress, landmark_regress])
    model.load_weights(weight_path, by_name=True)

    return model
```

9.2.2 MTCNN 模型的使用

下面先跳过 MTCNN 的训练过程，直接使用已训练好的 MTCNN 模型预测人脸的位置框，代码

如下所示（代码文件在本书配套的代码压缩包中，强烈建议读者先运行代码，再进行后续的学习）：

```
import sys
from operator import itemgetter
import numpy as np
import cv2
import matplotlib.pyplot as plt
```

计算原始输入图像每一次缩放的比例：

```
def calculateScales(img):
    copy_img = img.copy()
    pr_scale = 1.0
    h,w,_ = copy_img.shape
    if min(w,h)>500:
        pr_scale = 500.0/min(h,w)
        w = int(w*pr_scale)
        h = int(h*pr_scale)
    elif max(w,h)<500:
        pr_scale = 500.0/max(h,w)
        w = int(w*pr_scale)
        h = int(h*pr_scale)

    scales = []
    factor = 0.709
    factor_count = 0
    minl = min(h,w)
    while minl >= 12:
        scales.append(pr_scale*pow(factor, factor_count))
        minl *= factor
        factor_count += 1
    return scales
```

对 P-Net 处理后的结果进行处理：

```
def detect_face_12net
(cls_prob,roi,out_side,scale,width,height,threshold):
    cls_prob = np.swapaxes(cls_prob, 0, 1)
    roi = np.swapaxes(roi, 0, 2)

    stride = 0
    #stride 略等于 2
    if out_side != 1:
        stride = float(2*out_side-1)/(out_side-1)
    (x,y) = np.where(cls_prob>=threshold)

    boundingbox = np.array([x,y]).T
    #找到对应原图的位置
    bb1 = np.fix((stride * (boundingbox) + 0 ) * scale)
    bb2 = np.fix((stride * (boundingbox) + 11) * scale)
    #plt.scatter(bb1[:,0],bb1[:,1],linewidths=1)
    #plt.scatter(bb2[:,0],bb2[:,1],linewidths=1,c='r')
    #plt.show()
    boundingbox = np.concatenate((bb1,bb2),axis = 1)

    dx1 = roi[0][x,y]
```

```
    dx2 = roi[1][x,y]
    dx3 = roi[2][x,y]
    dx4 = roi[3][x,y]
    score = np.array([cls_prob[x,y]]).T
    offset = np.array([dx1,dx2,dx3,dx4]).T

    boundingbox = boundingbox + offset*12.0*scale

    rectangles = np.concatenate((boundingbox,score),axis=1)
    rectangles = rect2square(rectangles)
    pick = []
    for i in range(len(rectangles)):
        x1 = int(max(0     ,rectangles[i][0]))
        y1 = int(max(0     ,rectangles[i][1]))
        x2 = int(min(width ,rectangles[i][2]))
        y2 = int(min(height,rectangles[i][3]))
        sc = rectangles[i][4]
        if x2>x1 and y2>y1:
            pick.append([x1,y1,x2,y2,sc])
    return NMS(pick,0.3)
```

将长方形调整为正方形：

```
def rect2square(rectangles):
    w = rectangles[:,2] - rectangles[:,0]
    h = rectangles[:,3] - rectangles[:,1]
    l = np.maximum(w,h).T
    rectangles[:,0] = rectangles[:,0] + w*0.5 - l*0.5
    rectangles[:,1] = rectangles[:,1] + h*0.5 - l*0.5
    rectangles[:,2:4] = rectangles[:,0:2] + np.repeat([l], 2, axis = 0).T
    return rectangles
```

非极大抑制：

```
def NMS(rectangles,threshold):
    if len(rectangles)==0:
        return rectangles
    boxes = np.array(rectangles)
    x1 = boxes[:,0]
    y1 = boxes[:,1]
    x2 = boxes[:,2]
    y2 = boxes[:,3]
    s  = boxes[:,4]
    area = np.multiply(x2-x1+1, y2-y1+1)
    I = np.array(s.argsort())
    pick = []
    while len(I)>0:
        xx1 = np.maximum(x1[I[-1]], x1[I[0:-1]]) #I[-1] have hightest prob score,
I[0:-1]->others
        yy1 = np.maximum(y1[I[-1]], y1[I[0:-1]])
        xx2 = np.minimum(x2[I[-1]], x2[I[0:-1]])
        yy2 = np.minimum(y2[I[-1]], y2[I[0:-1]])
        w = np.maximum(0.0, xx2 - xx1 + 1)
        h = np.maximum(0.0, yy2 - yy1 + 1)
        inter = w * h
        o = inter / (area[I[-1]] + area[I[0:-1]] - inter)
```

```
        pick.append(I[-1])
        I = I[np.where(o<=threshold)[0]]
    result_rectangle = boxes[pick].tolist()
    return result_rectangle
```

对 P-Net 处理后的结果进行处理：

```
def filter_face_24net(cls_prob,roi,rectangles,width,height,threshold):

    prob = cls_prob[:,1]
    pick = np.where(prob>=threshold)
    rectangles = np.array(rectangles)

    x1  = rectangles[pick,0]
    y1  = rectangles[pick,1]
    x2  = rectangles[pick,2]
    y2  = rectangles[pick,3]

    sc  = np.array([prob[pick]]).T

    dx1 = roi[pick,0]
    dx2 = roi[pick,1]
    dx3 = roi[pick,2]
    dx4 = roi[pick,3]

    w   = x2-x1
    h   = y2-y1

    x1  = np.array([(x1+dx1*w)[0]]).T
    y1  = np.array([(y1+dx2*h)[0]]).T
    x2  = np.array([(x2+dx3*w)[0]]).T
    y2  = np.array([(y2+dx4*h)[0]]).T

    rectangles = np.concatenate((x1,y1,x2,y2,sc),axis=1)
    rectangles = rect2square(rectangles)
    pick = []
    for i in range(len(rectangles)):
        x1 = int(max(0     ,rectangles[i][0]))
        y1 = int(max(0     ,rectangles[i][1]))
        x2 = int(min(width ,rectangles[i][2]))
        y2 = int(min(height,rectangles[i][3]))
        sc = rectangles[i][4]
        if x2>x1 and y2>y1:
            pick.append([x1,y1,x2,y2,sc])
    return NMS(pick,0.3)
```

对 O-Net 处理后的结果进行处理：

```
def filter_face_48net
(cls_prob,roi,pts,rectangles,width,height,threshold):

    prob = cls_prob[:,1]
    pick = np.where(prob>=threshold)
    rectangles = np.array(rectangles)

    x1  = rectangles[pick,0]
```

```
        y1  = rectangles[pick,1]
        x2  = rectangles[pick,2]
        y2  = rectangles[pick,3]

        sc  = np.array([prob[pick]]).T

        dx1 = roi[pick,0]
        dx2 = roi[pick,1]
        dx3 = roi[pick,2]
        dx4 = roi[pick,3]

        w   = x2-x1
        h   = y2-y1

        pts0= np.array([(w*pts[pick,0]+x1)[0]]).T
        pts1= np.array([(h*pts[pick,5]+y1)[0]]).T
        pts2= np.array([(w*pts[pick,1]+x1)[0]]).T
        pts3= np.array([(h*pts[pick,6]+y1)[0]]).T
        pts4= np.array([(w*pts[pick,2]+x1)[0]]).T
        pts5= np.array([(h*pts[pick,7]+y1)[0]]).T
        pts6= np.array([(w*pts[pick,3]+x1)[0]]).T
        pts7= np.array([(h*pts[pick,8]+y1)[0]]).T
        pts8= np.array([(w*pts[pick,4]+x1)[0]]).T
        pts9= np.array([(h*pts[pick,9]+y1)[0]]).T

        x1  = np.array([(x1+dx1*w)[0]]).T
        y1  = np.array([(y1+dx2*h)[0]]).T
        x2  = np.array([(x2+dx3*w)[0]]).T
        y2  = np.array([(y2+dx4*h)[0]]).T
        rectangles=np.concatenate((x1,y1,x2,y2,sc,pts0,pts1,pts2,pts3,pts4,pts5,
pts6,pts7,pts8,pts9),axis=1)
        pick = []
        for i in range(len(rectangles)):
            x1 = int(max(0,rectangles[i][0]))
            y1 = int(max(0,rectangles[i][1]))
            x2 = int(min(width,rectangles[i][2]))
            y2 = int(min(height,rectangles[i][3]))
            if x2>x1 and y2>y1:
                pick.append([x1,y1,x2,y2,rectangles[i][4],

    rectangles[i][5],rectangles[i][6],rectangles[i][7],rectangles[i][8],rectang
les[i][9],rectangles[i][10],rectangles[i][11],rectangles[i][12],rectangles[i][1
3],rectangles[i][14]])

        return NMS(pick,0.3)
```

模型的检测代码如下所示：

```
import cv2
from mtcnn import mtcnn

img = cv2.imread('img/timg.jpg')

model = mtcnn()
threshold = [0.5,0.6,0.7]
```

```
    rectangles = model.detectFace(img, threshold)
    draw = img.copy()

    for rectangle in rectangles:
        if rectangle is not None:
            W = -int(rectangle[0]) + int(rectangle[2])
            H = -int(rectangle[1]) + int(rectangle[3])
            paddingH = 0.01 * W
            paddingW = 0.02 * H
            crop_img = img[int(rectangle[1]+paddingH):int(rectangle[3]-paddingH),
int(rectangle[0]-paddingW):int(rectangle[2]+paddingW)]
            if crop_img is None:
                continue
            if crop_img.shape[0] < 0 or crop_img.shape[1] < 0:
                continue
            cv2.rectangle(draw, (int(rectangle[0]), int(rectangle[1])),
(int(rectangle[2]), int(rectangle[3])), (255, 0, 0), 1)

            for i in range(5, 15, 2):
                cv2.circle(draw, (int(rectangle[i + 0]), int(rectangle[i + 1])), 2,
(0, 255, 0))

    cv2.imwrite("img/out.jpg",draw)

    cv2.imshow("test", draw)
    c = cv2.waitKey(0)
```

整体使用 MTCNN 进行人脸检测的代码如下所示：

```
class mtcnn():
    def __init__(self):
        #引入预训练的 Pnet、Rnet 和 Onet
        self.Pnet = create_Pnet('model_data/pnet.h5')
        self.Rnet = create_Rnet('model_data/rnet.h5')
        self.Onet = create_Onet('model_data/onet.h5')

    def detectFace(self, img, threshold):
        #-----------------------------#
        #归一化
        #-----------------------------#
        copy_img = (img.copy() - 127.5) / 127.5
        origin_h, origin_w, _ = copy_img.shape
        #-----------------------------#
        #计算原始输入图像
        #每一次缩放的比例
        #这里是计算缩放比例
        #-----------------------------#
        scales = utils.calculateScales(img)
        print(scales)

        out = []
        #-----------------------------#
        #粗略计算人脸框
        #P-Net 部分
        #-----------------------------#
```

```
        counter = 0
        for scale in scales:
            hs = int(origin_h * scale)
            ws = int(origin_w * scale)
            scale_img = cv2.resize(copy_img, (ws, hs))

            inputs = scale_img.reshape(1, *scale_img.shape)

            ouput = self.Pnet.predict(inputs)
            out.append(ouput)

        image_num = len(scales)
        rectangles = []
        for i in range(image_num):
            #有人脸的概率
            cls_prob = out[i][0][0][:,:,1]
            #其对应的框的位置
            roi = out[i][1][0]

            #取出每个缩放后图片的长宽
            out_h, out_w = cls_prob.shape
            out_side = max(out_h, out_w)
            #解码过程
            rectangle = utils.detect_face_12net(cls_prob, roi, out_side, 1 / 
scales[i], origin_w, origin_h, threshold[0])
            rectangles.extend(rectangle)

        #进行非极大值抑制
        rectangles = utils.NMS(rectangles, 0.7)

        if len(rectangles) == 0:
            return rectangles

        #-----------------------------#
        #稍微精确计算人脸框
        #R-Net 部分
        #-----------------------------#
        predict_24_batch = []
        for rectangle in rectangles:
            crop_img = copy_img[int(rectangle[1]):int(rectangle[3]), 
int(rectangle[0]):int(rectangle[2])]
            scale_img = cv2.resize(crop_img, (24, 24))
            predict_24_batch.append(scale_img)

        predict_24_batch = np.array(predict_24_batch)

        out = self.Rnet.predict(predict_24_batch)

        cls_prob = out[0]
        cls_prob = np.array(cls_prob)
        roi_prob = out[1]
        roi_prob = np.array(roi_prob)
        rectangles = utils.filter_face_24net(cls_prob, roi_prob, rectangles, 
origin_w, origin_h, threshold[1])
```

```
        if len(rectangles) == 0:
            return rectangles

        #-----------------------------#
        #计算人脸框
        #O-Net 部分
        #-----------------------------#
        predict_batch = []
        for rectangle in rectangles:
            crop_img = copy_img[int(rectangle[1]):int(rectangle[3]),
int(rectangle[0]):int(rectangle[2])]
            scale_img = cv2.resize(crop_img, (48, 48))
            predict_batch.append(scale_img)

        predict_batch = np.array(predict_batch)
        output = self.Onet.predict(predict_batch)
        cls_prob = output[0]
        roi_prob = output[1]
        pts_prob = output[2]

        rectangles = utils.filter_face_48net(cls_prob, roi_prob, pts_prob,
rectangles, origin_w, origin_h, threshold[2])

        return rectangles
```

MTCNN 首先载入了预训练好的模型，随后依次根据模型的定义经过 P-Net、R-Net 和 O-Net，之后生成一个最终的框体，并重新在原图上画出。

9.2.3　MTCNN 模型中的一些细节

对于 MTCNN 中预测的一些组件，其中重要的是交并比（IOU）和非极大值抑制（NMS）。交并比和非极大值抑制是目标检测任务中非常重要的两个概念。

例如，在用预训练好的模型进行测试时，网络会预测出一系列的候选框。这时会用 NMS 来移除一些多余的候选框，就是移除一些 IoU 值大于某个阈值的框。

1. 交并比

IoU 值定位为两个矩形框面积的交集和并集的比值，如图 9.8 所示。

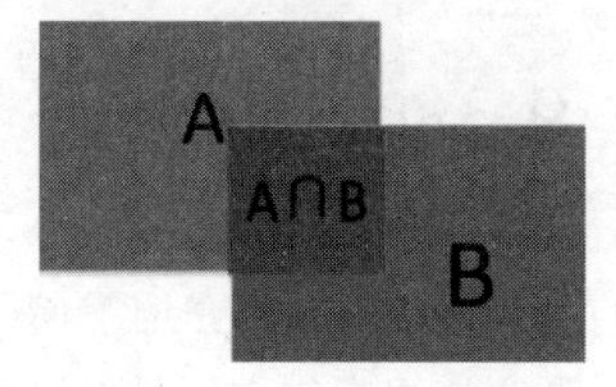

图 9.8　交并比的图示

用公式表示为：

$$\text{IoU} = \frac{A \cap B}{A \cap B}$$

2. 非极大值抑制

以人脸识别为例，先假设有 6 个输出的矩形框（proposal_clip_box），之后根据分类器输出的概率值对每个矩形框进行排序，从小到大属于人脸的概率（scores）分别为 A、B、C、D、E、F，如图 9.9 所示。

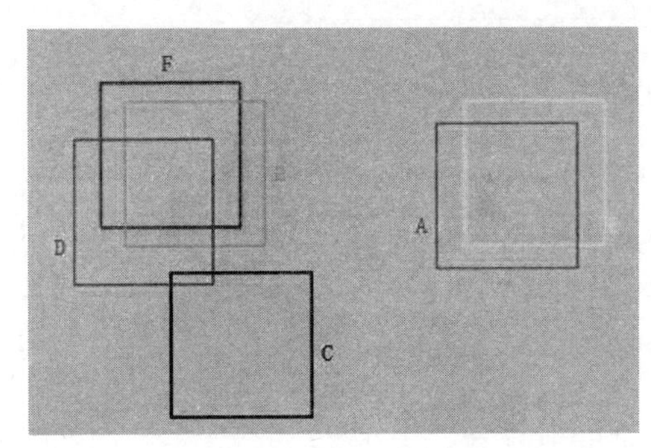

图 9.9　非极大值抑制的图示

（1）从最大概率的矩形框 F 开始，分别判断 A~E 与 F 的重叠度 IoU 是否大于某个设定的阈值。

（2）假设 B、D 与 F 的重叠度超过阈值，那么就扔掉 B、D，并标记第一个矩形框 F。

（3）从剩下的矩形框 A、C、E 中，选择概率最大的 E，然后判断 E 与 A、C 的重叠度，如果重叠度大于一定的阈值，就扔掉，并标记 E 是保留下来的第二个矩形框。就这样一直重复，找到所有被保留下来的矩形框。

在图 9.9 中，F 与 B、D 重合度较大，可以去除 B、D。A、E 的重合度较大，可以删除 A，保留 scores 较大的 E。C 和其他重叠都小，保留 C。最终留下了 C、E、F 三个。

这两部分代码在上述的代码中已有实现，这里就不再重复了。

3. MTCNN 的训练

最后说一下 MTCNN 的训练，从前文对 MTCNN 模型的分析来看，MTCNN 实际上就是分别训练了 3 个不同大小但是架构类似的卷积神经网络，因此可以参考前期其他模型的训练过程对其进行训练，4 个坐标分别表示神经网络需要回归拟合的 4 个点的值，该过程没有难度，请感兴趣的读者自行研究完成。

9.3　本章小结

本章主要讲解了人脸位置检测的一些方法，首先介绍了使用 Dlib 库进行人脸检测的方法。实际上，Dlib 库进行人脸检测同样用到了深度学习中的卷积神经网络，只是将载入参数和模型较好地融合在一起，仅仅提供接口供用户使用。同样，Dlib 库并不只是提供人脸位置检测，还提供了其他更多的计算方法，有兴趣的读者可以自行研究。

MTCNN 是最早实现人脸检测的框架，它通过三个串联的卷积神经网络实现了较好的对人脸检测的效果，由于 MTCNN 不是端对端的一个整体训练，其使用和后续的训练过程相对复杂，随着后续的学习，相信读者一定能够掌握更多的深度学习方法，以便于准确地解决人脸检测的问题。

第10章

实战 SiameseModel——人脸识别

人脸识别是建立在人脸检测基础上的一种图像识别应用。人脸识别技术在日常生活中主要有两种用途：一种是用来进行人脸验证（又叫人脸比对），验证“你是不是某某人”；另一种用于人脸识别，验证“你是谁”。从应用模式上来说，人脸识别的两种模式有 1:1 模式和 1:N 模式。

人脸识别做的是 1:1 的比对，其身份验证模式本质上是计算机对当前人脸与人像数据库进行快速人脸比对，并得出是否匹配的过程，可以简单理解为证明“你就是你”。就是先告诉人脸识别系统，我是张三，然后用来验证站在机器面前的“我”到底是不是“张三”。这种模式最常见的应用场景是人脸解锁，终端设备（如手机）只需将用户事先注册的照片与临场采集的照片做对比，判断是否为同一人，即可完成身份验证。

当人脸识别做的是 1:N 的比对时，即系统采集了“我”的一张照片之后，从海量的人像数据库中找到与当前使用者人脸数据相符合的图像，并进行匹配，找出来“我是谁”。比如疑犯追踪、小区门禁、会场签到以及新零售概念里的客户识别。

本章将在人脸检测完成的基础上继续实现后半部分的人脸识别，也就是使用深度学习模型去实现人脸识别模型，完成人脸识别的 1:1 任务和 1:N 任务。

本章的理论基础包括：

- SiameseModel 孪生模型
- 人脸识别数据集
- 损失函数 Triplet-Loss

10.1 基于深度学习的人脸识别模型

使用深度学习去完成人脸识别，一个简单的思路就是利用卷积神经网络抽取人脸图像的特征，之后使用分类器对人脸进行二分类，这样就完成了前面所定义的任务。

10.1.1 人脸识别的基本模型 SiameseModel

首先介绍一下人脸识别的孪生模型 SiameseModel。在讲这个模型之前，先对人脸识别的输入进行分类。在本书前面的模型设计中，输入端无论是输入一组数据还是多组数据，都是被传送到模型中进行计算的，无非就是前后的区别。

对于人脸识别模型来说，一般情况下输入两个并行的内容，即一个是需要验证的数据，而另一个就是数据库中的人脸数据。

这样并行处理两个数据集模型称为 SiameseModel。Siamese 在英语中指“孪生”“连体”，这个外来词来源于 19 世纪泰国的一对连体孪生兄弟（见图 10.1），具体的故事这里就不说了，大家可以自己去了解。

图 10.1　孪生兄弟

简单来说，SiameseModel 就是“连体的神经网络模型”，神经网络的“连体”是通过“共享权重”来实现的，如图 10.2 所示。

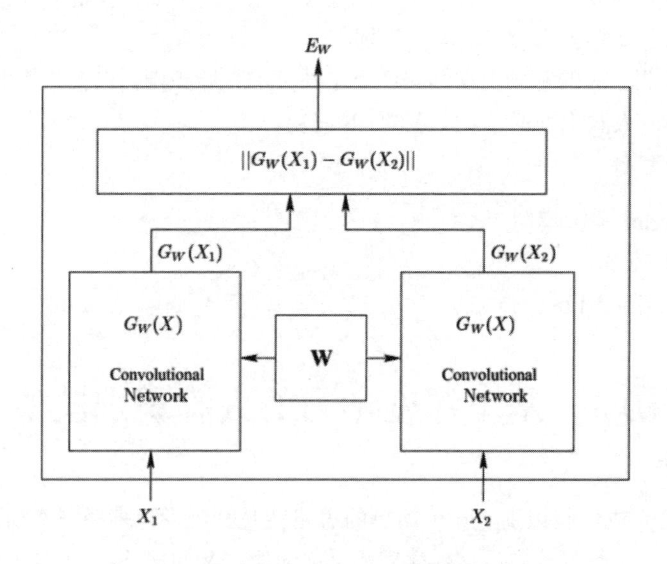

图 10.2　SiameseModel 孪生神经网络模型

所谓共享权重，就是认为其是同一个网络，实际上也是同一个网络。因为其网络的架构和模块完全相同，权值是同一个权值，也就是对同一个深度学习网络进行重复使用。如果此时的网络架构和模块完全相同，但是权值却不是同一个权值，那么这种网络叫伪孪生神经网络（pseudo-SiameseModel）。

孪生神经网络的作用是衡量两个输入的相似程度。孪生神经网络有两个输入（Input1 和 Input2），这两个输入分别进入两个神经网络（Network1 和 Network2），而这两个神经网络分别将输入映射到新的空间，形成输入在新的空间中的表示。

那么读者可能会问，目前一直说的是 Siamese 的整体架构，而其中的 Model（模型）部分到底是什么？实际上这个答案很简单，对于 SiameseModel 架构（见图 10.3）来说，其中模型的作用是用于特征提取，只需要保证在这个架构中模型所使用的是同一个网络即可，而具体的网络是什么，简单的如卷积神经网络模型 VGG16，或者新的卷积神经网络模型 SENET 都是可以的。

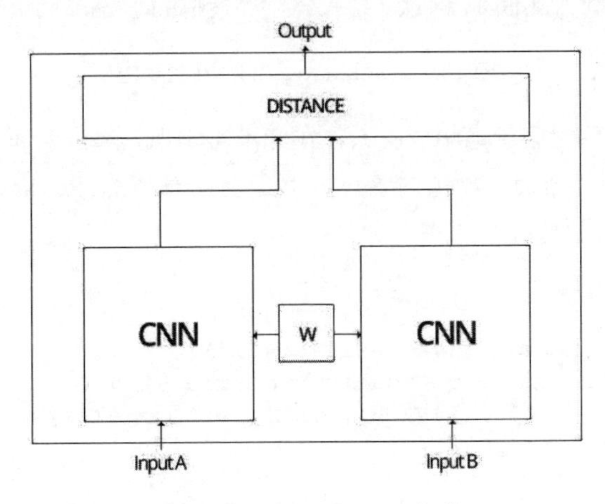

图 10.3 SiameseModel 架构

最后的损失函数是就是前面所介绍过的普通交叉熵函数，使用 L2 正则对其进行权重修正，使得网络能够学习更为平滑的权重，从而提高泛化能力。

$$L(x_1,x_2,t)=t\cdot\log(p(x_1\circ x_2))+(1-t)\cdot\log(1-p(x_1\circ x_2))+\lambda\cdot\|\omega\|_2$$

其中，$p(x_1\circ x_2)$是两个输入样本经过 siamese 网络输出的计算合并值（这里使用了点乘，实际上使用差值也可），而 t 则是标签值。

10.1.2 SiameseModel 的实现

下面是 SiameseModel 的实现部分。SiameseModel 实际上就是并行使用一个“主干”神经网络同时计算两个输入端内容的模型。主干网络的选择没有特定要求，这里选用 TensorFlow 模型自带的 MobileNetV2 作为模型的主干网络，当然也可以选用其他的模型或者自己准备自定义卷积神经网络模型。MobileNetV2 的模型结构如图 10.4 所示。

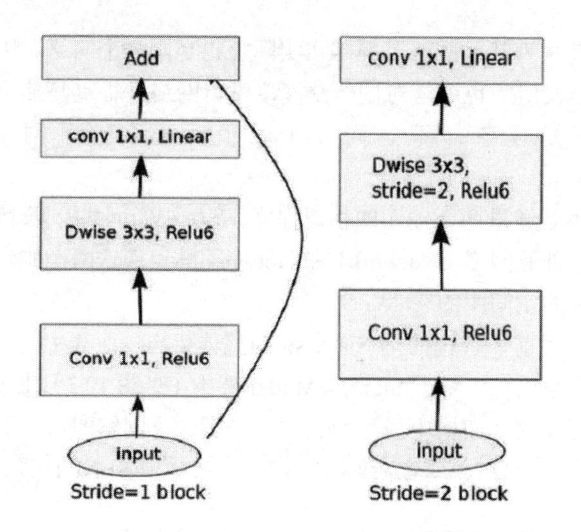

图 10.4 MobileNetV2 的模型架构

具体的 MobileNetV2 网络限于篇幅的关系，在此不再实现，经过前面章节的学习，相信读者已经能够独立编写特定的网络结构，相关内容可以参考前面章节的 ResNet 的构建过程。下面使用 TensorFlow 自带的模型的代码段：

```
import tensorflow as tf

inputs_1 = tf.keras.Input(shape=(144,144,3))
siamese_model = tf.keras.applications.mobilenet_v2.
MobileNetV2(input_shape=(144, 144, 3), include_top=False)
res = siamese_model(inputs_1)
print(res.shape)
```

其中的 tf.keras.applications.mobilenet_v2.MobileNetV2 函数调用了 TensorFlow 自带的模型函数，而这个函数的参数又设置了对应的输入梯度，include_top 表示是否输入最后一层的分类层。打印结果如下所示：

```
(None, 5, 5, 1280)
```

打印这部分内容的时间比较长，这是因为在使用模型时默认采用载入预训练模型参数的方式，而下载预训练模型参数的过程与所使用的网络条件有很大的关系，因此也可以采用不使用预训练模型参数的模型，经过测试，实际的差异在人脸识别的这个项目中基本上可以忽略不计，具体情况还请读者自行掌握。不使用预训练参数的代码如下所示：

```
import tensorflow as tf

inputs_1 = tf.keras.Input(shape=(144,144,3))
siamese_model = tf.keras.applications.mobilenet_
v2.MobileNetV2(input_shape=(144, 144, 3), include_top=False,weights=None)
res = siamese_model(inputs_1)
print(res.shape)
```

下面是 SiameseModel 的总体实现，代码如下所示。

【程序 10-1】

```
import tensorflow as tf

class SiameseModel(tf.keras.layers.Layer):
    def __init__(self):
        super(SiameseModel, self).__init__()

    def build(self, input_shape):
        self.siamese_model = tf.keras.applications.mobilenet_
v2.MobileNetV2(input_shape=(144, 144, 3), include_top=False,
weights=None)

        self.bath_norm = tf.keras.layers.BatchNormalization()
        self.last_dense = tf.keras.layers.Dense(2,activation=tf.nn.softmax)
        super(SiameseModel, self).build(input_shape)  #一定要在最后调用它

    def call(self, inputs):
        inputs_1,inputs_2 = inputs

        inputs_1_embedding = self.siamese_model(inputs_1)
        inputs_2_embedding = self.siamese_model(inputs_2)

        inputs_embedding = tf.concat([inputs_1_embedding,
inputs_2_embedding],axis=-1)
        inputs_embedding = tf.keras.layers.Flatten()(inputs_embedding)
        inputs_embedding = self.bath_norm(inputs_embedding)

        logits = self.last_dense(inputs_embedding)
        return logits

if name_== "__main__":
    inputs_1 = tf.keras.Input(shape=(144, 144, 3))
    inputs_2 = tf.keras.Input(shape=(144, 144, 3))
    logits = SiameseModel()([inputs_1,inputs_2])
```

SiameseModel 的代码并不复杂，即使用预定义的主干网络作为特征抽取器对两个不同的输入进行模型计算，之后将其通过 concat 函数组合成一个向量矩阵，输入到最后的分类器中进行判定。

10.1.3 人脸识别数据集的准备

下面是使用 SiameseModel 需要准备的数据集。一般而言，对于大多数人脸存在的图片中，人脸部分在图片中占比非常小，大部分是背景以及人物的服饰。这些在图片中存在的内容一般对人脸的识别帮助不大，也就是没有直接关系，因此在创建训练数据集的过程中，最好将这些内容作为“噪声”去除。

前面章节在介绍使用 Dlib 进行人脸位置框定的过程中，使用了 Dlib 库对图片中单个人脸的位置进行标定。同样，可以利用这个功能将图片中人脸的部分“切割”下来，代码如下所示：

```
import numpy as np
import dlib
import matplotlib.image as mpimg
import cv2
```

```
import imageio
from pathlib import Path
import os
from tqdm import tqdm
shape = 144

def clip_image(image, boundary):
    top = np.clip(boundary.top(), 0, np.Inf).astype(np.int16)
    bottom = np.clip(boundary.bottom(), 0, np.Inf).astype(np.int16)
    left = np.clip(boundary.left(), 0, np.Inf).astype(np.int16)
    right = np.clip(boundary.right(), 0, np.Inf).astype(np.int16)
    image = cv2.resize(image[top:bottom, left:right],(128,128))
    return image

def fun(file_dirs):

    for file_dir in tqdm(file_dirs):
        image_path_list = list(file_dir.glob('*.jpg'))
        for image_path in image_path_list:
            image = np.array(mpimg.imread(image_path))
            boundarys = detector(image, 2)
            if len(boundarys) == 1:
                image_new = clip_image(image, boundarys[0])
                os.remove(image_path)
                image_path_new = image_path #这里可以对保存的地点调整路径
                imageio.imsave(image_path_new, image_new)
            else:
                os.remove(image_path)

detector = dlib.get_frontal_face_detector() #切割器
path="./lfw-deepfunneled"
path = Path(path)
file_dirs = [x for x in path.iterdir() if x.is_dir()]

print(len(file_dirs))
fun(file_dirs)
```

上述代码形式与原有的人脸检测代码基本一致，与原有的人脸检测数据集的存储位置对比，本节切割后的文件存储并没有改变原有的图片位置，也就是对每幅图片的分类没有变化，如图 10.5 所示。切割后的人脸数据如图 10.6 所示。

```
∨ lfw-deepfunneled
    ∨ Aaron_Eckhart
        Aaron_Eckhart_0001.jpg
    > Aaron_Guiel
    > Aaron_Patterson
    ∨ Aaron_Peirsol
        Aaron_Peirsol_0001.jpg
        Aaron_Peirsol_0002.jpg
        Aaron_Peirsol_0003.jpg
        Aaron_Peirsol_0004.jpg
```

图 10.5　新的 LFW 数据集结构

图 10.6　切割后的人脸数据

关于模型的训练，请读者自行完成。

10.2　案例实战：基于相似度计算的人脸识别模型

前面详细介绍了人脸识别的基本方法，即使用孪生模型对同时输入的内容进行计算，之后根据联合的结果通过分类器进行计算。

这种模型固然能够解决 1:1 或者 1:N 的人脸识别的模型问题。但是这种方法和常规的人脸识别形式并不相同，而且使用这种模型需要对数据库中的人脸模型进行训练和预测，需要消耗大量的资源，因此使用这种深度学习模型，在资源受限的设备上进行人脸识别并不是非常合适。

为了解决这个问题，一种新的人脸识别模型被提出——通过模仿人脸识别的常识找到人脸的特征并对人脸进行提取，之后使用距离常数计算人脸的相似度。

10.2.1　一种新的损失函数 Triplet Loss

前面介绍了 SiameseModel 模型的基本架构，其在共享的模型中计算不同的输入端的向量，之后对结果进行分类。在这个过程中，主干网络用于特征抽取，目的是抽取图片中的特征供后续计算。那么能否直接将抽取的特征作为目标，直接在抽取的特征上进行计算呢？答案是可以的。但是使用这种方式建立的特征抽取模型，在人脸特征上并不能非常明显地对各个特征进行判别，因此需要借助额外的手段加强模型对特征抽取的能力，一种直接而有效的手段就是使用三相输入架构，并计算对应的 Triplet Loss（三元损失）函数，如图 10.7 所示。

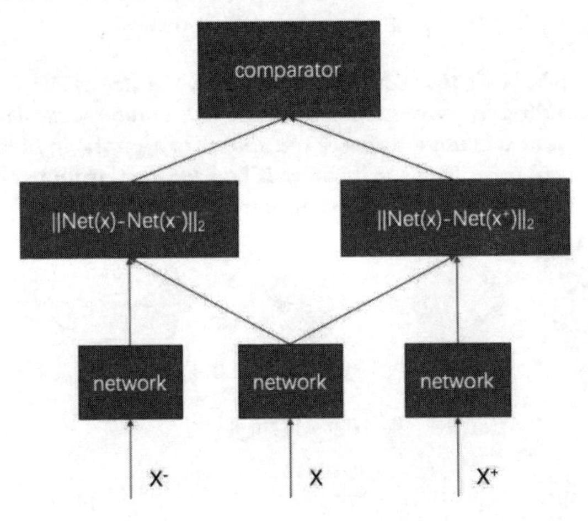

图 10.7　三相输入架构

基于 Siamese 网络实现的人脸识别模型（基于一个骨干网络所做的人脸识别模型）可以较好地分辨出人脸主体的区别，能够确定是否为同一个或者不同的人。然而，这种模型有一个先天性的劣势，就是对于所有的人脸特征来说，需要在模型上进行一个“预训练”，也就是需要将所有的人脸让模型训练一遍。这种方法能够提高模型判别的准确度，但是带来的问题是做过预训练的人脸图像识别率较差。

为了解决这个问题，一种新的模型 Face Net 被提出来，它利用深度学习模型直接学习从原始图片到欧氏距离空间的映射，从而使得在欧氏空间里的距离的度量直接关联着人脸相似度。此外，一种新的损失函数被提出，使得模型的学习能力更强。

1. Face Net 模型的架构

Face Net 模型的架构如图 10.8 所示。

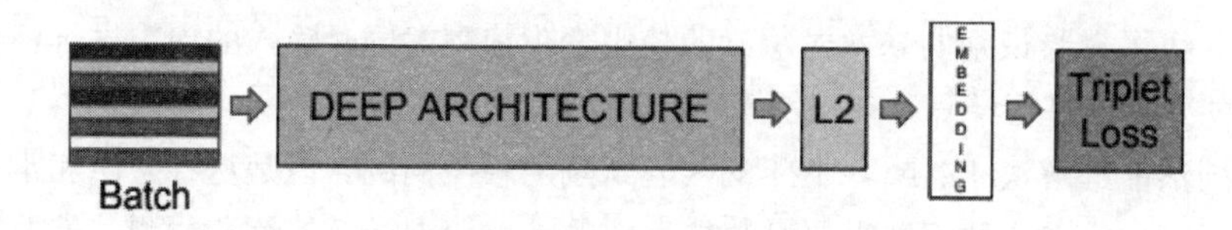

图 10.8　Face Net 的输入

上图中，Face Net 采用的网络架构的步骤可以描述为：

- 前面部分采用一个深度学习模型提取特征。
- 模型之后接一个 L2 标准化，这样图像的所有特征会被映射到一个超球面上。
- 再接入一个 Embedding 层（嵌入函数），嵌入过程可以表达为一个函数，即把图像 x 通过函数 f 映射到 d 维（一般为 128 维，默认为人脸的 128 个特征点）欧氏空间。
- 使用新的损失函数 Triplet Loss 对模型进行优化。

对于特征提取部分的使用相信读者已经较为熟悉，从 Face Net 的架构和 SiameseModel 的过程中可以看到，实际上这一部分可以独立存在和使用，因此可以选用较为熟悉的卷积神经网络模型。

下面讲一下 L2 正则化的作用，L2 正则化将特征映射到超球面。首先从 L2 正则化在空间中的分布来看，相同长度（例如均为 128）的向量分布如图 10.9 所示。

Figure: ℓp ball. As the value of p decreases, the size of the corresponding ℓp space also decreases. This can be seen visually when comparing the the size of the spaces of signals, in three dimensions, for which the ℓp norm is less than or equal to one. The volume of these ℓp "balls" decreases with p. [2]

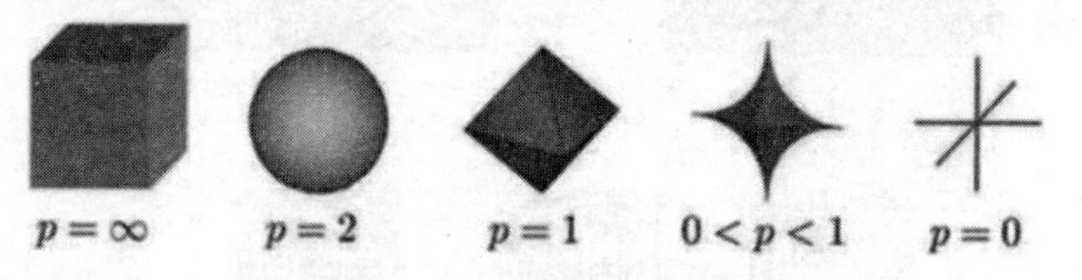

图 10.9　L2 正则化

可以看到，此时 L2 分布是一个球面。将深度学习模型抽取的特征向量进行 L2 正则化就是将向量均匀地分布在整个球面上，从而可以更好地对特征进行分类计算。

2. 替代 softmax 的 Triplet Loss 损失函数

Triplet Loss（三元组损失函数）的作用是替代 softmax 对全连接层的结果进行计算（见图 10.10）。

那么什么是 Triplet Loss 呢？简单来说，Triplet Loss 就是针对三幅图片输入进行计算的 Loss（损失）。

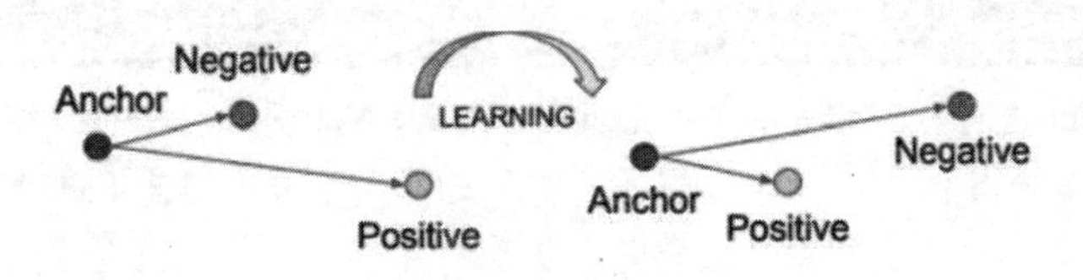

图 10.10　Triplet Loss

相对于二元输入，三元输入在原本输入的基础上额外增加了一个输入内容，一般为与原输入不同的“类别（这里指不同的人）”。添加 Triplet Loss 的目的是使得类内特征间隔小（同一个人），而同时保持类间特征间隔大（不同的人）。

人脸识别中的 Triplet Loss 是一个使用三幅图片的损失函数：一幅锚点图像 A、一幅正确的图像 P（和锚点图像中人物一样）以及一幅不正确的图像 N（人物与锚点图像不同）。模型的目的是想让图像 A 与图像 P 的距离 d(A，P)小于等于图像 A 与图像 N 的距离 d(A，N)。换句话说，就是想让有同一个人的照片间的距离变小，而有不同人的照片的距离变大。

转化成公式表述如下：

$$\left\| f(x^a) - f(x^p) \right\|_2^2 + a < \left\| f(x^a) - f(x^n) \right\|_2^2, \forall (f(x^a), f(x^p), f(x^n)) \in \tau$$

其中||*||为欧氏距离。

x 是输入的人脸图像数据的总称，x^a、x^p 是同一个主体不同的图像（positive），而 x^n 是与 x^a 来自不同主体的图像（negative），而 τ 是所有可能的三元组集合。

此时还有一个问题，由于深度学习模型具有非常好的拟合性，Triplet Loss 在计算时，当对来自同一个主体的图像分辨得非常好的时候（趋近于 0），会尽可能地缩小来自不同主体的损失函数的计算值，这是由损失函数的定义所决定的。显然这不是模型的设计者所想要的，因此加入了一个 α 参数。其目的是让模型在对来自同一个主体的图像判定得非常接近，而又保持来自不同主体之间的距离。

换句话说，α 是界定阈值，其决定了类间距的最小值，如果它小于这个阈值，就意味着这两个图像是同一个人，否则便是两个不同的人。图 10.11 是不同 α 阈值状况下的 Triplet Loss 结果示意图，可以看到随着 α 的变化，模型的分辨能力在增加，但是过大的 α 会造成数据分类的稀疏性，从而影响模型的整体性能。

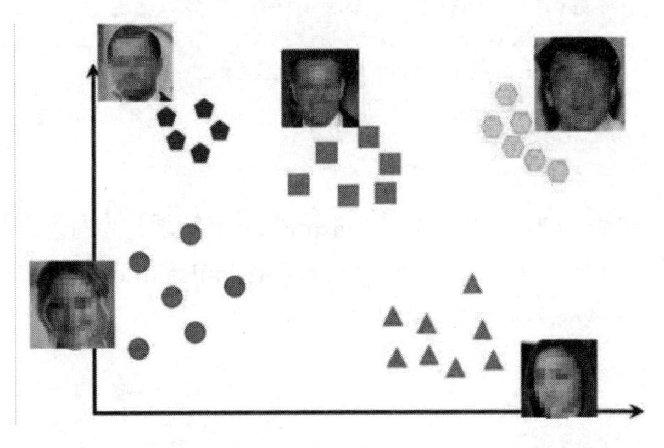

图 10.11　Face Net 的人脸特征抽取

提 示

对于使用 Face Net 进行人脸识别，实际上就是将 Face Net 变成一个可以随时使用的人脸特征提取器，而不是像其他的深度学习模型一样的分类判别器。因此 Face Net 最后的输出是一个 128 维的向量，并非直接用于判定是与否。

对于最终生成的 128 维向量的使用，可以使用多种距离判定公式予以计算，最常用的就是欧氏距离。

10.2.2 基于 TripletSemiHardLoss 的 MNIST 模型

前面使用了大量的篇幅来介绍 Triplet Loss，然而在真实使用过程中，由于 Triplet Loss 有三种不同的输入，使得训练过程中犯错的可能性大为增加。同时，由于数据集的生成和导入使得模型的训练时间会增加很多，因此在实践中一般使用 TripletSemiHardLoss 替代 Triplet Loss 进行训练。

TripletSemiHardLoss 的本质和 Triplet Loss 一样，都是对输入的不同来源进行比对计算，相对于 Triplet Loss 在输入端需要详细地区分不同的类型来源，TripletSemiHardLoss 则通过巧妙地设置损失函数的计算方法大大简化了模型的构建，将输入端的分类修正到输出端的损失函数的计算过程中。

下面采用经典的 MNIST 数据集向读者演示类似于人脸识别模型的训练和预测过程。

第一步：tensorflow_addons 与 tensorflow_datasets 的使用

tensorflow_datasets 是 TensorFlow 自带的数据集，可通过 tensorflow_datasets 直接下载和使用 MNIST 数据集，代码如下所示：

```
import tensorflow_datasets as tfds

def _normalize_img(img, label):
    img = tf.cast(img, tf.float32) / 255.
    return (img, label)

train_dataset, test_dataset = tfds.load(name="mnist", split=['train', 'test'],
as_supervised=True)

#Build your input pipelines
#注意这里的 batch 中参数最好大于 100，具体原因请读者参考第七步
train_dataset = train_dataset.shuffle(1024).batch(128)
train_dataset = train_dataset.map(_normalize_img)

test_dataset = test_dataset.batch(32)
test_dataset = test_dataset.map(_normalize_img)
```

下面简略介绍 tensorflow_addons 库。这是 TensorFlow 2 官方支持的一个加载功能库，并不常用，但是对某些研究者会有较大帮助，本节的 TripletSemiHardLoss 就是在这个包中。要导入 tensorflow_addons，可以在 Anaconda 终端中输入如下命令：

```
pip install tensorflow_addons
```

加载的代码如下所示：

```
import tensorflow_addons as tfa
```

```
tfa.losses.TripletSemiHardLoss(0.217)
```

由代码可以看到，使用 tensorflow_addons 就如同使用其他 Python 库包一样直接导入，并且直接调用对应的函数即可。

如同 Triplet Loss 一样，tfa.losses.TripletSemiHardLoss 中的参数设置了不同类别之间的最小距离，这里读者可以根据具体模型训练目标进行更改，也可以使用默认值 0.2。

第二步：模型的定义

下面是模型的训练过程，MNIST 模型本身比较简单，代码如下所示：

```
model = tf.keras.Sequential([
    tf.keras.layers.Conv2D(filters=64, kernel_size=2, padding='same',
activation='relu', input_shape=(28, 28, 1)),
    tf.keras.layers.MaxPooling2D(pool_size=2),
    tf.keras.layers.Dropout(0.3),
    tf.keras.layers.Conv2D(filters=32, kernel_size=2, padding='same',
activation='relu'),
    tf.keras.layers.MaxPooling2D(pool_size=2),
    tf.keras.layers.Dropout(0.3),
    tf.keras.layers.Flatten(),
     #抽取 256 个特征
    tf.keras.layers.Dense(256, activation=None),  #No activation on final dense
layer
    #使用 L2 正则化作为数据规范化手段
tf.keras.layers.Lambda(lambda x: tf.math.l2_normalize(x, axis=1))  #L2
normalize embeddings

])
```

注　意

作为分类器的全连接层并没有使用损失函数，显式地定义了抽取的特征点数为 256。L2 正则函数的作用是将特征点进行折射，使得每个类型都可以定义成一个单独的分类表示。

第三步：使用 TripletSemiHardLoss 进行模型训练

下面使用 TripletSemiHardLoss 进行模型训练，完整的训练代码如下所示：

```
import io
import numpy as np

import tensorflow as tf
import tensorflow_addons as tfa
import tensorflow_datasets as tfds

def normalize_img(img, label):
    img = tf.cast(img, tf.float32) / 255.
    return (img, label)

train_dataset, test_dataset = tfds.load(name="mnist", split=['train', 'test'],
as_supervised=True)
```

```
    #Build your input pipelines
    train_dataset = train_dataset.shuffle(1024).batch(256)
    train_dataset = train_dataset.map(_normalize_img)

    test_dataset = test_dataset.batch(32)
    test_dataset = test_dataset.map(_normalize_img)

    model = tf.keras.Sequential([
       tf.keras.layers.Conv2D(filters=64, kernel_size=2, padding='same',
activation='relu', input_shape=(28, 28, 1)),
       tf.keras.layers.MaxPooling2D(pool_size=2),
       tf.keras.layers.Dropout(0.3),
       tf.keras.layers.Conv2D(filters=32, kernel_size=2, padding='same',
activation='relu'),
       tf.keras.layers.MaxPooling2D(pool_size=2),
       tf.keras.layers.Dropout(0.3),
       tf.keras.layers.Flatten(),
       tf.keras.layers.Dense(256, activation=None),  #No activation on final dense
layer
       tf.keras.layers.Lambda(lambda x: tf.math.l2_normalize(x, axis=1))  #L2
normalize embeddings

    ])
    #Compile the model
    model.compile(
       optimizer=tf.keras.optimizers.Adam(0.001),
       loss=tfa.losses.TripletSemiHardLoss(0.217))
    #Train the network
    history = model.fit(
       train_dataset,
       epochs=10)

    model.save_weights("./model.h5")
```

第四步：相似度衡量函数

下面使用训练好的模型进行相似图形的预测。对于此模型的架构来说，实际上是生成了一个 256 维的向量，并通过比较两个向量的相似度来确定最终的结果。因此，模型的预测函数也就遵循此思路进行设计。

欧氏距离是一种较好的、能够在不同向量之间进行衡量的一种计算方式，其公式如下：

$$d(x,y) := \sqrt{(x_1-y_1)^2+(x_2-y_2)^2+\cdots+(x_n-y_n)^2} = \sqrt{\sum_{i=1}^{n}(x_i-y_i)^2}$$

欧氏距离是指在 m 维空间中两个点之间的真实距离，或者向量的自然长度（即该点到原点的距离）。在二维和三维空间中的欧氏距离就是两点之间的实际距离。本例中所采用欧氏距离实现，代码如下所示：

```
    import numpy as np

    #注意这里的输入端需要最少二维向量，且维度相同
    face_encodings = np.array([[1,2,3,4]])
    face_to_compare = np.array([[1,2,3,4]])
```

```
    dis = np.linalg.norm(face_encodings - face_to_compare, axis=1)
    print(dis)
```

代码中的 np.linalg.norm 是用以计算欧氏距离的函数，其中的 face_encodings 和 face_to_compare 向量分别是待比较的向量。欧氏距离的计算函数如下：

```
    def face_distance(face_encodings, face_to_compare):
        if len(face_encodings) == 0:
            return np.empty((0))
        return np.linalg.norm(face_encodings - face_to_compare, axis=1)
```

对于计算后的欧氏距离的使用，一般的做法是通过对距离的排序找到欧氏距离最小的向量的序号作为最终的结果。

```
    for id,unknow_face_encoding in
enumerate(known_face_encodings,unknow_face_encodings):
        face_distances = face_distance(known_face_encodings,
face_encoding_to_check)
        #对欧氏距离的计算结果按从小到大的顺序进行排列
        best_match_index = np.argmin(face_distances)
        return best_match_index
```

第五步：模型的训练与预测

下面是模型的训练与预测过程，代码比较简单，读者可以自行查看。

```
    import io
    import numpy as np

    import tensorflow as tf
    import tensorflow_addons as tfa
    import tensorflow_datasets as tfds

    def _normalize_img(img, label):
        img = tf.cast(img, tf.float32) / 255.
        return (img, label)

    train_dataset, test_dataset = tfds.load(name="mnist", split=['train', 'test'],
as_supervised=True)

    #Build your input pipelines
    train_dataset = train_dataset.shuffle(1024).batch(256)
    train_dataset = train_dataset.map(_normalize_img)

    test_dataset = test_dataset.batch(32)
    test_dataset = test_dataset.map(_normalize_img)

    model = tf.keras.Sequential([
        tf.keras.layers.Conv2D(filters=64, kernel_size=2, padding='same',
activation='relu', input_shape=(28, 28, 1)),
        tf.keras.layers.MaxPooling2D(pool_size=2),
        tf.keras.layers.Dropout(0.3),
        tf.keras.layers.Conv2D(filters=32, kernel_size=2, padding='same',
activation='relu'),
        tf.keras.layers.MaxPooling2D(pool_size=2),
```

```
        tf.keras.layers.Dropout(0.3),
        tf.keras.layers.Flatten(),
        tf.keras.layers.Dense(256, activation=None),  #No activation on final dense
layer
        tf.keras.layers.Lambda(lambda x: tf.math.l2_normalize(x, axis=1))  #L2
normalize
    ])

    #Compile the model
    model.compile(optimizer=tf.keras.optimizers.Adam(0.001),
loss=tfa.losses.TripletSemiHardLoss(0.217))
    #Train the network
    history = model.fit(train_dataset, epochs=10)
    model.save_weights("./model.h5")
```

对于预测部分，实际上是通过在训练集上训练一个深度学习模型，使其能够对特定目标特征进行抽取，因此在预测时也是直接载入了训练后的存档参数，并用这个参数对不同来源的数据进行特征抽取。遵循这个思路创建的数据集和待预测数据如下：

```
    #使用 tf.keras 模块中的 MNIST 数据集
    (x_train, y_train), (x_test, y_test) = tf.keras.datasets.mnist.load_data(path
= "C:/Users/wang_xiaohua/Desktop/Demo/mnist.npz") #预下载 MNIST 数据集，注意必须使用绝
对路径

    #对已训练的数据集增加维度
    x_train = np.expand_dims(x_train,axis=3)

    #随机从测试集中抽取一个目标进行验证
    unknow_x = np.expand_dims(x_test[1024],axis=3) #1024 是随机一个序号
```

下面使用预训练的模型和参数对训练集和待预测数据进行预测。

```
    model = tf.keras.Sequential([
        tf.keras.layers.Conv2D(filters=64, kernel_size=2, padding='same',
activation='relu', input_shape=(28,28,1)),
        tf.keras.layers.MaxPooling2D(pool_size=2),
        tf.keras.layers.Dropout(0.3),
        tf.keras.layers.Conv2D(filters=32, kernel_size=2, padding='same',
activation='relu'),
        tf.keras.layers.MaxPooling2D(pool_size=2),
        tf.keras.layers.Dropout(0.3),
        tf.keras.layers.Flatten(),
        tf.keras.layers.Dense(128, activation=None), #No activation on final dense
layer
        tf.keras.layers.Lambda(lambda x: tf.math.l2_normalize(x, axis=1)) #L2
normalize embeddings
    ])

    #模型载入预训练的参数
    model.load_weights("./model.h5")

    #获取预测到的训练集值和待预测的值
    known_face_encodings = np.array(model.predict(_x_train))
    unknow_face_encodings = np.array(model.predict(unknow_x))
```

最后一步是对两者的值进行计算，这里使用欧氏距离进行计算，代码如下：

```
def face_distance(face_encodings, face_to_compare):
    if len(face_encodings) == 0:
        return np.empty((0))
    return np.linalg.norm(face_encodings - face_to_compare, axis=1)

for id,unknow_face_encoding in
enumerate(known_face_encodings,unknow_face_encodings):
    face_distances = face_distance(known_face_encodings,
face_encoding_to_check)
    best_match_index = np.argmin(face_distances)
    return best_match_index
```

最终生成的 best_match_index 就是待测数据与原始数据集中最相近的那个的序号。

第六步：模型预测的可视化展示

如果对所有的 MNIST 测试集数据进行 PCA 降维后再进行可视化显示，就可以看到最终 MNIST 测试集中的不同数据被模型做了分类标识，基本上所有的数据都正常地与其对应的类紧靠在一起，如图 10.12 所示。

图 10.12　MNIST 模型特征抽取的可视化展示

第七步：模型训练过程中数据输入的细节问题

使用 TripletSemiHardLoss 的过程中，一个非常重要的细节问题是数据的输入格式问题。数据的输入如同对 MNIST 数据集进行分类的一样，token 和 lable 被整合成一个个若干的 batch 输入到模型中进行训练。

然而，对于 TripletSemiHardLoss 的输入来说，虽然形式上一样，但是在计算时本质还是根据 Triplet Loss 的计算方式，根据 label 对不同类型的输入依次进行正负样本的计算，即具有相同标签的一组数据被当成一组正样本，而所有不同标签的数据被当成负样本，依次进行比对，则可以简化整体模型的编写和微调难度。

10.2.3 基于 TripletSemiHardLoss 和 SENET 的人脸识别模型

人脸识别模型在具体训练和使用中复用上一节的模型训练即可，从训练方法到结果的预测没有太大的差异。最大不同就是训练时间的长度，由于人脸的特殊性，在训练过程中需要耗费非常长的时间。

第一步：人脸识别数据集的输入

在前面我们准备了人脸识别的数据集，并使用 Dlib 对人脸图片进行“切割”，只留下需要提取特征的人脸图片部分。而对于模型的输入是通过 batch 的方式进行的，每个 batch 中不同个体的数据和每个个体能够提供的图片数都是有一定要求的。生成图片的代码如下所示：

```
path = "./dataset/lfw/"
path = Path(path)
file_dir = [x for x in path.iterdir() if x.is_dir()]

#这里的 num_people 是指每个 batch 中有多少个人
#k 指的是每个人提供多少幅图片进行对比
train_length = len(file_dir)
def generator(k=15, num_people=12):
    batch_num = train_length // num_people

    while 1 :
        np.random.shuffle(file_dir)

        for i in range(batch_num):
            start = num_people * i
            end = num_people * (i + 1)

            image_batch = []
            label_batch = []

            for j in range(start, end):
                pos_path = list(file_dir[j].glob('*.jpg'))
                if len(pos_path) > 5:
                    for image_path in random.choices(pos_path, k=k):
                        img = mpimg.imread(image_path.as_posix())/255.
                        image_batch.append(img)
                        label_batch.append(j)
            yield np.array(image_batch), np.array(label_batch)
```

第二步：使用 SENet 修正后的人脸识别模型

前面章节中用于对手写数据及 MNIST 进行特征抽取的数据集，可以直接用在人脸识别的工程项目中。但是，相对于特征较为简单的 MNIST 数据集来说，人脸含有更多的特征需要判定和识别，因此在原有的模型上，加载了更多新的特征抽取组件 SENet。

SENet 相对于 MobileNet 更加关注图像“通道”之间的关系，即希望模型可以自动学习到不同“通道”特征的重要程度。SENet 的基本架构如图 10.13 所示。

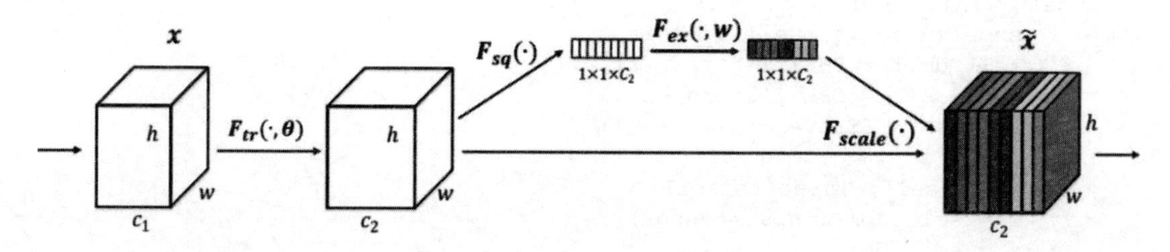

图 10.13　SENet 的基本架构

SENet 模型的架构代码如下所示：

```
from tensorflow.keras.models import Model, Sequential
from tensorflow.keras.layers import Conv2D, Dense, Activation, InputLayer
from tensorflow.keras.layers import GlobalAveragePooling2D, BatchNormalization
from tensorflow.keras.layers import LeakyReLU, Multiply, Dropout

class SELayer(Model):
    def __init__(self, filters, reduction=16):
        super(SELayer, self).__init__()
        self.gap = GlobalAveragePooling2D()
        self.fc = Sequential([
            #use_bias???
            Dense(filters // reduction,
                  input_shape=(filters,),
                  use_bias=False),
            Dropout(0.5),
            BatchNormalization(),
            Activation('relu'),
            Dense(filters, use_bias=False),
            Dropout(0.5),
            BatchNormalization(),
            Activation('sigmoid')
        ])
        self.mul = Multiply()

    def call(self, input_tensor):
        weights = self.gap(input_tensor)
        weights = self.fc(weights)
        return self.mul([input_tensor, weights])


def DBL(filters, ksize, strides=1):
    layers = [
        BatchNormalization(),
        LeakyReLU(),
        Conv2D(filters, (ksize, ksize),
               strides=strides,
               padding='same',
               use_bias=False)
    ]
    return Sequential(layers)

class ResUnit(Model):
```

```
    def __init__(self, filters):
        super(ResUnit, self).__init__()
        self.dbl1 = DBL(filters // 2, 1)
        self.dbl2 = DBL(filters, 1)
        self.se = SELayer(filters, 1)

    def call(self, input_tensor):
        x = self.dbl1(input_tensor)
        x = self.dbl2(x)
        x = self.se(x)
        x += input_tensor
        return x

#预定义的参数包含 MobileNet 的输出以及最终的特征抽取数
def SENet(input_shape=(4, 4, 1280),output_filters =
128,filters=[128],res_n=[1]):
    layers = []
    layers += [
        Conv2D(512, (1, 1), input_shape=input_shape, padding='same',
use_bias=False)
    ]
    for fi, f in enumerate(filters):
        layers += [DBL(f, 1, 1)] + [ResUnit(f)] * res_n[fi]
    layers += [
        Dropout(0.5),
        BatchNormalization(),
        LeakyReLU(),
        Conv2D(output_filters, (1, 1), padding='same'),
        GlobalAveragePooling2D(),
    ]
    return Sequential(layers)
```

下面将 SENet 加载到特征抽取模型中，完整代码如下所示：

```
import tensorflow as tf
import tensorflow_addons as tfa
import senet
import numpy as np

class BaseModel(tf.keras.layers.Layer):
    def __init__(self):
        super(BaseModel, self).__init__()

    def build(self, input_shape):
        self.feature_model = tf.keras.applications.mobilenet_v2.MobileNetV2(
            input_shape=(144, 144, 3), include_top=False)
        self.batch_norm = tf.keras.layers.BatchNormalization()
        #这里是加载了预定义参数的 SENet
self.senet = senet.SENet((4, 4, 1280), 128)
        self.dense_feature = (tf.keras.layers.Dense(units=128,
activation=None))

        super(BaseModel, self).build(input_shape)  #一定要在最后调用它

    def call(self, inputs):
```

```
        image_inputs = inputs

        features =self.feature_model(image_inputs)
        features = self.batch_norm(features)
         #使用 SENet 对抽取的特征做更进一步的计算
        pooled_features = self.senet(features)

        pooled_features = tf.keras.layers.Dropout(0.5217)(pooled_features)
        dense_features = self.dense_feature(pooled_features)
        embeddings = tf.keras.layers.Lambda(lambda x:
tf.math.l2_normalize(tf.cast(x, dtype='float32'),
axis=1,epsilon=1e-10))(dense_features)

        return embeddings

if name_== "__main__":
    image = tf.keras.Input(shape=(Config.width,Config.height,3),
dtype=tf.float32)
    embedding = BaseModel()(image)
    model = tf.keras.Model(image,embedding)

    import learnrate
    lr_schedule = learnrate.CosSchedule(1e-4)
    opt = tf.keras.optimizers.Adam(lr_schedule)

    los = tfa.losses.TripletSemiHardLoss()
    model.compile(optimizer=opt,loss=los)

    import fetch_data as fetch_data
    k = 12;num_people = 27

    for epoch in range(10):
        model.fit_generator(fetch_data.generator(k=k,
num_people=num_people,index_list=fetch_data.index_list),steps_per_epoch=fetch_d
ata.train_length//num_people, max_queue_size=217,epochs=2)
    model.save_weights("./model.h5")
```

人脸识别的预测请参考 MNIST 的形式。

10.3 本章小结

本章实现了人脸识别模型的基本架构，并通过 MNIST 数据集做了一个详细的演示。希望能够帮助读者较好地掌握人脸识别模型的基本训练和预测方法。实际上，除了使用深度学习方法重新训练一个人脸识别模型进行特征抽取之外，还可以使用 Dlib 直接进行人脸特征抽取。

除了本书实现的人脸检测和人脸识别模型之外，随着人们对深度学习模型研究的深入，更多好的模型和框架被发现和部署，准确率也有了进一步的提高。本书只是起到一个抛砖引玉的作用，想要了解更深入的内容，还请读者继续钻研和学习。

第 11 章

实战 MFCC 和 CTC——语音转换

本章将实现一个案例——语音文本的转换。本章首先介绍最常用的音频特征 MFCC 的来龙去脉和基本方法。同时，还将介绍一种新的损失函数——CTC_loss，这是专门为了转换“不定长”序列的一种损失函数，本章将使用这两种新的方法实战语音汉字的转换模型。

本章案例的理论基础包括：

- MFCC
- CTC

11.1 MFCC 理论基础

11.1.1 MFCC

在语音识别研究领域，音频特征的选择至关重要。本章将使用一种非常成功的音频特征——梅尔频率倒谱系数（Mel-Frequency Cepstrum Coefficient，MFCC）。

MFCC 特征的成功很大程度上得益于心理声学的研究成果，它对人的听觉机理进行了建模。研究发现，对于音频信号从时域信号转化为频域信号之后，可以得到各种频率分量的能量分布。心理声学的研究结果表明，人耳对于低频信号更加敏感，对于高频信号比较不敏感，具体是一种什么关系？

心理声学研究结果表明，在低频部分是一种线性的关系，但是随着频率的升高，人耳对于频率的敏感程度呈现对数增长的态势。这意味着仅仅从各个频率能量的分布来设计符合人的听觉习惯的音频特征，这是不太合理的。

MFCC 是基于人耳听觉特性提出来的，它与 Hz 频率成非线性对应关系。MFCC 利用这种关系，计算得到 Hz 频谱特征，已经广泛地应用在语音识别领域。

MFCC 特征提取包含两个关键步骤：

- 转化到梅尔频率。
- 进行倒谱分析。

下面依次进行讲解这两个关键步骤。

1. 梅尔频率

梅尔刻度是一种基于人耳对等距的音高（pitch）变化的感官判断而规定的非线性频率刻度。作为一种频率域的音频特征，离散傅里叶变换是这些特征计算的基础。一般我们会选择快速傅里叶变换（Fast Fourier Transform，FFT）算法。一个粗略的流程如图 11.1 所示。

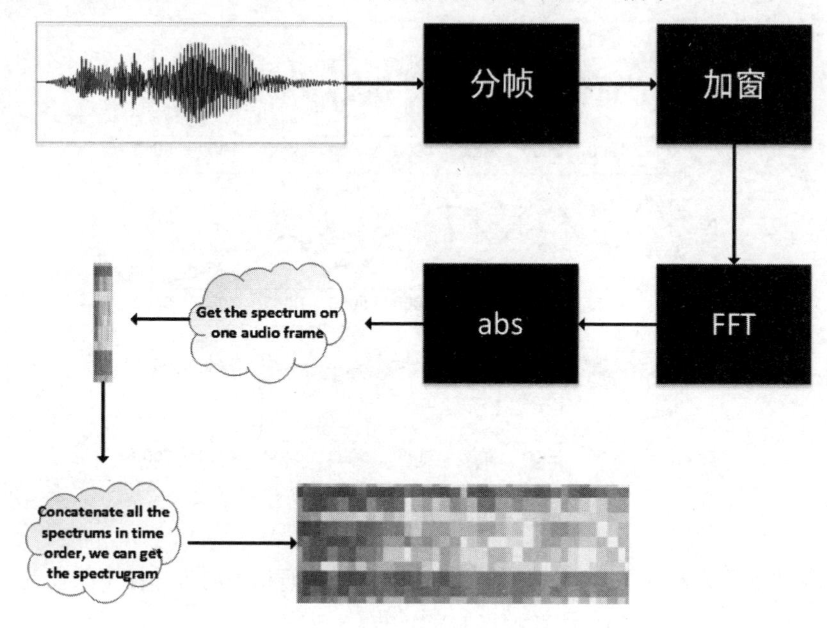

图 11.1　快速傅里叶变换

而梅尔刻度和频率的赫兹关系如下：

$$m = 2595\log\left(1+\frac{f}{700}\right)$$

所以，当在梅尔刻度上是均匀分度的话，赫兹之间的距离将会越来越大。梅尔刻度的滤波器组的尺度变化如图 11.2 所示。

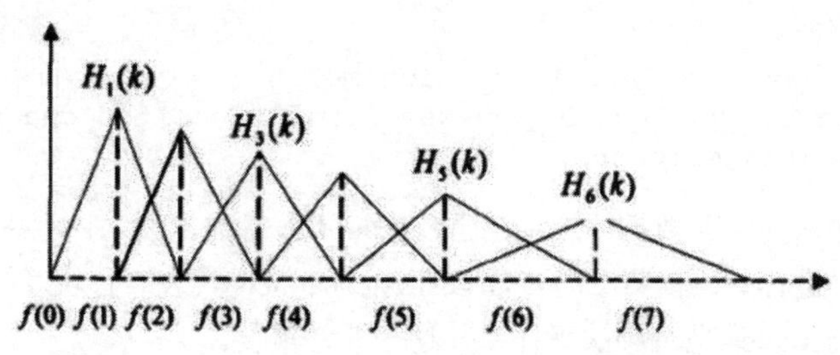

图 11.2　梅尔刻度滤波器组的尺度变化

梅尔刻度的滤波器组在低频部分的分辨率高，跟人耳的听觉特性是相符的，这也是梅尔刻度的物理意义所在。这一步的含义是：首先对时域信号进行傅里叶变换，转换到频域，然后利用梅尔频率刻度的滤波器组对对应频域信号进行切分，最后每个频率段对应一个数值。

2. 倒谱分析

倒谱的含义是：对时域信号做傅里叶变换，然后取 log，再进行反傅里叶变换，如图 11.3 所示。可以分为复倒谱、实倒谱和功率倒谱，本书使用的是功率倒谱。倒谱分析可用于将信号分解，两个信号的卷积转化为两个信号的相加，从而简化计算。

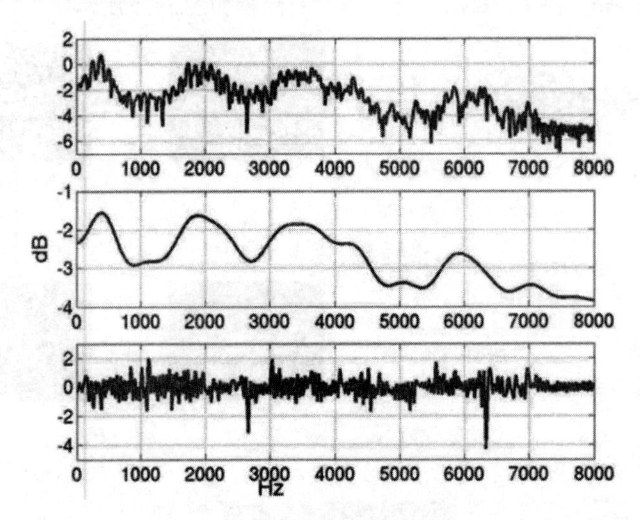

图 11.3　倒谱分析演示

具体公式这里就不再阐述了，有兴趣的读者可以自行钻研相关内容。接下来以具体的处理代码为例，向读者演示使用 TensorFlow 计算 MFCC 的过程。

1. 使用 TensorFlow 获取语音的解析

使用 TensorFlow 进行语音解析，第一步就是获取语音的解析结果，在 TensorFlow 中提供了专门用于语音的解码函数，代码如下：

```
#导入数据包
from tensorflow.python.ops import gen_audio_ops as audio_ops
from tensorflow.python.ops import io_ops

#参数说明在代码段后方
wav_loader = io_ops.read_file(wav_filename)
wav_decoder = audio_ops.decode_wav(wav_loader, desired_channels=1,
desired_samples=desired_samples)
```

wav_filename 是输入的语音数据的地址，通过 read_file 将数据读入内存中。decode_wav 函数用于对内存中的语音数据进行解码，其中的参数 desired_channels 代表“音轨”的个数，本例将其设置成 1 即可。而 desired_samples 是音频的采样率，这个非常重要。

对于普通的 WAV 音频数据，每秒标准采样率为 16000，而根据不同设置的 decode_wav 的 desired_samples，可以人为显式地设置每个输入的语音样本采样的时长，设置成 16000 的倍数即可。

desired_samples 的计算方式如下：

```
sample_rate
每个音频的时长 = 10
clip_duration_ms = 1000      #clip_duration_ms 是每帧多少毫秒
desired_samples = int(sample_rate * 每个音频的时长 * clip_duration_ms / 1000)
```

这里一个额外的参数是 clip_duration_ms，其具体含义是对每秒中有多少毫秒进行设置，在这里根据真实值设置成 1000 即可。

wav_decoder 的打印结果如图 11.4 所示。

```
DecodeWav(audio=<tf.Tensor: shape=(160000, 1), dtype=float32, numpy=
array([[-0.00064087],
       [-0.00061035],
       [-0.00097656],
       ...,
       [ 0.        ],
       [ 0.        ],
       [ 0.        ]], dtype=float32)>, sample_rate=<tf.Tensor: shape=(), dtype=int32, numpy=16000>)
```

图 11.4 wav_decoder 打印结果

由图 11.4 可以看到，音频被解码成一个[160000,1]大小的矩阵，后面部分使用 0 进行填充。

2. 使用 TensorFlow 获取到中间语谱图变量

下面是获取中间语谱图（spectrogram）的步骤，TensorFlow 提供了相应的函数进行处理，代码如下：

```
spectrogram = audio_ops.audio_spectrogram(wav_decoder.audio,
        window_size=window_size_samples,stride=window_stride_samples,
        magnitude_squared=True)
```

audio_spectrogram 是 TensorFlow 提供的对解码后的音频进行提取的函数，其作用是将解码后的音频转换成计算 MFCC 所需要的语谱图，输入的 wav_decoder.audio 数据是音频解码后的具体值，window_size 是音频采样窗口，stride 是每个窗口的步长。magnitude_squared 是计算语谱图的公式参数，直接设置成 True 即可。

语谱图打印结果如图 11.5 所示。

```
tf.Tensor(
[[[3.9128022e-04 1.4893879e-03 4.8006498e-03 ... 1.1333217e-06
   2.4398337e-06 5.9064273e-06]
  [6.3421461e-04 7.9007368e-05 4.3434254e-03 ... 2.9320023e-07
   9.9070826e-07 6.0061752e-06]
  [4.4736331e-03 2.7109799e-03 2.2535126e-03 ... 1.0423714e-04
   1.0316280e-04 9.6303229e-05]
  ...
  [0.0000000e+00 0.0000000e+00 0.0000000e+00 ... 0.0000000e+00
   0.0000000e+00 0.0000000e+00]
  [0.0000000e+00 0.0000000e+00 0.0000000e+00 ... 0.0000000e+00
   0.0000000e+00 0.0000000e+00]
  [0.0000000e+00 0.0000000e+00 0.0000000e+00 ... 0.0000000e+00
   0.0000000e+00 0.0000000e+00]]], shape=(1, 332, 513), dtype=float32)
```

图 11.5 语谱图打印结果

由图 11.5 可以看到，其结果是一个大小为[1,332,513]的矩阵，同样后面部分以 0 进行填充。

3. 使用 TensorFlow 计算 MFCC

下面使用 TensorFlow 自带的 MFCC 函数进行数据计算，需要注意的是，MFCC 函数中需要设置 MFCC 的维度，即使用参数 dct_coefficient_count 进行设置，本例中使用的参数为 dct_coefficient_count = 40。

```
mfcc_= audio_ops.mfcc(
      spectrogram,wav_decoder.sample_rate,
      dct_coefficient_count=dct_coefficient_count)
```

最终计算的 MFCC 打印结果如图 11.6 所示。

```
tf.Tensor(
[[[-2.5562590e+01  7.7602136e-01  5.7751995e-01 ...  1.0614384e-01
   -1.5935692e-01 -2.2132485e-01]
  [-2.4077660e+01  7.1892601e-01 -3.4418443e-01 ... -1.2190597e-01
   -9.5413193e-02 -5.1165324e-02]
  [-2.3112471e+01 -6.2525302e-01  3.7927538e-01 ...  5.3937365e-03
    2.7368121e-02  4.8255619e-02]
  ...
  [-2.4713936e+02  8.8817842e-16  2.2204460e-14 ...  1.7541524e-14
   -5.2735594e-15  2.1405100e-13]
  [-2.4713936e+02  8.8817842e-16  2.2204460e-14 ...  1.7541524e-14
   -5.2735594e-15  2.1405100e-13]
  [-2.4713936e+02  8.8817842e-16  2.2204460e-14 ...  1.7541524e-14
   -5.2735594e-15  2.1405100e-13]]], shape=(1, 332, 40), dtype=float32)
```

图 11.6　MFCC 打印结果

由图 11.6 可以看到，最终计算结果是一个大小为[1,332,40]的矩阵，而最后一个维度根据设置被直接计算成 40。完整的 MFCC 提取代码如下：

【程序 11-1】

```
import tensorflow as tf
from tensorflow.python.ops import gen_audio_ops as audio_ops
from tensorflow.python.ops import io_ops
import numpy as np

sample_rate, window_size_ms, window_stride_ms = 16000, 60, 30
dct_coefficient_count = 40
clip_duration_ms = 1000  #设置的每帧多少毫秒
每个音频的时长 = 10
desired_samples = int(sample_rate * 每个音频的时长 * clip_duration_ms / 1000)
window_size_samples = int(sample_rate * window_size_ms / 1000)
window_stride_samples = int(sample_rate * window_stride_ms / 1000)

def get_mfcc_simplify(wav_filename, desired_samples,window_size_samples,
window_stride_samples, dct_coefficient_count):
    wav_loader = io_ops.read_file(wav_filename)
    wav_decoder = audio_ops.decode_wav(
        wav_loader, desired_channels=1, desired_samples=desired_samples)

    #Run the spectrogram and MFCC ops to get a 2D 'fingerprint' of the audio.
```

```
    spectrogram = audio_ops.audio_spectrogram(
        wav_decoder.audio,
        window_size=window_size_samples,
        stride=window_stride_samples,
        magnitude_squared=True)

    mfcc_ = audio_ops.mfcc(
        spectrogram,
        wav_decoder.sample_rate,
        dct_coefficient_count=dct_coefficient_count)
#dct_coefficient_count=model_settings['fingerprint_width']

    return mfcc_
```

读者可设置不同来源的音频数据进行计算。

对于 MFCC 的计算还有一个问题，在预先的参数设置中，定义了 desired_samples 这个采样值，目的是对每个音频的长度进行限制，但是如果不使用长度限制的参数，那么依然可以计算 MFCC，只不过是基于原始音频数据计算出的结果，代码如下：

```
def get_mfcc_simplify_no_desired_samples(wav_filename,window_size_samples,
window_stride_samples, dct_coefficient_count):
    wav_loader = io_ops.read_file(wav_filename)

    #这里的 decode_wav 函数没有设置 desired_samples 参数
    wav_decoder = audio_ops.decode_wav(wav_loader, desired_channels=1)

    audio = ((wav_decoder.audio))

    #Run the spectrogram and MFCC ops to get a 2D 'fingerprint' of the audio.
    spectrogram = audio_ops.audio_spectrogram(
        audio,
        window_size=window_size_samples,
        stride=window_stride_samples,
        magnitude_squared=True)

    mfcc_ = audio_ops.mfcc(
        spectrogram,
        wav_decoder.sample_rate,
        dct_coefficient_count=dct_coefficient_count)
#dct_coefficient_count=model_settings['fingerprint_width']

    return mfcc_
```

在这个代码段中，decode_wav 函数没有设置指定的 desired_samples 参数，而是使用默认值，也就是不对输入的音频进行任何填充或者截断操作。此时输出同样的音频文件，其大小维度如下：

```
(1, 18, 40)
```

这是计算好的 MFCC 的维度大小，有兴趣的读者可以打印 wav_decoder 的维度与前文进行比较，从而观察其大小的变化。

相对于自动填充的 MFCC 计算方法，能否人为地模拟出填充的过程呢？实际上也是可以的，其完整代码如下：

【程序 11-2】

```
    def get_mfcc_simplify_desired_samples(wav_filename,window_size_samples,
window_stride_samples, dct_coefficient_count,max_length = 160000):
        #这里的max_length = 160000可以当作时间长短，一秒为16000帧，那么可以设置时间乘以
16000
        wav_loader = io_ops.read_file(wav_filename)
        wav_decoder = audio_ops.decode_wav(wav_loader, desired_channels=1)

        audio = ((wav_decoder.audio))

        #这里原本是对audio的长度进行处理，长的截断，短的补0
        if len(audio) >= max_length:
           audio = audio[:max_length]
        else:
           audio = tf.concat((audio, tf.reshape([0.] * (max_length - len(audio)),
[-1, 1])), axis=0)

        #Run the spectrogram and MFCC ops to get a 2D 'fingerprint' of the audio.
        spectrogram = audio_ops.audio_spectrogram(
           audio,
           window_size=window_size_samples,
           stride=window_stride_samples,
           magnitude_squared=True)

        mfcc_ = audio_ops.mfcc(
           spectrogram,
           wav_decoder.sample_rate,
           dct_coefficient_count=dct_coefficient_count)
#dct_coefficient_count=model_settings['fingerprint_width']

        return mfcc_
```

上述代码段中标黑的部分，max_length 限定了一个最大的长度，这个长度是对输入音频长度的修正，对短的音频数据使用 0 进行填充，对过长的音频数据进行截断。最终打印结果如下：

```
(1, 332, 40)
```

提 示

由于不同读者的计算机位数或者显存的计算范畴不同，从而造成了计算结果的不同。对于使用同样的计算机处理同一批数据的读者来说，计算结果没有比较明显的变化。

11.1.2 CTC

对于语音转换文字的方法，影响其转换结果的一个问题就是长度对齐。在传统的语音识别模型中，研究者对语音模型进行训练之前，往往要将文本与语音进行严格的对齐操作，然而这样会带来一些问题：

- 严格对齐要花费人力、时间。
- 严格对齐之后，模型预测出的 label 只是局部分类的结果，而无法给出整个序列的输出结果，往往要对预测出的 label 做一些后处理，才可以得到最终结果。

- 由于人为的因素，严格对齐的标准并不统一。

现在已经有了一些比较成熟的开源对齐工具可以使用，但是随着深度学习越来越火，能不能让设计的网络自动对齐呢？我们先来看一下 CTC。

CTC（Connectionist Temporal Classification）是一种手动对齐的方式，非常适合语音转换这种应用，如图 11.7 所示。

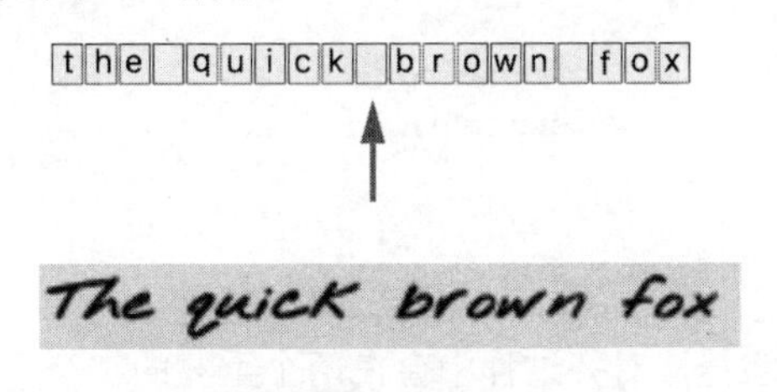

图 11.7　CTC

例如，输入信号用音频符号序列 $X=\left[x_1,x_2,\ldots,x_T\right]$ 表示，而对应的输出用符号序列 $Y=\left[y_1,y_2,\ldots,y_U\right]$ 表示。为了方便训练这些数据，希望能够找到输入 X 与输出 Y 之间精确的映射关系。为了更好地理解 CTC 的对齐方法，先列举一个简单的例子。假设对于一段音频，希望输出的是 $Y=\left[c,a,t\right]$ 这个序列，一种将输入输出对齐的方式如图 11.8 所示，先将每个输入对应一个输出字符，然后将重复的字符删除。

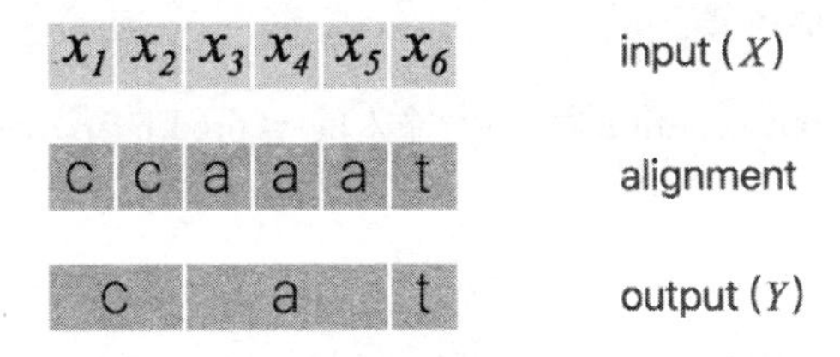

图 11.8　一种将输入输出对齐的方式

使用上述对齐方式存在以下两个问题：

- 通常这种对齐方式是不合理的。比如，在语音识别任务中，有些音频片段可能是无声的，这种情况是没有字符输出的。
- 对于一些含有重复字符的输出，这种对齐方式没办法得到准确的输出。比如，输出对齐的结果为 [h,h,e,l,l,l,o]，通过去重操作后得到的并不是“hello”，而是“helo”。

为了解决上述问题，CTC 算法引入了一个新的占位符，用于输出对齐的结果。这个占位符称为空白占位符，通常使用符号 ϵ 表示，这个符号在对齐结果中输出，但在最后的去重操作后会将所有的 ϵ 删除，以得到最终的输出结果。利用这个占位符可以让输入与输出拥有非常合理的对应关系，如图 11.9 所示。

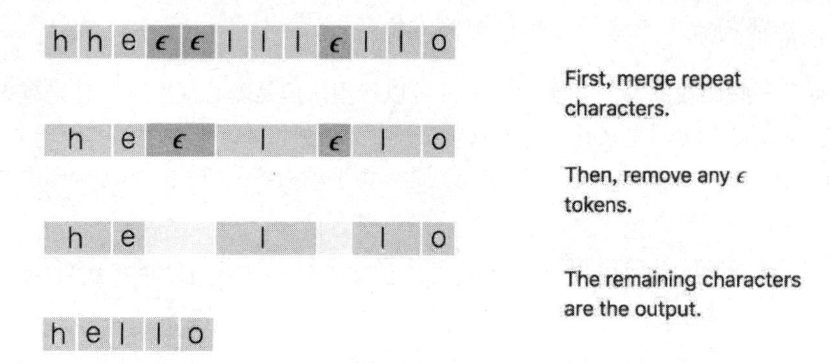

图 11.9 让输入与输出有合理的对应关系

在这个映射方式中，如果在标定文本中有重复的字符，对齐过程中会在两个重复的字符中插入占位符 ϵ。利用这种方式，上面的“hello”就不会变成“helo”了。

下面介绍在 TensorFlow 中使用 CTC 进行计算的方法：

```
tensorflow.keras.backend.ctc_batch_cost(labels, y_pred, input_length, label_length)
```

其中 4 个参数的解释如下：

- labels：训练用的真实标签。
- y_pred：神经网络预测输出的标签。
- input_length：CTC 输入的数据长度（这里最可能出现问题的地方）。
- label_length：标签的长度。

由于 CTC 的定义要求 input_length 的大小比输入的 y_pred 的第二个长度小 2。使用 CTC Loss 函数计算的示例如下：

```
import tensorflow as tf

#注意下部的数之差和使用的位置
seq_len = 70
input_len = seq_len - 2

labels = tf.ones(shape=(10,50))
y_pred = tf.random.truncated_normal(shape=(10,seq_len,312))
input_length = tf.ones(shape=(10,1)) + input_len
label_length = tf.ones(shape=(10,1)) + 50

loss = tf.keras.backend.ctc_batch_cost(labels, y_pred, input_length, label_length)
print(loss.shape)
```

此处请读者自行打印并观察结果。另外，也可以对代码中标黑的地方进行修改，以查看不同数值影响下的输出结果。

此外，对于使用 CTC Loss 进行计算时，需要将其进行包装，即对于 TensorFlow 来说，需要将 CTC 的计算“包装”成一个特定的“匿名层”来进行，对应的代码如下：

```
def ctc_lambda_func(args):
```

```
    labels, y_pred, input_length, label_length = args
    return K.ctc_batch_cost(labels, y_pred, input_length, label_length)
```

11.2　案例实战：语音汉字转换

前面介绍了语音汉字转换模型中所需的组件，本节将实现语音汉字转换模型。

11.2.1　第一步：数据集 THCHS-30 简介

THCHS-30 是清华大学提供的 30 小时的语音文本数据集。它是由清华大学语音与语言技术中心出版的开放式中文语音数据库，可以用于中文语音识别系统的开发。该数据集语音数据是在安静的办公室环境下录取的，总时长超过 30 小时，采样频率 16kHz，采样大小 16bits。

THCHS-30 中共有 3 个文件，分别是：

- data_thchs30.tgz [6.4GB]。
- test-noise.tgz [1.9GB]。
- resource.tgz [24MB]。

THCHS-30 数据集的内容如表 11.1 所示。

表11.1　THCHS-30数据集的内容

数 据 集	音频时长(h)	句 子 数	词　数
train（训练）	25	10000	198252
dev（开发）	2:14	893	17743
test（测试）	6:15	2495	49085

无论是训练、开发还是测试集，每一个对应的数据集中都是由如图 11.10 所示的文件组成。

A2_0	2015/12/30 10:29
A2_0.wav.trn	2015/12/30 10:45
A2_1	2015/12/30 10:36
A2_1.wav.trn	2015/12/30 10:43
A2_2	2015/12/30 10:43
A2_2.wav.trn	2015/12/30 10:29

图 11.10　数据集中的文件

图中左侧是每个音频对应的 WAV 文件，右侧是与其同名的 TRN 文件，这是一种 Windows 和 Linux 通用的文本类格式。对于 WAV 文件，这里不再过多介绍。TRN 文件的内容如下：

```
绿 是 阳春 烟 景 大块 文章 的 底色 四月 的 林 峦 更是 绿 得 鲜活 秀媚 诗意 盎然
lv4 shi4 yang2 chun1 yan1 jing3 da4 kuai4 wen2 zhang1 de5 di3 se4 si4 yue4 de5 lin2 luan2 geng4 shi4 lv4 de5 xian1 huo2 xiu4 mei4 shi1 yi4 ang4 ran2
l v4 sh ix4 ii iang2 ch un1 ii ian1 j ing3 d a4 k uai4 uu un2 zh ang1 d e5 d i3 s e4 s iy4 vv ve4 d e5 l in2 l uan2 g eng4 sh ix4 l v4 d e5 x ian1 h uo2 x iu4 m ei4 sh ix1 ii i4 aa ang4 r an2
```

其中的内容被分成 3 行：

- 第一行是语音的文本内容文字部分。
- 第二行是语音的文本内容拼音部分。
- 第三行是语音的文本内容音素部分。

本章主要使用音频的数据和 TRN 中的拼音部分进行语音转换。

11.2.2 第二步：数据集的提取与转化

下面对数据集进行提取并转换成所需要的内容。

1. 遍历数据集并提取对应的数据地址

遍历数据集并提取对应的地址，代码如下：

```
def walkFile(file):
    wavfiles = []
    trnfiles = []
    for root, dirs, files in os.walk(file):

        #root 表示当前正在访问的文件夹路径
        #dirs 表示该文件夹下的子目录名 list
        #files 表示该文件夹下的文件 list

        #遍历文件
        for f in files:
            filename = (os.path.join(root, f))
            if filename.endswith("wav"):
                wavfiles.append(filename)
            elif filename.endswith("trn"):
                trnfiles.append(filename)
    return wavfiles, trnfiles
```

这里返回了两个值，分别是 wavfiles 和 trnfiles。

2. 遍历数据集建立词库列表

下面对 TRN 文件进行抽取，获取数据集中所有出现过的拼音作为字库，代码如下：

```
#输入的 data_thchs30 是数据集存储路径，读者可以根据自身存储的地址进行设置
wavfiles, trnfiles = walkFile("E:/语音识别数据库/数据库/data_thchs30/data")
char_vocab = set()
for trn in trnfiles:
    with open(trn,"r",encoding="UTF-8") as trn_file:
        lines = trn_file.readlines()
        pinyin = lines[1].strip()
        pinyin_list = pinyin.split(" ")
        for char in pinyin_list:
            char_vocab.add(char)
#这里总的字符数目为 1208 个
char_vocab = list(sorted(char_vocab))   #1208
```

3. 一些工具类函数的编写

下面是一些工具类函数的编写，主要涉及 MFCC 特征的抽取，以及根据生成的字库将文本加码和解码的操作，代码如下：

```
#这些是使用 TensorFlow 自带的获取 MFCC 的方法
#sample_rate 是每一秒的采样率
sample_rate, window_size_ms, window_stride_ms = 16000, 60, 30
```

```
    dct_coefficient_count = 40
    clip_duration_ms = 1000
    second_time = 16    #这里使用的数据音频最大的长度不超过 16s
    desired_samples = int(sample_rate * second_time * clip_duration_ms / 1000)
    window_size_samples = int(sample_rate * window_size_ms / 1000)
    window_stride_samples = int(sample_rate * window_stride_ms / 1000)

    def get_mfcc_simplify(wav_filename, desired_samples = 
desired_samples,window_size_samples = window_size_samples, window_stride_samples 
= window_stride_samples, dct_coefficient_count = dct_coefficient_count):
        wav_loader = io_ops.read_file(wav_filename)
        wav_decoder = audio_ops.decode_wav(
            wav_loader, desired_channels=1, desired_samples=desired_samples)

        #Run the spectrogram and MFCC ops to get a 2D 'fingerprint' of the audio.
        spectrogram = audio_ops.audio_spectrogram(
            wav_decoder.audio,
            window_size=window_size_samples,
            stride=window_stride_samples,
            magnitude_squared=True)

        mfcc_ = audio_ops.mfcc(
            spectrogram,
            wav_decoder.sample_rate,
            dct_coefficient_count=dct_coefficient_count)
#dct_coefficient_count=model_settings['fingerprint_width']

        return mfcc_
```

根据生成的字库进行加码和解码，代码如下：

```
    def text_to_int_sequence(text):
        """ Use a character map and convert text to an integer sequence """
        text_list = text.strip().split(" ")
        int_sequence = []
        for c in text_list:
            ch = char_vocab.index(c)
            int_sequence.append(ch)
        return int_sequence

    def int_to_text_sequence(seq):
        text_sequence = []
        for c in seq:
            ch = char_vocab[c]
            text_sequence.append(ch)
        return text_sequence
```

4. 模型的编写

对于语音识别深度学习的模型来说，并没有太多的限定，这里为了简便起见，采用的是一个多卷积特征提取模型，代码如下：

```
    import tensorflow as tf

    class WaveTransformer(tf.keras.layers.Layer):
        def __init__(self):
```

```
        super(WaveTransformer, self).__init__()

    def build(self, input_shape):

        self.dense_0 = tf.keras.layers.Dense(units=1024,activation=tf.nn.relu)
        self.layer_norm_0 = tf.keras.layers.LayerNormalization()

        self.conv_1 = tf.keras.layers.Conv1D(filters=256,kernel_size=2,
padding="SAME",activation=tf.nn.relu)
        self.pool_1 = tf.keras.layers.MaxPooling1D()
        self.layer_norm_1 = tf.keras.layers.LayerNormalization()
        self.dense_1 = tf.keras.layers.Dense(units=256,activation=tf.nn.relu)

        self.conv_2 = tf.keras.layers.Conv1D(filters=1024,kernel_size=2,
padding="SAME",activation=tf.nn.relu)
        self.pool_2 = tf.keras.layers.MaxPooling1D()
        self.layer_norm_2 = tf.keras.layers.LayerNormalization()
        self.dense_2 = tf.keras.layers.Dense(units=1024,activation=tf.nn.relu)

        self.conv_3 = tf.keras.layers.Conv1D(filters=512,kernel_size=2,
padding="SAME",activation=tf.nn.relu)
        self.pool_3 = tf.keras.layers.MaxPooling1D()
        self.layer_norm_3 = tf.keras.layers.LayerNormalization()
        self.dense_3 = tf.keras.layers.Dense(units=512,activation=tf.nn.relu)

        self.bigru = tf.keras.layers.Bidirectional(tf.keras.layers.GRU(256,
return_sequences=True))

        self.dense = tf.keras.layers.Dense(units=1024,activation=tf.nn.relu)
        self.layer_norm = tf.keras.layers.LayerNormalization()
        self.last_dense = tf.keras.layers.Dense(units=1210,
activation=tf.nn.softmax)
        super(WaveTransformer, self).build(input_shape)  #一定要在最后调用它

    def call(self, inputs):
        encoder_embedding = inputs

        encoder_embedding = self.dense_0(encoder_embedding)
        encoder_embedding = self.layer_norm_0(encoder_embedding)

        encoder_embedding = self.conv_1(encoder_embedding)
        encoder_embedding = self.pool_1(encoder_embedding)
        encoder_embedding = self.layer_norm_1(encoder_embedding)
        encoder_embedding = self.dense_1(encoder_embedding)

        encoder_embedding = self.conv_2(encoder_embedding)
        encoder_embedding = self.pool_2(encoder_embedding)
        encoder_embedding = self.layer_norm_2(encoder_embedding)
        encoder_embedding = self.dense_2(encoder_embedding)

        encoder_embedding = self.conv_3(encoder_embedding)
        encoder_embedding = self.pool_3(encoder_embedding)
        encoder_embedding = self.layer_norm_3(encoder_embedding)
        encoder_embedding = self.dense_3(encoder_embedding)
```

```
        encoder_embedding = self.bigru(encoder_embedding)

        encoder_embedding = self.dense(encoder_embedding)
        encoder_embedding = self.layer_norm(encoder_embedding)

        encoder_embedding = tf.keras.layers.Dropout(0.217)(encoder_embedding)
        logits = self.last_dense(encoder_embedding)
        return logits
```

这里使用了多层卷积和 pool 层，使得最终生成的数据维度大小为 Tensor("wave_transformer/dense_5/softmax:0", shape=(None,66,1210), dtype=float32)。

5. 动态输入函数的编写

在前面的章节中使用 generator 函数生成数据，对于所需要输入的数据都是预先生成和计算好的，在需要时自动导入即可。这里采用随着数据导入的过程进行数据输入的动态输入函数，代码如下：

```
train_length = len(text_list)    #获取文本长度
def generator(batch_size = 8):
   batch_num = train_length//batch_size#计算每一个 epoch 中 batch 的个数

   while 1:

      #对数据进行 shuffle
       seed = int(np.random.random()*5217)
      np.random.seed(seed);np.random.shuffle(mfcc_list)
      np.random.seed(seed);np.random.shuffle(text_list)

       #对数据开始迭代输入
        for i in range(batch_num):
          start = batch_size * i
          end = batch_size * (i + 1)

          #建立空的数据集
            mfcc_batch = []
          label_btach = []
          input_length_batch = []
          label_length_batch = []
          #使用 for 循环对数据进行输入
            for j in range(start,end):
             #获取 MFCC 值
               mfcc_batch.append(mfcc_list[j])
             #根据前面分析，最终模型输入到 CTC Loss 中计算的长度要大于输入的长度 2，因此
对于统一 pad 后的文本长度如果为 64 的话，对于 input_length 的长度则为 66
               input_length_batch.append(66)

             label = text_to_int_sequence(text_list[j])

             label_length_batch.append(len(label))
             #设定输入的 label 长度为 64，小于生成的数据长度则为 2
               label = label[:64] + [0] * (64 - len(label))

             label_btach.append(label)
```

```
            mfcc_batch = np.array(mfcc_batch)
            label_btach = np.array(label_btach)

            input_length_batch = np.array([input_length_batch]).T
            label_length_batch = np.array([label_length_batch]).T
            #这里 yield 生成了 CTC 模型训练所需要的值，而作为 y 值的数据被设定成一个固定
batch_size 大小的 0 值矩阵
            yield (mfcc_batch,label_btach,input_length_batch,
   label_length_batch),tf.zeros(shape=(batch_size,1))
```

6. CTC Loss 函数的编写

由于 CTC 仅限于模型在训练时使用，而在预测时 CTC 并不直接使用，因此 CTC 可以作为一个单独的、加上一个额外层的训练模型使用，代码如下：

```
import tensorflow as tf
from tensorflow.keras.models import Sequential, Model
from tensorflow.keras.layers import *
import tensorflow.keras.backend as K

import waveTransformer
def get_speech_model():
    model = Sequential()

    model.add(tf.keras.Input(shape=(532, 40)))
    model.add(waveTransformer.WaveTransformer())
    return model
```

这里读取了第 4 部分设定的语音模型后，并将模型直接返回。而训练模型的建立则由如下函数完成，代码如下：

```
import tensorflow as tf
from tensorflow.keras.models import Sequential, Model
from tensorflow.keras.layers import *
import tensorflow.keras.backend as K

#使用 Lambda 作为 CTC 损失函数的计算层
def ctc_lambda_func(args):
    labels, y_pred, input_length, label_length = args
    return K.ctc_batch_cost(labels, y_pred, input_length, label_length)


import waveTransformer
def get_speech_model():
    model = Sequential()

    model.add(tf.keras.Input(shape=(532, 40)))
    model.add(waveTransformer.WaveTransformer())
    return model


def get_trainable_speech_model():
    model = get_speech_model()
    y_pred = model.outputs[0]
    model_input = model.inputs[0]
```

```
    model.summary()

    labels = Input(name='the_labels', shape=[None, ], dtype='int32')
    input_length = Input(name='input_length', shape=[1], dtype='int32')
    label_length = Input(name='label_length', shape=[1], dtype='int32')

    #创建了一个专门的 CTC Loss 层作为模型的损失函数
     loss_out = Lambda(ctc_lambda_func, name='ctc')([labels, y_pred, 
input_length, label_length])
    trainable_model = Model(inputs=[model_input, labels, input_length, 
label_length], outputs=loss_out)
    return trainable_model
```

7. 模型的训练过程

下面是整体语音模型的训练过程，直接导入定义好的模型和数据集，使用 compile 函数设定优化函数。需要注意的是，由于损失函数被设置成一个特殊的层，因此在训练时只需要将计算后的值输出即可。同时，由于损失函数计算的是交叉熵，因此差异性越小越好，可以将 0 值矩阵作为标签传递给模型。模型训练的代码如下：

```
import model
import tensorflow as tf
import get_data2 as get_data

trainable_model = model.get_trainable_speech_model()

#这里直接将 CTC 计算后的值返回
def xiaohua_loss(y_true,y_pred):
    _loss = tf.reduce_mean(y_pred)
    return  _loss

from untils import learnrate
lr = learnrate.CosSchedule(2.17e-5)
optimizer = tf.keras.optimizers.Adam(lr)

batch_size = 96
trainable_model.compile(optimizer=optimizer,loss=xiaohua_loss)
for i in range(1024):
    trainable_model.fit_generator(get_data.generator(batch_size), 
steps_per_epoch=get_data.train_length//batch_size,epochs=5)
    trainable_model.save_weights("./trainable_model.h5")
    print("----------------------")
```

注　意

代码中标黑的地方，表示 CTC 中的计算结果直接被作为损失函数的计算值返回。

8. 模型的预测

训练完毕的模型可以直接进行使用和预测。我们需要设置相应的参数，而其中最重要的就是函数参数 input_length 的设置，代码如下：

```
tf.keras.backend.ctc_decode(result, np.array([66], dtype=np.int32), 
greedy=True, beam_width=100, top_paths=1)[0][0]
```

完整的预测代码段如下所示。

```
import tensorflow as tf
import model
import numpy as np
import 获取mfcc as get_mfcc
import get_data2

#根据需要设置成对应的要解码的语音文件
wav_file = "E:\语音识别数据库\数据库\data_thchs30\data\A11_52.wav"
_mfcc = get_mfcc.get_mfcc_simplify(wav_file)
mfcc = np.array([np.squeeze(_mfcc,axis=0)])

pred_model = model.get_speech_model()
#载入模型训练参数部分
pred_model.load_weights("./trainable_model.h5")
result = pred_model.predict(x=mfcc)

#注意输入的长度大小
_result = tf.keras.backend.ctc_decode(result, np.array([66], dtype=np.int32),
greedy=True, beam_width=100, top_paths=1)[0][0]
print(_result)

_result = get_data2.int_to_text_sequence(_result.numpy()[0])
print(_result)
```

最终输出结果如图 11.11 所示。

```
[[ 747   80 1086  871 1086  789  956  956  754  758  179 1180  882 1146
   176  545 1003 1094  125 1046  828   -1   -1   -1   -1   -1   -1   -1
    -1   -1   -1   -1   -1   -1   -1   -1   -1   -1   -1   -1   -1   -1
    -1   -1   -1   -1   -1   -1   -1   -1   -1   -1   -1   -1   -1   -1
    -1   -1   -1   -1   -1   -1   -1   -1   -1   -1]], shape=(1, 66), dtype=int64)
```

图 11.11　输出结果

由图 11.11 可以看到，此时语音数据被转化成序号，这就是模型训练的结果。对其进行继续转化，生成拼音数据，结果如下：

```
['qing1', 'cao3', 'you4', 'song1', 'you4', 'ruan3', 'wai1', 'wai1', 'qu1', 'qu5', 'de5', 'zhui1', 'sui2',
```

接下来就是拼音转汉字的步骤，实现代码请参考本书配套资源的第 6 章内容。

11.3　本章小结

本章介绍了语音识别的基础理论，并实战了 TensorFlow 语音识别技术，带领读者完成了一个一一完整的语音识别项目，从语音转到拼音。实际上对于中文的语音转换来说，还能够将语音转换成音素，之后将音素转换成拼音或者中文。当然，直接从语音转换成中文也是可以的，请有兴趣的读者自行完成。

实际上，本书对于语音识别也只是抛砖引玉，只介绍了使用 CTC 进行语音转换的方法，更多的处理方法如 transformer、编码器和解码器的互用、预训练模型等，都可以应用到语音转化领域，感兴趣的读者可以继续学习和研究。